温伯格
1979年诺贝尔物理学奖获得者
STEVEN WEINBERG 著作选译
THE QUANTUM THEORY OF FIELDS
VOLUME I: FOUNDATIONS
量子场论
（第一卷）基础

温伯格
1979年诺贝尔物理学奖获得者
STEVEN WEINBERG 著作选译
THE QUANTUM THEORY OF FIELDS
VOLUME II: MODERN APPLICATIONS
量子场论
（第二卷）现代应用

温伯格
1979年诺贝尔物理学奖获得者
STEVEN WEINBERG 著作选译
THE QUANTUM THEORY OF FIELDS
VOLUME III: SUPERSYMMETRY

ISBN: 978-7-04-054601-9

温伯格
WILEY
1979年诺贝尔物理学奖获得者
STEVEN WEINBERG 著作选译
GRAVITATION AND COSMOLOGY
PRINCIPLES AND APPLICATIONS OF THE GENERAL THEORY OF RELATIVITY
引力和宇宙学
广义相对论的原理和应用

钱德拉塞卡
1983年诺贝尔物理学奖获得者
S. CHANDRASEKHAR 著作选译
THE MATHEMATICAL THEORY OF BLACK HOLES
黑洞的数学理论

塔姆
1958年诺贝尔物理学奖获得者
И. Е. TAMM 著作选译
ОСНОВЫ ТЕОРИИ ЭЛЕКТРИЧЕСТВА
电学原理（第十一版）

ISBN: 978-7-04-048718-3   ISBN: 978-7-04-049097-8

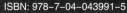

科恩-塔努吉
1997年诺贝尔物理学奖获得者
C. COHEN-TANNOUDJI 著作选译 第一卷
MÉCANIQUE QUANTIQUE
TOME I
量子力学（第一卷）

科恩-塔努吉
1997年诺贝尔物理学奖获得者
C. COHEN-TANNOUDJI 著作选译 第二卷
MÉCANIQUE QUANTIQUE
TOME II
量子力学（第二卷）

科恩-塔努吉
1997年诺贝尔物理学奖获得者
C. COHEN-TANNOUDJI 著作选译 第三卷
MÉCANIQUE QUANTIQUE
TOME III
FERMIONS, BOSONS, PHOTONS, CORRÉLATIONS ET INTRICATION
量子力学（第三卷）
费米子、玻色子、光子、关联和纠缠

ISBN: 978-7-04-039670-6   ISBN: 978-7-04-043991-5

费曼
1965年诺贝尔物理学奖获得者
RICHARD P. FEYNMAN 著作选译 第一卷
QUANTUM ELECTRODYNAMICS
量子电动力学讲义

费曼
1965年诺贝尔物理学奖获得者
RICHARD P. FEYNMAN 著作选译 第二卷
QUANTUM MECHANICS AND PATH INTEGRALS
量子力学与路径积分

费曼
1965年诺贝尔物理学奖获得者
RICHARD P. FEYNMAN 著作选译 第三卷
STATISTICAL MECHANICS
A SET OF LECTURES
费曼统计力学讲义

ISBN: 978-7-04-036960-1   ISBN: 978-7-04-042411-9   ISBN: 978-7-04-055873-9

1962年诺贝尔物理学奖获得者

Л. Д. ЛАНДАУ 著作选译

КУРС ОБЩЕЙ ФИЗИКИ
МЕХАНИКА И МОЛЕКУЛЯРНАЯ ФИЗИКА

朗道普通物理学：
力学和分子物理学

Л. Д. 朗道 А. И. 阿希泽尔 Е. М. 栗弗席兹 著 秦克诚 译

中国教育出版传媒集团

高等教育出版社·北京

图书在版编目（CIP）数据

朗道普通物理学：力学和分子物理学 /（俄罗斯）
朗道，（俄罗斯）阿希泽尔，（俄罗斯）栗弗席兹著；秦
克诚译 . -- 北京：高等教育出版社，2023.6
　　ISBN 978-7-04-060023-0

　　Ⅰ.①朗… Ⅱ.①朗… ②阿… ③栗… ④秦… Ⅲ.
①普通物理学 Ⅳ.①O4

　　中国国家版本馆 CIP 数据核字（2023）第 037177 号

LANGDAO PUTONG WULIXUE: LIXUE HE FENZI WULIXUE

策划编辑　王　超	责任编辑　王　超	封面设计　王　洋	版式设计　杨　树
责任绘图　黄云燕	责任校对　窦丽娜	责任印制　韩　刚	

出版发行	高等教育出版社	网　　址	http://www.hep.edu.cn
社　　址	北京市西城区德外大街 4 号		http://www.hep.com.cn
邮政编码	100120	网上订购	http://www.hepmall.com.cn
印　　刷	涿州市星河印刷有限公司		http://www.hepmall.com
开　　本	787mm×1092mm　1/16		http://www.hepmall.cn
印　　张	24.5		
字　　数	350 千字	版　　次	2023 年 6 月第 1 版
购书热线	010-58581118	印　　次	2023 年 6 月第 1 次印刷
咨询电话	400-810-0598	定　　价	89.00 元

本书如有缺页、倒页、脱页等质量问题，请到所购图书销售部门联系调换
版权所有　侵权必究
物 料 号　60023-00

朗道《普通物理学》评介

Л. Д. 朗道 (1908—1968) 是一位物理学大师, 对物理学的贡献以所谓的 "朗道十戒" 著称。朗道同时也是一位伟大的教育家, 其重要表现之一是他与栗弗席兹以及其他朗道学派弟子通力合作, 特别是后者持续不断地努力, 克服重重困难, 历时四十余年撰写完成, 享誉学界的十卷本物理学经典名著朗道−栗弗席兹《理论物理学教程》(以下简称《教程》, 其最新版中译本已于 2020 年由高等教育出版社全部出齐)。《教程》既体现朗道学派对物理学基础的系统而独特的理解, 也体现他们的物理教育理念。《教程》已培育和影响了几代物理学工作者, 并会在相当长的一段时间内继续发挥着它的巨大作用。除了主要面向高等物理教育的物理学教程外, 朗道与合作者还为一般大众以及学习基础物理学的读者编写了许多教材, 其中包括四卷本的《大众物理学》(与 А. И. 基泰戈罗茨基合作, 各册书名分别是《宏观物体》《分子》《电子》《光子和原子核》。前两册 1963 年俄文初版时是一册, 1978 年俄文第二版分为两册, 后两册由第二作者独立完成, 于 1979 出版俄文初版; 中译本正由高等教育出版社陆续出版)、《什么是相对论》(与 G. B. Rumer 合作, 俄文版于 1959 年出版; 英译本, 1960 年; 中译本, 中华书局, 1968 年)、《核理论讲义》(与 Ya. Smorodinsky 合作, 俄文版, 1955 年; 英译本, 1958 年)、《普通物理学: 力学与分子物理学》(与 А. И. 阿希泽尔和 Е. М. 栗弗席兹合作, 俄文版, 1965 和 1969 年; 英译本, 1967 年。以下简称《普通物理学》)。据查核, 朗道的著作除了最后两本外, 其余的早期版本已在不同时期分别译成中文出版过。

关于朗道的《普通物理学》, 冯端院士在 2006 年的文章《执教六十年的

回顾》[物理, 35 卷 (2006 年) 11 期, 第 893 页] 中谈到 20 世纪 60 年代讲授
普通物理课程的一段经历时有所涉及并予以高度评价: "我见到过 Landau 与
Lifshitz 合写过的一本普通物理教程, 是他们在莫斯科技术工程学院任教的讲
义 (包括力学、热学与分子物理和静电学), 似未写完, 不知是否另有足本。该书
流传似乎不广, 未见中译本和英译本, 内容则别具匠心, 开创物理学大师写基
础物理学教材的先河。" 刘寄星研究员对《普通物理学》艰难的出版过程进行
了考证, 对冯先生表述中的问题作了修订 [物理, 49 卷 (2020 年) 8 期, 第 565
页]。可能因为特殊的原因, 冯先生未能知悉英译本出版的信息。事实上, 在俄
文版出版两年后的 1967 年,《普通物理学》的英译本就由 Pergamon 出版社
出版, 译者之一是当时主导朗道–栗弗席兹《理论物理学教程》英译的 J. B.
Sykes 博士 (《教程》英译本也由 Pergamon 出版社出版)。遗憾的是, 许多年
过去了,《普通物理学》中译本的出版工作似乎一直未能提上议事日程。近几
年来, 在高等教育出版社王超编辑的策划和积极推动下, 经过多位物理学者的
努力,《普通物理学》的中译本终于出版了。《普通物理学》由北京大学秦克诚
教授在耄耋之年亲力亲为, 历时五六年时间直接从 1965 年俄文版翻译而成。
秦先生几十年来翻译出版了十余部各类物理学著作, 他认真细致, 译文堪称佳
作, 广受读者好评。能读到秦先生这本优秀教材的中译本, 实乃物理学爱好者
的一件幸事。

　　《普通物理学》俄文原作有两个版本。1965 年版总计有 16 章, 134 节 (第
30 节实际上是 3 节, 分别标注为 30a、30b 和 30c), 1969 年版则只有 15 章,
124 节, 其中第 30 节仅保留 1965 年版的第 30c 节, 同时删去了第 16 章, 即
第 125 节到第 134 节。英译本虽然是在 1967 年出版, 但章节和内容与 1969
年俄文版相同。现在呈现给读者的中译本是根据 1965 年包含 16 章内容的俄
文版翻译的, 并将 1969 年版的第 30 节作为附录附于书后。《普通物理学》主
要包含力学和热学两个方面的内容, 前 4 章、第 13 章、第 15 章的部分内容
(主要是黏性相关的问题) 以及最后一章是力学 (第 2 章中有少量与静电场相
关的内容), 第 7 至第 12 章、第 14 章计 7 章以及第 15 章的部分内容是热学,
中间穿插的第 5、6 两章是关于原子、分子以及晶体对称的内容。力学部分所占

篇幅约为全书的 1/3,相比于常规的普通物理教材,篇幅相对较小。

冯先生称赞《普通物理学》"内容则别具匠心",这是一个高度概括性的评价。下面结合个人的理解,通过一些例子具体谈谈该书的几个特色。

1.《普通物理学》融合了朗道–栗弗席兹《理论物理学教程》所采用的一些选材原则、处理问题的思路,在某种意义上,前者可以作为后者部分内容的一本入门教材。书中第 1 章一开始就明确参考系的作用并讨论了相对性原理,明确在惯性和非惯性参考系中描述物体运动的差别。然后引入动量和质心的概念,再通过动量的变化引入力的定性和定量概念,以此为基础给出牛顿第二定律。这与《教程》中《力学》卷第 3、第 7、第 8 节的讨论思路相同。因为《普通物理学》定位于面向有一些物理和化学基本知识的大学生读者或者高中物理教师,因而书中相关的描述更详细,过程更完整。再如,在第 12 节讨论质点系的能量时,引入内能的概念,这与《力学》第 16 节的做法一致。在通常的普通物理教材中,内能的概念是在热学部分才引入的。第 13 节关于一维运动性质的讨论与《力学》第 11 节的讨论相呼应。第 14 节关于弹性碰撞,强调参与碰撞的粒子内部状态没有变化,并采用代数和几何相结合的方法,这些部分涉及的问题和处理问题的思路与《力学》的第 17 节相同。这里对内部状态是否变化的强调为后面讨论粒子的裂变、衰变等问题提供了合适的基础,而这一点在常规的普通物理教材中并不提及,因为将参与碰撞的物体近似视为质点。第 40—45 节关于对称性的讨论与《教程》第 5 卷《统计物理学 I》中第 13 章的第 128—132 节对应。热学部分的第 54 节和第 55 节分别讨论了玻尔兹曼分布和麦克斯韦分布,类似的内容在《统计物理学 I》中分别是第 38 节和第 29 节,两者在处理方法上侧重点不同,但基本结论的表述以及相关说明类似。第 70 节和第 71 节分别讨论了范德瓦尔斯方程和对应态定律,在《统计物理学 I》中分别是在第 76 节和第 84 节。《普通物理学》中通过考虑分子的大小和相互作用带来的影响用推理论证的方法得到范德瓦尔斯方程,《统计物理学 I》中则是按统计方法先求出位力系数再得到方程。两本著作中得到对应态定律的思路大致相同,先通过等温线的特征确定临界状态的压强、温度和体积,以此作为量度单位改写范德瓦尔斯方程给出与气体性质参数无关的形式,即所谓对应态定律。这些比较也表明,《普通物理学》为后续课程的学习既提供了必要的基础,也预留了扩展的空间,反映了前后课程相互之间的关联性。

2. 普通物理教材有一套惯常的组织内容的方式,即先介绍实验现象或实验事实,然后是实验定律或者是基于定理和定律的理论分析,由此强调物理学首先是一门实验科学,观察、实验是物理学得以发展的基础和前提。对于从现象到定律的过程所采用的方法是分析各类现象的共性、重要的特征等,由此归纳或作进一步的分析找出现象背后所隐藏的规律。这种组织方式往往也是普通物理教材 (或课程) 区别于理论物理教材 (或课程) 的一个非常重要的方面。但是,《普通物理学》没有采用这种方式,而是考虑到物理学基础理论的相对成熟性、系统性,按照理论的内在结构和逻辑组织内容,即某种程度上吸收了理论物理的组织方式。这样少了许多细枝末节,处理过程简洁、干净,内容前后的关联性可以清晰呈现。例如,书中力学部分是先引进动量的概念,然后讨论动量守恒,再通过动量的变化引入力的概念,其中没有像常规普通物理教材那样对力作一些直观的说明。再如,第 9 节关于均匀力场中质点的运动,是从一般的三维动力学方程出发,在限定力是常矢量 (即均匀力场) 的条件下积分给出质点的速度、空间位置与时间的关系 (即运动方程),然后再针对平面运动这个更为特殊的情况写出相应的结果。这里采用的方法显然是理论物理中常用的演绎法。因为这种组织方式,教材中力学部分在相对较小的篇幅中实际上容纳了比常规普通物理教材更多的内容。当然,作者并没有忽视实验的作用和它们的重要性,往往在理论讨论后再说明相关的实验验证。例如,在 §55 中讨论了麦克斯韦分布后,描述了两种验证分布律正确性的实验。

3. 注重不同问题 (或系统) 的处理之间的类比,以表明方法的统一,不同系统可能具有相同的运动特征等。例如将库仑力场与引力场相对比,引入电势和引力势,电场强度和引力场强,并指出高斯定理既适用于电场也适用于引力场;再如,对单摆、复摆、扭摆等不同类型的系统,通过分析系统受力 (或力矩) 与位移 (或角位移) 的关系确定它们有相同的运动特征并给出相关特征量的表示式。

4. 因为教材以理论的系统性作为选材的一个依据,它包含了一些常规普通物理教材中所没有的内容。例如力学部分中关于对称性 (§15)、参变共振 (§36)、原子分子结构和晶体对称性等的讨论,热学部分中的勒夏特列 (Le Chatelier) 原理 (§56, 在《教程》中《统计物理学 I》的 §22 有完整的理论分析)。据作者所言,《普通物理学》原写于 1937 年,1965 年进行了增扩和重写。我们没有找到 1937 年原始版本,无法窥见它的面貌,不知其中是否包含了对称性、守恒定律以及它们之间关系的讨论。不过《教程》中 1938 年编写,于 1940 年出版的《力学》卷有这方面的系统讨论,包括了完整的导出过程,只不过是在分析力学的框架下进行的。1965 年正式出版的《普通物理学》在比较初等的层次上完整地体现了这部分内容的核心思想,可见朗道关于对称性方面的重要性的认识是延续多年的,在教材中包含它们至少从教学的角度来看是具有超前性的。

5.《普通物理学》为确保准确定位,对数学的难度和深度作了限制,主要包括矢量代数、简单微积分,而关于微分方程仅涉及一阶微分方程以及振动等问题中相关的二阶微分方程,对前者进行了求解,而对后者用间接的方式给出 (部分) 解并分析相关的运动特征。数学分散在教材的不同部分,在需要使用时才作一些说明。在可以回避求积分的地方,改用其他方法处理。例如,对开普勒问题,作者先以圆轨道作为出发点讨论它的运动特征,因为这可以用比较简单的方式进行处理,然后对于一般情况,仅指出相应的轨道是圆锥曲线,给出了不同能量下的相关曲线类型,而没有像《力学》中那样求解相关的微分方程。再如,对小振动问题,没有求解相关的简谐振动方程 (这是二阶微分方程),而是先建立简谐振动与三角函数的关系,再由此通过求微分确定系统受力与位移之间的关系 (该关系实际上就是简谐振动方程),并将其作为进一步讨论其他类型的系统 (如单摆、复摆、扭摆) 作简谐振动的基础,用类比法得到振动的特征量与系统的参数之间的关系。对强迫振动,没有直接求解微分方程,而是采用矢量图的方法确定振动的振幅。

比较遗憾的是,不知何故,本书仅包含力学和热学两个部分的内容,未涉及电磁学、光学和近代物理等,是一本未完成的普通物理教科书。不过从处理风格上看,该教材沿用了朗道-栗弗席兹《理论物理学教程》中的一些基本思想，因此通过仔细研读《教程》可以在一定程度上弥补这种缺憾。顺便说明一点，《普通物理学》的第二作者 A. И. 阿希泽尔在 20 世纪 80 年代出版了《普通物理学: 电磁现象》(1981 年) 以及《普通物理学: 原子物理》(1988 年) 两本教材。前面都标注了 "普通物理学"，但是作者在前言中没有说明它与《普通物理学》的关系，只是从编写原则来看，有一定的关联性。如果将这两本教材与《普通物理学》合在一起，物理学的基本内容就完整了。

此外，按照物理学发展的现状回看，本书的一个主要缺点在于与单位制相关的部分 (包括量纲分析) 内容比较陈旧。本书出版于 1965 年，距今已近 60 年，其间因为物理学理论本身以及技术的飞速发展，物理实验的手段和水平不断提高，国际计量委员会充分考虑到了这些方面的重要进展，将它们有效地纳入单位的量度、基本物理量的测量之中，多次修改了单位制。最新一次修订是 2018 年 11 月 16 日第 26 届国际计量大会上通过的决议，新方案已于 2019 年 5 月 20 日实施。相比于书中的单位制，新单位制已经有了根本性的变化，新的基本单位是以基本物理常量为基准定义的。不过，对旧单位制的了解某种程度上有助于对物理学发展有更为充分的认识，也能由此体会到物理学教育与时俱进、不断更新的必要性。

总之，从学习普通物理学，理解和掌握物理学的基础这个角度来看，这本教材无疑是一本优秀的教材，其讨论的核心内容，特别是相关的物理学基本定理、定律和原理，处理问题的方法，一些具体的应用等并没有随着时间的迁移和物理学的发展而显得过时。通过该教材也可以了解物理学大师看待问题的独特视角和洞察力，领略他们对物理学基础的深刻理解以及如何建立一些不同问题之间联系的特定方式 (是一种科学思维方法)。因此，该教材值得普通物理学的学习者使用或者作为重要的学习参考书。

鞠国兴

南京大学物理学院

2021 年 10 月

序

本书的目的是向读者介绍基本的物理现象和最重要的物理学定律。作者力求尽可能压缩书的篇幅，只包括主要内容而略去次要的细节。因此在本书的任何一部分，叙述都不追求巨细无遗的完备。

公式的推导只进行到对读者理解各种现象之间的联系有帮助的地步，因此推导尽可能用最简单的例子来进行。我们的出发点是定量的公式和方程的系统推导应当在理论物理教程中给出。

阅读本书除了熟悉代数和三角以外，还必须熟悉微积分和矢量代数初步。当然还得具有中学课程范围内基本的物理学和化学概念的预备知识。作者希望，本书对综合大学物理系学生及物理学是一门重要课程的高等技术院校学生有用，也对中学物理教师有用。

本书最初写于 1937 年，但是由于各种原因，直到现在才出版。此次出版，书稿已经过补充和改写，但是整体安排和基本内容保持未变。

可惜的是，由于车祸悲剧后的后遗症，我们的老师和朋友 Л. Д. 朗道，已不能亲身参加本书这次出版的准备工作。我们力求处处遵循他特有的叙述风格。

我们也力求尽可能坚持原来的材料选择方针，它体现在本书最初的原型中，也体现在国立莫斯科大学 1948 年出版的朗道在物理–技术系讲授的普通物理学课程的速记讲稿中。还补上了早先缺少的关于声学的一整章 (由 А. И. 阿希泽尔执笔)。

按照原来的计划, 为了不破坏叙述的连贯性, 对热现象实验研究方法的描述应当放在书末单独一章中。可惜, 我们未能在本版实现这个计划, 我们决定在没有这一章的情况下出版本书, 以免进一步延误。

А. И. 阿希泽尔, Е. М. 粟弗席兹

1965 年 6 月

目　　录

第 1 章　质点力学

§1　运动的相对性原理

力学的基本概念是运动, 即一个物体相对于其他物体的位置变动. 没有这些作为参考物的其他物体, 显然我们无法谈论运动. 运动永远是相对的. 一个物体不相对于其他物体的绝对运动是毫无意义的.

运动的相对性与空间概念本身的相对性紧密相联. 我们不能说绝对空间里与其中物体无关的某个位置, 只能说相对于某些物体的位置.

我们可以约定一组物体为不动, 相对于它们研究其他物体的运动, 这组物体在物理学中称为参考系. 参考系可以用无穷多种方式任意选定. 某一物体的运动, 在不同参考系中一般表现不同. 若选参考系为物体自身, 那么在此参考系中物体静止不动, 而在别的参考系中物体则运动. 在不同参考系中物体运动方式不同, 即沿不同轨道运动.

不同的参考系是平权的, 同等地适合于研究任何物体的运动. 但是在不同的参考系中, 物理现象一般以不同方式发生和演变. 因此能够区分不同的参考系.

自然, 我们应当这样选择参考系, 使自然界的现象在我们选的参考系里看来最简单. 考虑一个物体, 它离别的物体非常远, 使它受不到别的物体对它的作用. 我们称这样的物体是在作自由运动.

不用说, 自由运动的条件实际只能在某种近似程度上实现; 不过原则上可以想象, 一个物体可以以想要的任意精度不同别的物体相互作用.

自由运动, 和别的运动形式一样, 在不同参考系中的表现不同. 不过, 如果选择与某一作自由运动的物体连在一起的系统为参考系, 那么在这样的参考系中, 别的物体的自由运动将显得特别简单: 它是匀速直线运动, 换句话说,它的速度的大小和方向都是恒定的. 这个结论就是所谓惯性定律, 它是伽利略首先发现的. 与自由运动物体相联的参考系叫惯性参考系 (简称惯性系). 惯性定律又叫牛顿第一定律.

乍一看来, 可能以为, 引进惯性系这个性质独一无二的参考系, 就能定义绝对空间和相对于这一参考系绝对静止的概念. 但实际上并非如此, 因为惯性系有无穷多个. 事实上, 若某系统相对于一惯性系以恒定速度 (包括大小和方向) 运动, 此系统也是一个惯性系.

必须强调, 惯性参考系的存在并不单纯是逻辑上的需要. 断言原则上存在这样的参考系, 相对于这种参考系, 物体的自由运动是匀速直线运动, 乃是自然界的基本定律之一.

显然我们不能通过研究自由运动去区别不同的惯性参考系. 那么问题来了: 通过研究别的物理现象, 是否能将一个惯性系与别的惯性系以某种方式加以区别, 从这些惯性系中找出一个特别的惯性系来? 如果这样的区分是可能的, 我们就可以说, 存在有绝对空间和相对于这个特殊参考系的绝对静止. 但是, 这样的参考系不存在, 因为一切物理现象, 在不同的惯性参考系中都以同一方式发生和演化.

在一切惯性参考系中, 自然界所有定律有同样的形式, 因此, 一切惯性系在物理上相互不可区别, 或者说互相等价. 这是物理学中最重要的定律之一, 叫做运动的相对性原理, 它让绝对空间、绝对静止和绝对运动这些概念完全失去意义.

因为一切物理学定律在所有的惯性参考系中以同样的方式表述, 而在不同的非惯性参考系中表述方式不同, 那么我们自然要在惯性系中研究一切物理现象. 下面我们就这样做, 除特别声明的情形外.

物理实验中实际用的参考系仅仅在某种近似程度上是惯性参考系. 比方, 最常见的参考系是固结在我们生存的地球上的参考系. 这个参考系不是惯性系, 原因是地球每天自转并且绕太阳作圆周运动. 在地球上不同地点, 这些运动的速度不同, 而且随时间变化, 因此固结在地球上的参考系是非惯性系. 但是, 由于地球每日自转和绕日公转的速度方向变化比较缓慢, 我们将 "大地"

参考系当作一个惯性系只是犯了一个非常小的错误, 这在许多物理实验中无关紧要. 不过, 虽然大地参考系中的运动与惯性系中的运动差别很小, 这个差别还是能够观察到, 例如用傅科摆, 它的振动平面相对于地球表面缓慢运动 (详见 §31).

§2 速度

对运动定律的研究, 自然从研究尺寸很小的物体的运动开始. 这种物体的运动最简单, 因为我们不必考虑物体的旋转, 也不必考虑物体各部分的相对位移.

一个物体, 如果研究它的运动时其大小尺寸可以忽略不计, 那么称它是一个质点. 质点是力学的基本研究对象. 我们也将常常把质点叫做 "粒子".

一个物体的运动能否当作质点运动处理, 不仅由物体的绝对大小决定, 还取决于所考虑的物理问题. 例如, 研究地球环绕太阳的运动, 可以认为地球是一个质点; 但是研究地球每日绕地轴的自转, 便怎么也不能认为它是质点了.

一个质点在空间的位置由它的三个坐标 (例如三个直角坐标 x, y, z) 完全确定; 由于这个原因, 我们说一个质点有三个自由度.

x, y, z 三个坐标的集合构成质点的径矢 r, 其方向由坐标原点指向质点所在之点.

质点的运动由它的速度描述. 匀速运动时, 速度的值简单地由粒子单位时间走过的路程决定. 一般情形下, 运动不是匀速的, 而且方向也变化, 质点的速度应当定义为一矢量, 等于质点的无穷小位移矢量 ds 除以对应的无穷小时间间隔 dt. 用 v 表示速度矢量, 有

$$v = \frac{ds}{dt}.$$

速度矢量 v 的方向与 ds 的方向重合, 即, 每个时刻速度的方向沿质点轨道的切线, 指向质点的运动方向 (图 1.1).

图 1.1 中画出某质点的运动轨道, 标出它在 t 时刻和 $t + dt$ 时刻的径矢 r 和 $r + dr$. 用矢量加法规则容易看出, 质点的无穷小位移 ds 等于质点在初

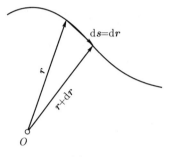

图 1.1

始时刻和终末时刻径矢之差, $\mathrm{d}\boldsymbol{s} = \mathrm{d}\boldsymbol{r}$. 因此速度 v 可以写为以下形式

$$\boldsymbol{v} = \frac{\mathrm{d}\boldsymbol{r}}{\mathrm{d}t},$$

即速度是运动质点径矢对时间的导数. 因为径矢 $\boldsymbol{r}$ 的分量是质点的坐标 x, y, z, 因此速度在 x, y, z 坐标轴上的分量或投影等于这些坐标对时间的微商

$$v_x = \frac{\mathrm{d}x}{\mathrm{d}t}, \quad v_y = \frac{\mathrm{d}y}{\mathrm{d}t}, \quad v_z = \frac{\mathrm{d}z}{\mathrm{d}t}.$$

速度和位置一样, 是描写质点运动状态的基本物理量. 因此, 质点的状态由六个量决定: 三个坐标和三个速度分量.

我们来确定同一质点在两个不同参考系 K 和 K' 中的速度 $\boldsymbol{v}$ 和 $\boldsymbol{v}'$ 之间的联系. 如果在时间 $\mathrm{d}t$ 中质点相对于参考系 K 移动 $\mathrm{d}s$, 而参考系 K 相对于参考系 K' 移动 $\mathrm{d}\boldsymbol{S}$, 那么由矢量加法规则得到, 质点相对于参考系 K' 的位移将是 $\mathrm{d}\boldsymbol{s}' = \mathrm{d}\boldsymbol{s} + \mathrm{d}\boldsymbol{S}$. 将这个等式两边除以时间间隔 $\mathrm{d}t$, 并以 $\boldsymbol{V}$ 表示参考系 K' 相对于参考系 K 的速度, 得

$$\boldsymbol{v}' = \boldsymbol{v} + \boldsymbol{V}.$$

这个联系同一质点在不同参考系中速度的公式, 叫做速度的加法规则.

乍一看来, 速度的加法规则是显然的. 但是必须看到, 它是建立在一个隐含的假设上, 即时间的流逝是绝对的. 就是说, 我们认为, 质点在参考系 K 中移动距离 $\mathrm{d}s$ 用的时间间隔, 等于质点在参考系 K' 中移动距离 $\mathrm{d}s'$ 用的时间间隔. 实际上, 这个假设并不严格对, 但时间非绝对的后果只有在可与光速比

较的很高的速度下才开始显现出来. 特别是, 在这样高的速度下, 速度加法规则已不成立. 下面我们只研究速度足够小的情形, 这时时间绝对性假设很好地成立.

建立在时间为绝对这个假设基础上的力学叫做牛顿力学或经典力学; 我们这里只讨论这种力学. 牛顿在他于 1687 年出版的《自然哲学的数学原理》一书中表述了这种力学的基本定律.

§3 动量

质点自由运动时, 它与别的物体没有相互作用, 其速度在任一惯性参考系中保持不变. 反之, 若各个质点相互作用, 那么它们的速度将随时间变化. 但是, 相互作用的粒子的速度变化不是完全独立, 而是相互联系的. 为了解释这种依赖关系, 我们引进封闭系统的概念: 封闭系统是一群质点, 它们相互之间作用, 但是不同周围的物体相互作用. 封闭系统中存在一些物理量, 它们与速度有关, 不随时间变化. 自然, 这些物理量在力学中起特别重要的作用.

这些不变量或所谓守恒量之一, 是系统的总动量. 它是组成封闭系统的每个质点动量的矢量和. 单个质点的动量矢量通过一个简单关系与其速度联系: 它与速度成正比. 比例系数对一个质点是一特定常量, 叫做质点的质量. 用 $\boldsymbol{p}$ 表示质点的动量矢量, m 表示它的质量, 可以写出

$$\boldsymbol{p} = m\boldsymbol{v},$$

其中 $\boldsymbol{v}$ 是质点的速度. 封闭系统每个质点的矢量 $\boldsymbol{p}$ 之和是系统的总动量:

$$\boldsymbol{P} = \boldsymbol{p}_1 + \boldsymbol{p}_2 + \cdots = m_1\boldsymbol{v}_1 + m_2\boldsymbol{v}_2 + \cdots,$$

式中下标是质点的编号, 系统有多少个质点, 和式就包括多少项. 这个量不随时间改变:

$$\boldsymbol{P} = 常量.$$

于是, 封闭系统的总动量守恒. 这个结论叫动量守恒定律.

因为动量是矢量, 因此动量守恒定律分解为三个定律, 分别表示总动量的三个分量不随时间改变.

动量守恒定律中出现了一个新的物理量 —— 质点的质量. 用这个定律可以确定质点的质量之比. 实际上, 想象两个质点相互碰撞. 用 m_1 和 m_2 表示它们的质量. 碰撞前质点的速度用 $\boldsymbol{v}_1$ 和 $\boldsymbol{v}_2$ 表示, 碰撞后的速度为 $\boldsymbol{v}_1'$ 和 $\boldsymbol{v}_2'$. 于是由动量守恒定律得到

$$m_1\boldsymbol{v}_1 + m_2\boldsymbol{v}_2 = m_1\boldsymbol{v}_1' + m_2\boldsymbol{v}_2'.$$

用 $\Delta\boldsymbol{v}_1$ 和 $\Delta\boldsymbol{v}_2$ 表示两个质点速度的改变量, 将上式改写为以下形式

$$m_1\Delta\boldsymbol{v}_1 + m_2\Delta\boldsymbol{v}_2 = 0,$$

由此

$$\Delta\boldsymbol{v}_2 = -\frac{m_1}{m_2}\Delta\boldsymbol{v}_1.$$

于是, 两个相互作用的质点的速度变化反比于它们的质量. 用这个关系, 能够根据质点速度的变化确定它们的质量之比. 因此我们应当约定选某个物体的质量为质量单位, 相对于它表示所有其他物体的质量. 在物理学中, 通常用克作为这样的质量单位 (见 §8)[①].

§4 火箭的运动

动量守恒定律是自然界的基本定律之一, 出现在许多现象中. 特别是, 它是火箭的运动的基本原因.

我们来说明, 如何从火箭飞行中质量的变化求它的速度. 令火箭在某一时刻 t 的速度为 v, 质量为 M. 设在这一时刻火箭开始向外喷气, 气流相对于火箭的速度等于 u. 经过一段时间 $\mathrm{d}t$ 后, 火箭的质量减小变成 $M + \mathrm{d}M$, 这里 $-\mathrm{d}M$ 是排出的气体质量, 火箭的速度增大到 $v + \mathrm{d}v$. 现在让火箭加上排出气体组成的系统在 t 时刻和 $t + \mathrm{d}t$ 时刻的动量相等. 系统的初始动量显然等于

---

① 2019 年实施的新单位制, 规定质量单位用物理学基本常量来定义. —— 编者注

Mv. 火箭在 $t + \mathrm{d}t$ 时刻的动量等于 $(M + \mathrm{d}M)(v + \mathrm{d}v)$ (量 $\mathrm{d}M$ 是负的), 喷出气体的动量等于 $-\mathrm{d}M(v - u)$, 因为气体相对于地球的速度显然等于 $v - u$ (图 1.2). 根据动量守恒定律, 我们应当让两个时刻的动量大小相等:

$$Mv = (M + \mathrm{d}M)(v + \mathrm{d}v) - \mathrm{d}M(v - u),$$

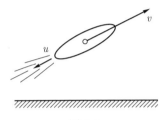

图 1.2

由此式, 忽略二阶无穷小量 $\mathrm{d}M\mathrm{d}v$, 得

$$M\mathrm{d}v + u\mathrm{d}M = 0$$

或

$$\frac{\mathrm{d}M}{M} = -\frac{\mathrm{d}v}{u}.$$

我们假设, 气体喷出速度不随时间变化. 于是上式可以改写为下面的形式:

$$\mathrm{d}\ln M = -\mathrm{d}\frac{v}{u},$$

由此得

$$\ln M + \frac{v}{u} = 常数.$$

常数之值由以下条件决定: 火箭开始运动时, 即 $v = 0$ 时, 火箭质量等于 M_0:

$$常数 = \ln M_0,$$

将此值代入上面得到的关系式, 得

$$\ln M + \frac{v}{u} = \ln M_0,$$

由此最终得到

$$v = u \ln \frac{M_0}{M}.$$

这个公式决定火箭速度与其质量变化的关系.

§5　质心

动量守恒定律与质量的重要性质质量守恒定律相联系. 为了解释清楚质量守恒定律的含义, 我们考虑封闭质点系中的一点, 叫质点系的质心. 质心的坐标是各个质点的坐标的加权平均, 权重是质点的质量. 即, 若 $x_1, x_2, \cdots$ 表示质量为 $m_1, m_2, \cdots$ 的质点的 x 坐标, 那么质心的 x 坐标由下式给出:

$$X = \frac{m_1 x_2 + m_2 x_2 + \cdots}{m_1 + m_2 + \cdots}.$$

对 y 坐标和 z 坐标有类似的式子. 所有这些式子可以写成单个矢量的形式, 即质心的径矢 $\boldsymbol{R}$ 的表示式:

$$\boldsymbol{R} = \frac{m_1 \boldsymbol{r}_1 + m_2 \boldsymbol{r}_2 + \cdots}{m_1 + m_2 + \cdots},$$

式中 $\boldsymbol{r}_1, \boldsymbol{r}_2, \cdots$ 是各质点的径矢.

质心有一个值得注意的性质: 它以恒定的速度运动, 尽管构成封闭系统的各个质点运动的速度可以随时间变化. 实际上, 质心运动的速度是

$$\boldsymbol{V} = \frac{\mathrm{d}\boldsymbol{R}}{\mathrm{d}t} = \frac{m_1 \dfrac{\mathrm{d}\boldsymbol{r}_1}{\mathrm{d}t} + m_2 \dfrac{\mathrm{d}\boldsymbol{r}_2}{\mathrm{d}t} + \cdots}{m_1 + m_2 + \cdots},$$

但 $\dfrac{\mathrm{d}\boldsymbol{r}_1}{\mathrm{d}t}$ 是第一个质点的速度, $\dfrac{\mathrm{d}\boldsymbol{r}_2}{\mathrm{d}t}$ 是第二个质点的速度, 等. 把它们表示为 $\boldsymbol{v}_1, \boldsymbol{v}_2, \cdots$, 得

$$\boldsymbol{V} = \frac{m_1 \boldsymbol{v}_1 + m_2 \boldsymbol{v}_2 + \cdots}{m_1 + m_2 + \cdots}.$$

上式中分子是系统的总动量, 我们用 $\boldsymbol{P}$ 表示. 最后得到

$$V = \frac{P}{M},$$

其中 M 是所有质点的质量之和: $M = m_1 + m_2 + \cdots$.

因为系统的总动量守恒, 所以质心的速度不随时间变化.

将得到的公式改写为下面的形式

$$P = MV.$$

我们看到, 将系统的总动量、系统质心的运动速度和系统全部质点的质量之和三者联系在一起的关系式, 形式与联系单个质点的动量、速度和质量的关系式相同. 我们可以将系统的总动量看成单个质点的动量, 这个质点与系统的质心相合, 其质量等于系统中所有质点质量之和. 质心速度可以当作质点系整体的速度, 单个质点质量之和作为整个系统的质量出现.

于是我们看到, 组合物体的质量等于它各部分质量之和. 这个结论我们非常熟悉, 并且似乎不言自明; 但实际上它绝非一句大白话, 而是一条物理定律, 来自动量守恒定律.

因为封闭质点系质心的速度不随时间变化, 于是与质心固结的参考系是惯性参考系, 称为质心参考系. 在这个参考系中, 封闭质点系的总动量显然等于零. 在这个参考系里描述各种现象, 能消除质点系的整体运动带来的各种复杂性, 更清楚地显示系统内发生的各种内部过程的性质. 由于这个原因, 质心系在物理学中经常用到.

§6 加速度

一般情况下的质点运动, 其速度的大小和方向都不断变化. 设时间 dt 中速度改变 dv. 取单位时间的速度变化, 得到质点的加速度矢量, 用符号 w 表示:

$$w = \frac{dv}{dt}.$$

于是, 加速度决定粒子速度的变化, 等于速度对时间的导数.

若速度的方向不变, 即质点作直线运动, 那么加速度方向也沿这条直线, 大小显然等于

$$w = \frac{\mathrm{d}v}{\mathrm{d}t}.$$

在速度的大小保持不变、仅仅改变方向的情况下, 也容易定出加速度. 这种情况发生在质点沿圆周匀速运动时.

设某一时刻质点的速度等于 v (图 1.3). 在一辅助图上从某一点 C 画出矢量 v (图 1.4). 当质点沿圆周匀速运动时, 速度 v 的终端 (A 点) 沿半径为 v (速度的绝对值) 的圆匀速运动. 显然, A 点移动的速度是原来的质点 P 的加速度, 因为 A 点在 $\mathrm{d}t$ 时间里的移动等于 $\mathrm{d}v$, 因此 A 点的移动速度等于 $\frac{\mathrm{d}v}{\mathrm{d}t}$, 方向沿圆的切线方向, 垂直于 v. 图上它用字母 w 表示. 如果我们在 P 点画矢量 w, 显然它的方向指向圆心 O.

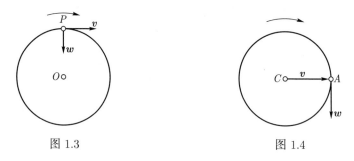

图 1.3　　　　　　　　　　　图 1.4

这样, 在圆周上匀速运动的质点的加速度, 其方向指向圆心, 即与速度垂直.

下面我们求加速度 w 的大小. 为此, 必须求点 A 在以 v 为半径的圆上运动的速度. P 点在圆 O 上转一圈的时间 (用 T 表示) 里, A 点也跑过 C 圆的全部圆周, 即跑过路程 $2\pi v$. 因此 A 点的速度即 w 为

$$w = \frac{2\pi v}{T}.$$

将周期 $T = \frac{2\pi r}{v}$ (r 是质点 P 的轨道的半径) 代入上式, 最后得到

$$w = \frac{v^2}{r}.$$

于是, 若速度仅仅改变大小, 则加速度的方向与速度的方向重合; 若速度仅仅改变方向, 则速度矢量与加速度矢量互相垂直.

一般情形下, 速度既改变大小又改变方向, 这时加速度有两个分量: 一个沿着速度方向, 另一个与速度垂直. 第一个分量叫做切向分量, 等于速度的大小对时间的导数,

$$w_t = \frac{\mathrm{d}v}{\mathrm{d}t}.$$

第二个分量 w_n 叫做法向分量, 它与质点速度的平方成正比, 与该点质点轨道的曲率半径成反比.

§7 力

若一质点自由运动, 即与周围物体不相互作用, 则其动量守恒. 相反, 若质点与周围的物体相互作用, 则其动量随时间变化. 因此, 我们可以将一个质点的动量变化当作周围物体对它的作用的量度. 单位时间里这个变化越大, 作用越强. 因此, 要确定这个作用的强弱, 自然得研究质点的动量矢量对时间的变化率. 它有个名字, 叫做用在这个质点上的力.

上面的定义描述相互作用的一个方面, 它关心的是质点对周围物体对它的作用的 "反应" 程度. 可是, 从另一角度看, 研究质点与周围物体的相互作用, 可以将这个相互作用力与描述质点状态和周围物体状态的物理量联系起来.

在经典力学中, 质点之间的相互作用力, 只由各质点的位置决定. 换句话说, 质点之间的作用力, 只决定于质点之间的距离, 与质点的速度无关.

力对质点间距离的具体依赖关系, 在许多场合下, 可以通过研究作为质点之间相互作用基础的那些物理现象来确定.

用 $\boldsymbol{F}$ 表示作用在我们研究的质点上的力, 它是质点坐标及描述周围物体性质和位置的量的函数. 于是我们可以写出力的两种表示式之间的一个方程: 一边是质点的动量 $\boldsymbol{p}$ 在单位时间里的变化, 另一边是 $\boldsymbol{F}$:

$$\frac{\mathrm{d}\boldsymbol{p}}{\mathrm{d}t} = \boldsymbol{F}.$$

这个式子叫质点的运动方程.

由于 $\boldsymbol{p} = m\boldsymbol{v}$, 质点的运动方程也可以写成下面的形式:

$$m\frac{\mathrm{d}\boldsymbol{v}}{\mathrm{d}t} = \boldsymbol{F}.$$

这样, 作用在质点上的力等于质点的加速度与其质量的乘积. 这个结论就是所谓牛顿第二定律.

但是要强调, 只有确知 $\boldsymbol{F}$ 作为质点坐标的函数形式之后, 这个定律才获得具体的意义. 这时, 即函数 $\boldsymbol{F}$ 的形式已知时, 运动方程原则上允许我们决定质点的速度和坐标与时间的关系, 即求出质点运动的轨道. 这时, 除了函数 $\boldsymbol{F}$ 的形式即质点与周围物体的相互作用定律之外, 还必须给出初始条件: 各个质点在某一初始时刻的位置和速度. 因为运动方程决定质点速度在任一时间间隔 $\mathrm{d}t$ 内的增量 $\left(\mathrm{d}\boldsymbol{v} = \dfrac{\boldsymbol{F}}{m}\mathrm{d}t\right)$, 而速度又决定质点空间位置的变化 ($\mathrm{d}\boldsymbol{r} = \boldsymbol{v}\mathrm{d}t$), 那么很清楚, 确定了质点的初始位置和初始速度, 实际上足以完全决定下一步的运动. 正是在这个意义上, 我们在 §2 断言质点的力学状态由它的坐标和速度确定.

运动方程是矢量方程, 因此可以改写成三个分量方程, 每个方程与加速度和力在一个坐标轴上的投影相联系:

$$m\frac{\mathrm{d}v_x}{\mathrm{d}t} = F_x, \quad m\frac{\mathrm{d}v_y}{\mathrm{d}t} = F_y, \quad m\frac{\mathrm{d}v_z}{\mathrm{d}t} = F_z.$$

回到封闭质点系. 我们知道, 这些质点的动量之和守恒:

$$p_1 + p_2 + \cdots = 常量,$$

其中 p_i 是第 i 个质点的动量. 将这个方程对时间求微商

$$\frac{\mathrm{d}\boldsymbol{p_1}}{\mathrm{d}t} + \frac{\mathrm{d}\boldsymbol{p_2}}{\mathrm{d}t} + \cdots = 0.$$

注意

$$\frac{\mathrm{d}\boldsymbol{p_i}}{\mathrm{d}t} = \boldsymbol{F_i},$$

其中 F_i 是作用在第 i 个质点上的力, 得

$$F_1 + F_2 + \cdots = 0.$$

于是, 封闭系统中所有力之和等于零.

特别是, 若一封闭系统只含两个物体, 那么第一个物体作用在第二物体上的力, 必定同第二物体作用在第一物体上的力大小相等, 方向相反. 这个结论叫做作用与反作用定律 (或牛顿第三定律). 由于研究的情形里只有一个方向独特——连接两个物体 (质点) 的直线方向, 力 F_1 和 F_2 的方向必定沿这条直线 (图 1.5, M_1 和 M_2 表示两个质点).

图 1.5

§8 物理量的量纲

一切物理量都用某个单位量度. 测量一个物理量, 就是决定它与同类的另一个量的比率, 后者约定为单位.

原则上, 每种物理量都可选用任意单位. 但是, 利用不同物理量之间的依赖关系, 可以只对某几种取作基本量的物理量, 引进数目有限的任意单位作为基本单位, 对其他的物理量, 则构建与基本单位联系的单位. 后者称为导出单位.

物理学中取长度、时间和质量为基本物理量.

物理学中的长度单位是厘米 (cm), 它等于百分之一米 (m), 现代定义 1 米为氪光谱中一条特定的谱线 (橙色光) 的 1 650 763.73 个波长.

最初将米定义为通过巴黎的经线的四分之一长度的一千万分之一, 根据 1792 年进行的测量建造了米尺的标准具. 由于在 "天然" 定义基础上复制标准米极其困难, 随后约定, 定义米为一个特殊的标准器的长度——这个标准器是一根铂–铱合金的原型米尺, 保存在巴黎的国际度量衡局. 但是现代, 米的这个 "线条之间的距离" 的定义已经被废弃, 而采用上述的 "光尺" 定义. 由于

采用这样的标准器, 长度单位又恢复了天然的、不可毁坏的特征, 而且, 还使得有可能将复制标准米的精度提高 100 倍.

测量很小的长度使用以下单位: 微米, $1\ \mu m = 10^{-4}\ cm$; 纳米, $1\ nm = 10^{-7}\ cm$; 埃, $1\ \mathring{A} = 10^{-8}\ cm$; 费米, $1\ fm = 10^{-13}\ cm$.

天文学中, 距离以光年为单位, 光年是光一年走的距离. 1 光年 $= 9.46 \times 10^{17}\ cm$. 3.25 光年或 $3.08 \times 10^{18}\ cm$ 的距离叫做 1 秒差距. 在这个距离上, 地球轨道直径所张的视角为 $1''$.

时间在物理学中以秒为测量单位. 秒 (s) 现在定义为一个特定的回归年 (1900 年) 的某一小部分. 回归年是太阳相继两次经过春分点之间的时间间隔. 要标明年份 (1900 年) 是因为, 回归年的长度不是恒定的, 而是每一世纪大约减小 0.5 s.

秒最初定义为太阳日的一部分 (1/86 400), 但是地球每日的自转并非匀速, 一日的长度不是恒定不变. 一日长度的相对涨落大约是 10^{-7}, 从现代技术的角度看, 若以日作为时间单位定义的基础, 这个涨落太大了. 回归年长度的相对涨落小一些, 但是即使以地球绕太阳公转为基础的秒的定义, 也不能令人完全满意, 因为不能用它们将时间单位的实物标准足够精确地复制出来. 只有当秒的定义不是以地球的运动为基础, 而是基于原子内部发生的周期运动时, 这个困难才会消失. 那时, 秒将成为时间的非常自然的物理单位, 就像 "光" 厘米作为自然的长度单位一样.

前面讲过, 物理学中质量的量度单位为克 (g). 1 克是保存在巴黎国际度量衡局的千克原器的质量的千分之一.

1 千克 (kg) 质量最初定义为 $4\,^{\circ}C$ 下 (水密度最大的温度下) 1 立方分米水的质量. 但是, 由于测量精度不断提高, 要维持这个定义, 就像维持米的原始定义那样, 看来是不可能的; 这时, 要保持原来的定义, 就不得不随时修改基本的标准具. 现代测量结果是, $4\,^{\circ}C$ 下的 $1\ cm^3$ 蒸馏水质量不是 1 g, 而是 0.999 972 g.

但是, 将千克定义为某个千克原器的质量, 与将米定义为 "两条线之间的" 距离有同样的缺陷. 最自然的方法是, 不是用某个千克原器的质量定义克, 而是用某个原子核比方说质子的质量定义克.

下面说明如何建立导出单位. 我们看几个例子.

作为速度单位, 可以取一个任意速度, 如地球绕太阳运动的平均速度或光速, 将一切别的速度与这个速度相比, 取它为单位. 不过也可以利用速度的定义, 它是距离与时间之比, 我们取在 1 秒钟内走过 1 厘米距离的运动的速度为速度单位. 这个单位用符号 1 cm/s 表示. 符号 cm/s 称为速度在基本单位制 (长度单位为厘米, 时间单位为秒) 中的量纲. 速度的量纲写为

$$[v] = \text{cm/s}.$$

加速度的情况类似. 可以取任何加速度 (例如自由落体加速度) 为加速度的单位, 但是也可利用加速度作为单位时间内速度的变化这个定义, 取这样的加速度为加速度的单位, 在此加速度下, 1 秒钟里速度的变化为 1 cm/s. 这个加速度单位的记号是 1 cm/s². 符号 cm/s² 表明加速度的量纲, 写为

$$[w] = \text{cm/s}^2.$$

现在决定力的量纲并建立力的单位. 为此利用力的定义, 力等于质量乘加速度. 将某物理量 F 的量纲记作 $[F]$, 得到力的量纲的以下表示式:

$$[F] = [m][w] = \text{g} \cdot \text{cm/s}^2.$$

我们可以取 $1\,\text{g} \cdot \text{cm/s}^2$ 为力的单位, 叫做达因 (dyn)[①]. 1 达因的力给 1 克质量一个加速度 1 cm/s².

于是, 利用不同物理量之间的关系, 从不多几个取作基本量的物理量出发 (这几个物理量的单位可任选), 可以为一切物理量选定单位. 以厘米、克、秒分别为长度、质量和时间的基本单位的单位制, 叫做物理单位制或 CGS 单位制.

不过, 不要以为这个单位制里存在三个任意的基本单位有任何深刻的物理意义. 它只与建立在这些基本单位上的单位制带来的实用上的方便有关系.

---

① 达因 (dyn), 非我国法定计量单位, 是已经废弃的单位, 不应再使用. 1 dyn = 10^{-5} N. ——编者注

原则上, 也可以用别的个数任意选定的单位来建立单位制 (我们在 §22 还会回到这个问题).

量纲运算像简单的代数运算一样进行, 即, 量纲服从与数相同的运算. 含不同物理量的任何等式两边的量纲显然应该相同. 检验公式时应当记住这一点.

常常由物理考虑得知, 一个特定物理量只能依赖某几个别的物理量. 在许多情形下, 仅用量纲理由就足以决定我们要找的依赖关系的特征. 下面将看到这方面的几个例子.

除 CGS 单位制外, 也常用别的单位制, 其中质量和长度的基本单位比克和厘米大. 国际单位制 (SI) 建立在以下的基本单位上: 长度为米, 质量为千克, 时间为秒. 这个单位制中力的单位叫牛顿 (N):

$$1\,\mathrm{N} = 1\,\mathrm{kg}\cdot\mathrm{m/s^2} = 10^5\,\mathrm{dyn}.$$

工程计算中, 力常常用另一个单位千克力 (kgf) 测量. 它是质量为 1 kg 的物体, 在纬度 45° 的海平面上被吸向地球的力. 它等于

$$1\,\mathrm{kgf} = 9.8 \times 10^5\,\mathrm{dyn} = 9.8\,\mathrm{N}$$

(更精确的值为 980 665 dyn).

§9   均匀力场中的运动

如果一个质点在空间每一点都受一个确定的力的作用, 这些力的全部集合叫做一个力场.

一般情形下, 从空间一点到另一点, 场力会有变化, 而且场力还和时间有关.

我们研究最简单的情形: 质点在均匀和恒定的力场中运动, 这时场力处处大小相同, 方向不变, 并且与时间无关. 例如, 地球的引力场在远小于地球半径的范围内就是这样.

从质点的运动方程

$$m\frac{\mathrm{d}\boldsymbol{v}}{\mathrm{d}t} = \boldsymbol{F},$$

当 $\boldsymbol{F} = $ 常量时, 得

$$\boldsymbol{v} = \frac{1}{m}\boldsymbol{F}t + \boldsymbol{v}_0,$$

其中 $\boldsymbol{v}_0$ 是质点的初始速度. 这样, 在均匀和恒定的力场中, 速度是时间的一个线性函数.

上面得到的 $\boldsymbol{v}$ 的表示式表明, 质点的运动发生在力矢量 $\boldsymbol{F}$ 和初速度矢量 $\boldsymbol{v}_0$ 构成的平面里. 取这个平面为坐标平面 xy, 并取 y 轴方向沿力 $\boldsymbol{F}$ 的方向. 决定粒子速度 $\boldsymbol{v}$ 的方程分解为关于速度分量 v_x 和 v_y 的两个方程:

$$v_y = \frac{F}{m}t + v_{y0}, \quad v_x = v_{x0},$$

其中 v_{x0} 和 v_{y0} 是速度分量的初始值.

我们记得, 速度分量等于对应的质点坐标对时间的微商, 将上式改写为

$$\frac{\mathrm{d}y}{\mathrm{d}t} = \frac{F}{m}t + v_{y0}, \quad \frac{\mathrm{d}x}{\mathrm{d}t} = v_{x0}.$$

由此得到

$$y = \frac{F}{2m}t^2 + v_{y0}t + y_0,$$

$$x = v_{x0}t + x_0,$$

其中 x_0 和 y_0 是质点坐标的初值. 这些表示式决定质点运动的轨道. 如果约定从速度分量 v_y 为零的时刻开始计时, 上式可以简化; 这时 $v_{y0} = 0$. 将坐标原点取在质点在这一时刻所在之点, 有 $x_0 = y_0 = 0$. 最后, 将速度大小之初始值 v_{x0} 简单地表示为 v_0, 得

$$y = \frac{F}{2m}t^2, \quad x = v_0t.$$

消去 t, 得

$$y = \left(\frac{F}{2mv_0^2}\right)x^2,$$

这是一个抛物线方程 (图 1.6). 于是, 质点在均匀场中沿抛物线运动.

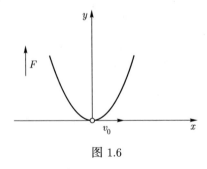

图 1.6

§10 功和势能

我们来研究一个质点在某力场 $\boldsymbol{F}$ 中的运动. 若在力 $\boldsymbol{F}$ 作用下质点走过无穷小路程 $\mathrm{d}s$, 则称下面的量

$$\mathrm{d}A = F\mathrm{d}s\cos\theta$$

为力 $\boldsymbol{F}$ 在路程 $\mathrm{d}s$ 上做的功, 其中 θ 是矢量 $\boldsymbol{F}$ 与 $\mathrm{d}s$ 之间的夹角. 两个矢量 $\boldsymbol{a}$ 和 $\boldsymbol{b}$ 的大小与它们之间夹角余弦的乘积叫做这两个矢量的标量积, 用记号 $\boldsymbol{a}\cdot\boldsymbol{b}$ 表示. 因此功可定义为力矢量与质点位移矢量的标量积:

$$\mathrm{d}A = \boldsymbol{F}\cdot\mathrm{d}\boldsymbol{s}.$$

这个式子也可写成下面的形式

$$\mathrm{d}A = F_{\mathrm{s}}\mathrm{d}s,$$

其中 F_{s} 是力 $\boldsymbol{F}$ 在质点位移 $\mathrm{d}s$ 方向上的投影.

为了决定场力在质点的有限路程而不是无穷小路程上做的功, 应当把这段路程分成无穷小的区段 $\mathrm{d}s$, 求出每个元区段上做的功, 将所有这些功相加. 求得的总和给出场力在整个路程上做的功.

从功的定义可知, 垂直于路径的力是不做功的. 特别是, 质点作匀速圆周运动时, 力做的功等于零.

恒定力场, 即与时间无关的力场, 有以下引人注意的性质: 如果质点在这样的力场中沿一条闭合路径运动, 运动的结果为质点返回起点, 则场力做功为零.

从这一性质推出另一结论: 质点在力场中从一位置迁移到另一位置, 场力做的功与路程形状无关, 只由质点迁移的起点和终点决定. 实际上, 考虑两点 1 和 2, 并用两条曲线 a 和 b 连接它们 (图 1.7). 假设质点从点 1 沿曲线 a 移到点 2, 然后再从点 2 沿曲线 b 移到点 1. 这个过程中场力做的总功等于零. 用字母 A 表示功, 我们可以写出

$$A_{1a2} + A_{2b1} = 0,$$

反转移动方向, 功显然改变符号, 因此从上式可得

$$A_{1a2} = -A_{2b1} = A_{1b2},$$

即, 功与连接位移起点和终点 1 和 2 的曲线的形状无关.

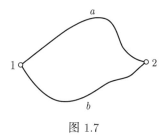

图 1.7

由于场力的功与移动路径形状无关, 只由路径端点决定, 它显然是一个有深刻物理内涵的量, 可以用它定义力场的一个重要特性. 为此, 我们取空间任意一点 O 为原点, 考虑质点从此点到任意一点 P 场力所做的功. 用 $-U$ 表示这个功. U 这个量, 即质点从 O 点到 P 点所做功的负值, 称为质点在 P 点的势能. 它是 P 点的坐标 x, y, z 的函数:

$$U = U(x, y, z).$$

质点由任意点 1 移到点 2, 场力所做的功等于

$$A_{12} = U_1 - U_2,$$

其中 U_1 和 U_2 是两点的势能之值. 场力做的功等于路程的起点和终点上势能之差.

我们研究无限接近的两点 P 和 P'. 质点从 P 点移动到 P' 点, 场力所做的功设为 $-\mathrm{d}U$. 另一方面, 这个功等于 $\boldsymbol{F} \cdot \mathrm{d}\boldsymbol{s}$, 其中 $\mathrm{d}\boldsymbol{s}$ 是从 P 到 P' 的矢量; §2 已经指出, 矢量 $\mathrm{d}\boldsymbol{s}$ 等于 P' 和 P 的径矢之差 $\mathrm{d}\boldsymbol{r}$. 于是我们得到等式

$$\boldsymbol{F} \cdot \mathrm{d}\boldsymbol{r} = -\mathrm{d}U.$$

力与势能之间的这个关系是力学的基本关系之一.

将 $\boldsymbol{F} \cdot \mathrm{d}\boldsymbol{r}$ 写成 $\boldsymbol{F} \cdot \mathrm{d}\boldsymbol{s} = F_\mathrm{s}\mathrm{d}s$, 上述关系可写为

$$F_\mathrm{s} = -\frac{\mathrm{d}U}{\mathrm{d}s}.$$

这意味着, 力在任意方向上的分量, 可由势能在此方向上无穷小区间内的变化除以此区间的长度 $\mathrm{d}s$ 得到. $\mathrm{d}U/\mathrm{d}s$ 叫做 U 在 s 方向的导数.

为了阐明这些关系式的意义, 我们来求恒定均匀力场中的势能. 取场力 $\boldsymbol{F}$ 的方向为 z 轴方向. 于是 $\boldsymbol{F} \cdot \mathrm{d}\boldsymbol{r} = F\mathrm{d}z$; 令这个表示式等于势能的变化, 得 $-\mathrm{d}U = F\mathrm{d}z$, 由此

$$U = -Fz + 常量.$$

我们看到, 势能被决定得准确到一个任意常量. 这个情况具有普遍性, 它与力场中出发点 O 的选择有关, 对质点做功是从 O 点算起的. 通常这样选择上式中的任意常量, 即使质点离其他物体的距离为无穷大时质点势能为零.

从力的分量与势能的关系公式, 可以推出力的方向. 如果在某个方向上势能增大 $(\mathrm{d}U/\mathrm{d}l > 0)$, 那么这个方向上力的分量为负, 即力沿势能减小的方向. 力永远指向势能减小的方向.

由于函数取极值 (极大值或极小值) 时其微商为零, 在势能的极大点和极小点处力等于零.

§11 能量守恒定律

质点在恒定力场中从一点移动到另一点, 场力对质点做的功与质点移动路径的形状无关, 这一事实导致一个极其重要的关系 —— 能量守恒定律.

为了得到这个关系, 我们想起作用在质点上的力 $\boldsymbol{F}$ 等于

$$\boldsymbol{F} = m\frac{\mathrm{d}\boldsymbol{v}}{\mathrm{d}t}.$$

由于加速度在运动方向上的投影等于 $\dfrac{\mathrm{d}v}{\mathrm{d}t}$, 于是力在这个方向上的分量为

$$F_{\mathrm{s}} = m\frac{\mathrm{d}v}{\mathrm{d}t}.$$

现在求这个力在无穷小路径 $\mathrm{d}s = v\mathrm{d}t$ 上做的功:

$$\mathrm{d}A = F_{\mathrm{s}}\mathrm{d}s = mv\mathrm{d}v,$$

或

$$\mathrm{d}A = \mathrm{d}\left(\frac{mv^2}{2}\right).$$

于是, 力做的功等于量 $mv^2/2$ 的增加. 这个量叫做质点的动能.

另一方面, 功等于势能的减小, $\mathrm{d}A = -\mathrm{d}U$. 因此我们可以写出等式

$$-\mathrm{d}U = \mathrm{d}\left(\frac{1}{2}mv^2\right),$$

即

$$\mathrm{d}\left(U + \frac{1}{2}mv^2\right) = 0.$$

将上式中的二项之和用字母 E 表示, 得

$$E = \frac{mv^2}{2} + U = 常量.$$

于是, 质点的动能 (它仅依赖于速度) 和势能 (它仅依赖于坐标) 之和, 在质点运动中不变. 这个和有一个名称叫总能量, 或简称质点的能量, 得到的关系式叫能量守恒定律.

质点在其中运动的力场是某些别的物体产生的. 要力场恒定, 这些物体必须静止不动. 这样我们得到最简单情形下的能量守恒定律: 这时一个质点运动, 与它相互作用的其他物体全都静止不动. 但是能量守恒定律也可以在多个质点运动的普遍情形下成立. 若是这些质点构成一个封闭系统, 那么能量守恒

定律对这些质点也成立, 这时定律应当这样表述: 所有质点的动能与它们相互
作用的势能之和

$$E = \frac{m_1 v_1^2}{2} + \frac{m_2 v_2^2}{2} + \cdots + U(\boldsymbol{r}_1, \boldsymbol{r}_2, \cdots)$$

不随时间变化, 这里 m_i 是第 i 个质点的质量, v_i 是它的速度, U 是质点相互
作用的势能, 它依赖于各个质点的径矢 $\boldsymbol{r}_i$.

作用在每个质点上的力与函数 U 的关系, 和单个质点在外场中所受力与
外场势能的关系相似. 即, 要决定作用在第 i 个质点上的力 $\boldsymbol{F}_i$, 必须研究所有
其他质点位置保持不变时, 此质点作无穷小位移 $\mathrm{d}\boldsymbol{r}_i$ 引起的势能变化. 这样的
位移中对质点做的功, 等于势能的相应减小.

能量守恒定律对一切封闭系统成立, 它和动量守恒定律一样, 是力学最重
要的定律之一. 由于它的普遍性, 它适用于一切现象.

动能是一个确定为正值的量. 质点相互作用的势能可正可负. 若这样定义
两个质点的势能, 使它们相距无穷远时势能等于零, 那么势能的符号就取决于
质点相互作用的特性: 是相互吸引还是排斥. 因为作用在质点上的力永远指向
势能减小的方向, 相互吸引的质点趋近导致势能减小, 因此势能为负. 反之, 相
互排斥的质点势能为正.

能量 (和功) 的量纲是

$$[E] = [m][v]^2 = \mathrm{g} \cdot \mathrm{cm}^2/\mathrm{s}^2.$$

在 CGS 单位制中, 能量的单位是 $1\,\mathrm{g} \cdot \mathrm{cm}^2/\mathrm{s}^2$, 叫做 1 尔格 (erg)[①]. 它是 1 dyn
的力在 1 cm 路程上做的功.

SI 单位制中的能量单位更大, 叫焦耳 (Joule, 简写为 J), 它是 1 N 的力
在 1 m 路程上做的功:

$$1\,\mathrm{J} = 1\,\mathrm{N} \cdot \mathrm{m} = 10^7\,\mathrm{erg}.$$

若力的单位用千克力, 则相应的能量单位为千克力 · 米 (kgf · m), 等于
1 kgf 的力在 1 m 路程上做的功. 它和焦耳的关系是 $1\,\mathrm{kgf} \cdot \mathrm{m} = 9.8\,\mathrm{J}$.

---

① 尔格 (erg), 非法定计量单位. $1\,\mathrm{erg} = 10^{-7}\,\mathrm{J}$.——编者注

能源用它每单位时间做的功描述, 叫做功率. 功率的单位是瓦特 (Watt), 简称为瓦 (W):

$$1\,\text{W} = 1\,\text{J/s}.$$

功率为 1 W 的能源在 1 小时内做的功叫做 1 瓦特小时 (W · h). 容易看到,

$$1\,\text{W} \cdot \text{h} = 3.6 \times 10^3\,\text{J}.$$

§12　内能

前面在 §5 曾说过, 对复杂系统的运动, 可以引进系统整体运动速度的概念, 将它理解为系统质心的运动速度. 这意味着, 可以认为, 系统的运动由两个运动组成: 系统作为一个整体的运动, 及组成系统的质点相对于质心的 "内部" 运动. 与此对应, 系统的能量 E 可以表示为二者之和: 一个是系统整体运动的动能, 等于 $\dfrac{MV^2}{2}$ (M 是系统的质量, V 是系统质心的速度), 另一个是系统的内能 E_{int}, 包括质点作内部运动的动能和它们相互作用的势能:

$$E = \frac{MV^2}{2} + E_{\text{int}}.$$

虽然这个式子本身已经十分显然, 我们还是要给出它的直接推导.

相对于静止不动的参考系, 某质点 (质点 i) 的速度可以写为一个和式 $\boldsymbol{v}_i + \boldsymbol{V}$ 的形式, $\boldsymbol{V}$ 是系统质心的运动速度, $\boldsymbol{v}_i$ 是质点相对于质心的速度. 质点的动能等于

$$\frac{m_i}{2}(\boldsymbol{v}_i + \boldsymbol{V})^2 = \frac{m_i V^2}{2} + \frac{m_i v_i^2}{2} + m_i(\boldsymbol{V} \cdot \boldsymbol{v}_i).$$

对一切质点求和, 上式右边第一项给出 $\dfrac{MV^2}{2}$, 这里 $M = m_1 + m_2 + \cdots$, 第二项的和给出系统内部运动的总动能. 至于第三项的和则变为零. 实际上, 有

$$m_1(\boldsymbol{V} \cdot \boldsymbol{v}_1) + m_2(\boldsymbol{V} \cdot \boldsymbol{v}_2) + \cdots = \boldsymbol{V} \cdot (m_1 \boldsymbol{v}_1 + m_2 \boldsymbol{v}_2 + \cdots);$$

但是右边括号中的表示式是质点相对于系统质心运动的总动量, 按定义它等于零. 最后, 将动能与质点相互作用的势能相加, 即得到所要的公式.

用能量守恒定律可以阐明复杂物体的稳定性问题. 这个问题归结为要弄清楚在什么条件下一个复杂物体能自发蜕变为自身的组成部分. 我们来研究, 比方一个复杂物体蜕变为两部分的情况. 令这两部分的质量为 m_1 和 m_2, 并且在原来的复杂物体的质心参考系中的速度为 v_1 和 v_2. 于是在此参考系中, 能量守恒定律的形式为

$$E_{\text{int}} = \frac{1}{2}m_1 v_1^2 + E_{1\text{int}} + \frac{1}{2}m_2 v_2^2 + E_{2\text{int}},$$

其中 E_{int} 是原来物体的内能, 而 $E_{1\text{int}}$ 和 $E_{2\text{int}}$ 是物体两部分的内能. 因为动能永远是正的, 从上式有

$$E_{\text{int}} > E_{1\text{int}} + E_{2\text{int}}$$

这是物体能够蜕变为两部分的条件. 相反, 如果物体的内能小于其组成部分的内能之和, 那么物体相对于蜕变是稳定的.

§13　运动的边界

若质点运动受到限制, 使它只能沿一条曲线运动, 我们说此运动有一个自由度, 或者说它是一维运动. 要确定这种情形下质点的位置, 用一个坐标就够了; 为此可以选取, 比方说, 质点沿此曲线离选定作为原点的点的距离. 用 x 表示这个坐标. 作一维运动的质点的势能只是这个坐标的函数: $U = U(x)$.

根据能量守恒定律, 我们有

$$E = \frac{1}{2}mv^2 + U(x) = 常量,$$

因为动能不能取负值, 下面的不等式必定成立:

$$U \leqslant E.$$

这个不等式意味着, 质点运动时只能处于势能不超过总能量的地点. 如果我们使这两个能量相等, 就得到方程

$$U(x) = E,$$

这个方程决定了质点所处位置的边界.

举几个典型例子. 头一个例子里, 势能作为坐标 x 的函数形状如图 1.8 所示. 为了求出质点在这样的力场中运动的边界与质点总能量 E 的关系, 画一条平行于 x 轴的直线 $U = E$. 这条直线与势能曲线 $U = U(x)$ 相交于两点, 坐标分别为 x_1 和 x_2. 运动要成为可能, 则势能不能大于总能量. 这意味着, 能量为 E 的质点, 只能在 x_1 和 x_2 两点之间运动, 不能进入 x_2 右边和 x_1 左边的区域.

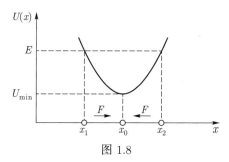

图 1.8

质点被限制在空间有限区域内的运动, 称为有限运动; 若质点能够去往任意远的地方, 则称为无限运动.

有限运动的区域显然决定于能量. 在上面研究的例子里, 有限运动区域随能量的减小而减小, 在 $E = U_{\min}$ 时缩为一点 x_0.

在 x_1 和 x_2 点, 势能等于总能量, 因此在这两点, 质点的动能和速度等于零. 在 x_0 点势能极小, 动能和速度有极大值. 因为力 F 和势能通过关系式 $F = -\dfrac{\mathrm{d}U}{\mathrm{d}x}$ 相联系, 因此在 x_0 与 x_2 之间力是负的, 而在 x_0 与 x_1 之间力是正的. 这意味着, 在 x_0 与 x_2 之间力指向 x 减小的方向, 即向左; 在 x_0 与 x_1 之间则向右. 因此, 若质点从 x_1 点开始运动, 那里它的速度为零, 那么在指向右方的力的作用下, 它将逐渐加速, 在 x_0 点到达速度极大值. 随着质点从 x_0 进一步向 x_2 运动, 力的方向反过来, 指向左方, 在力的作用下, 粒子减速, 直至到

达 x_2 点停下来. 在此之后, 它开始反过来从 x_2 向 x_0 运动. 这种运动将一直重复下去. 换句话说, 质点作周期运动, 周期等于质点从 x_1 到 x_2 时间的两倍.

在 x_0 点, 势能达到极小值, U 对 x 的导数为零; 因此在这一点力等于零, 从而 x_0 是质点的平衡位置. 这个平衡位置显然是稳定平衡位置, 因为在上面研究的情形里, 质点偏离平衡位置后, 产生的力使质点回到平衡位置. 这个性质只是势能极小点才具有, 而不能是势能极大点, 虽然后一情形下力也是零. 若质点向某个方向偏离势能极大点, 产生的力无论如何都将使质点进一步离开这点. 因此势能极大点是不稳定平衡位置.

现在研究质点在更复杂的力场中的运动, 这个场的势能曲线如图 1.9 所示. 这条曲线有极小, 也有极大. 若质点能量为 E, 那么在这个力场中它能在两个区域里运动: x_1 与 x_2 之间的区域 I, 及 x_3 右边的区域 III. (在点 x_1、x_2 和 x_3 势能等于总能量.) 区域 I 中的运动与上例中研究的相同, 带有振动特征. 区域 III 中的运动是无限运动, 因为质点可以离开 x_3 点向右移动任意远. 如果这时质点离开 x_3 开始向右运动, 初始速度为零, 那么在指向右方的力的作用下, 质点不断加速; 在无穷远处势能变成零, 而质点的速度达到 $v_\infty = \sqrt{2mE}$. 反过来, 若质点从无穷远向 x_3 运动, 它的速度将逐渐减小, 到 x_3 变为零. 质点在这一点将会回过头, 重新走向无穷远. 质点不会进入区域 I, 因为被处于 x_2 与 x_3 之间的禁区 II 阻止. 区域 II 也不让在 x_1 与 x_2 之间振动的质点进入区域 III, 区域 III 中可以有能量为 E 的运动. 这个禁区叫做势垒, 区域 I 则叫势阱. 随着研究的质点能量增大, 势垒宽度减小, 最后, 当 $E \geqslant U_{\max}$, 势垒消失. 这时振动区域也消失, 质点的运动变为无限运动.

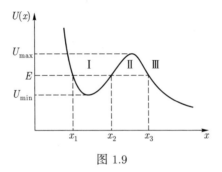

图 1.9

于是我们看到, 质点在同一力场中的运动可以是有限运动, 也可以是无限运动, 处于何种情况取决于质点的能量.

我们再看一个例子, 这个例子里, 力场的势能曲线形状如图 1.10 所示. 这种情形下, 正能量对应于无限运动, 负能量 ($U_{\min} < E < 0$) 对应于有限运动.

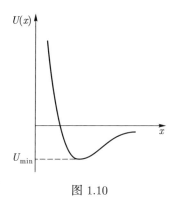

图 1.10

一般说来, 若势能在无穷远处变为零, 则负能量的运动必定是有限运动, 因为无穷远处的零值势能超过了总能量, 因此质点到不了无穷远处.

§14   弹性碰撞

物体碰撞时, 可以用能量守恒定律和动量守恒定律确定各物理量之间的关系.

物理学中, 碰撞这个词的广泛含义指的是物体之间的相互作用过程, 而不是其字面意义物体的接触. 参加碰撞的物体, 相互距离无穷远时是自由的. 随着相互靠近, 它们之间相互作用, 结果发生极其不同的过程: 各个物体可以连结在一起; 可以产生新物体; 最后, 还可以发生弹性碰撞, 这时各个物体先靠近, 然后重新分开, 内部状态不发生变化. 伴随有物体内部状态变化的碰撞, 叫做非弹性碰撞.

一般条件下发生的通常物体的碰撞, 在某种程度上几乎全都是非弹性碰撞——哪怕只是因为它们伴随物体的发热, 即它们的一部分动能变成了热. 虽然如此, 弹性碰撞概念在物理学中起重要的作用, 因为原子现象领域的物理实验中常常包含这种碰撞. 即使是通常碰撞, 也常常可以以足够的精度把它们当作弹性碰撞看待.

下面我们研究质量为 m_1 和 m_2 的两个粒子的弹性碰撞. 令粒子在碰撞前后的速度分别为 $\boldsymbol{v}_1$、$\boldsymbol{v}_2$ 和 $\boldsymbol{v}_1'$、$\boldsymbol{v}_2'$. 我们假设, 粒子中有一个 (m_2) 在碰撞前为静止, 即 $\boldsymbol{v}_2 = 0$.

由于粒子的内能在弹性碰撞中不变, 因此应用能量守恒定律时一般可以不考虑内能, 即认为粒子的内能等于零. 因为假设粒子在碰撞前后不相互作用, 为自由粒子, 所以能量守恒定律归结为动能守恒:

$$m_1 v_1^2 = m_1 v_1'^2 + m_2 v_2'^2$$

(我们略去了公共因子 $\dfrac{1}{2}$).

动量守恒定律用矢量等式表示:

$$m_1 \boldsymbol{v}_1 = m_1 \boldsymbol{v}_1' + m_2 \boldsymbol{v}_2'$$

一个很简单的情形是, 原来静止的粒子的质量比入射粒子的质量大很多, 即 $m_2 \gg m_1$. 由公式

$$\boldsymbol{v}_2' = \frac{m_1}{m_2}(\boldsymbol{v}_1 - \boldsymbol{v}_1')$$

推得, $m_2 \geqslant m_1$ 时, 速度 $\boldsymbol{v}_2'$ 很小. 对这个粒子的能量可以作类似结论, 因为乘积 $m_2 v_2'^2$ 将反比于质量 m_2. 由此可以得出结论, 第一个粒子 (入射粒子) 的能量不因碰撞改变, 因此它的速度大小也不变. 这样, 轻粒子与重粒子碰撞时, 改变的只是轻粒子速度的方向, 速度大小保持不变.

若发生碰撞的粒子质量相同, 守恒定律取形式

$$\boldsymbol{v}_1 = \boldsymbol{v}_1' + \boldsymbol{v}_2'$$
$$v_1^2 = v_1'^2 + v_2'^2$$

两个关系式的头一个表明, $\boldsymbol{v}_1$、$\boldsymbol{v}_1'$ 和 $\boldsymbol{v}_2'$ 构成一个三角形, 第二个则给出, 这个三角形是以 $\boldsymbol{v}_1$ 为斜边的直角三角形. 于是, 质量相同的粒子发生碰撞后成直角飞开 (图 1.11).

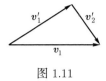

图 1.11

下面研究两个粒子的对头碰撞. 这样碰撞后, 两个粒子将在与入射粒子速度方向一致的直线上运动. 这时, 我们可以在动量守恒定律中将速度矢量换成速度的大小, 即将动量守恒改写为以下形式

$$m_2 v_2' = m_1(v_1 - v_1').$$

它与能量守恒定律

$$m_2 v_2'^2 = m_1(v_1^2 - v_1'^2)$$

联立, 可以将 v_1' 和 v_2' 用 v_1 表示. 将上面第二个方程除以第一个方程, 得

$$v_2' = v_1 + v_1',$$

因此

$$v_1' = \frac{m_1 - m_2}{m_1 + m_2} v_1, \quad v_2' = \frac{2m_1}{m_1 + m_2} v_1.$$

入射粒子 (粒子 1) 将继续在相同方向上运动或反过来往回走, 这取决于它的质量 m_1 是大于还是小于原来静止粒子的质量 m_2. 若质量 m_1 和 m_2 相同, 则 $v_1' = 0$, $v_2' = v_1$, 即好像两个粒子交换了速度. 若 $m_2 \gg m_1$, 则 $v_1' = -v_1$, $v_2' = 0$.

一般情况下, 在参与碰撞的粒子的质心参考系中讨论碰撞更方便, 这时粒子的总动量在碰撞前后均为零. 因此, 若第一个粒子碰撞前后的动量用 $\boldsymbol{p}$ 和 $\boldsymbol{p}'$ 表示, 则第二个粒子在碰撞前后的动量将分别是 $-\boldsymbol{p}$ 和 $-\boldsymbol{p}'$.

而且, 令碰撞前和碰撞后二粒子动能之和相等, 我们得到, 必定有 $p^2 = p'^2$, 也就是说, 粒子动量的大小保持不变. 这样, 碰撞时唯一发生的, 便是粒子的动量转向, 只改变方向, 不改变大小. 随着动量变化, 两个粒子的速度也这样变化, 发生转向, 大小不变, 并保持二者方向相反, 如图 1.12 所示 (速度的下标 0 用来表明这些速度是质心参考系中的).

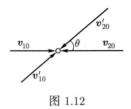

图 1.12

至于速度偏转的角度, 不仅由动量守恒和能量守恒定律决定, 还取决于粒子间相互作用的性质和碰撞时各粒子的相对位置.

为了说明原来的参考系或所谓实验室参考系中 (在此参考系中粒子之一碰撞前处于静止) 速度变化的特性, 我们用下面的图解方法. 构建矢量 $O1$, 它等于第一粒子在质心参考系中的速度 $\boldsymbol{v}_{10}$ (图 1.13). 这个速度与同一粒子在实验室参考系中的速度 $\boldsymbol{v}_1$ (同时也是两个粒子的相对速度) 通过等式 $\boldsymbol{v}_{10} = \boldsymbol{v}_1 - \boldsymbol{V}$ 联系, 其中

$$\boldsymbol{V} = \frac{m_1 \boldsymbol{v}_1 + m_2 \boldsymbol{v}_2}{m_1 + m_2} = \frac{m_1}{m_1 + m_2} \boldsymbol{v}_1$$

是质心的速度. 相减, 得

$$\boldsymbol{v}_{10} = \frac{m_2}{m_1 + m_2} \boldsymbol{v}_1.$$

第一个粒子碰撞后的速度 $\boldsymbol{v}'_{10}$ 可将速度 $\boldsymbol{v}_{10}$ 转一角度 θ 得到, 即, 可用图 1.13 中圆的任一半径 $O1'$ 表示. 为了转换到实验室参考系, 必须对一切速度加上质心速度 $\boldsymbol{V}$. 图 1.13 中 $\boldsymbol{V}$ 由矢量 AO 表示. 这时矢量 $A1$ 与入射粒子碰撞前的速度相同, 而矢量 $A1'$ 则是待求的同一粒子碰撞后的速度. 第二个粒子的速度可用类似的方法求得.

图 1.13 中假设 $m_1 < m_2$, 于是点 A 在圆内. 这时矢量 $A1'$ 即速度 $\boldsymbol{v}'_1$ 可以有任何方向.

若 $m_1 > m_2$, 那么点 A 在圆外 (图 1.14), 这时粒子碰撞前后速度的夹角 φ 不能超过某个极大值, 这个极大值对应于直线 $A1'$ 与圆相切的情形. 这时三角形 $A1'O$ 的 $A1'$ 边垂直于 $O1'$ 边, 于是

$$\sin \varphi_{\max} = \frac{O1'}{AO} = \frac{m_2}{m_1}.$$

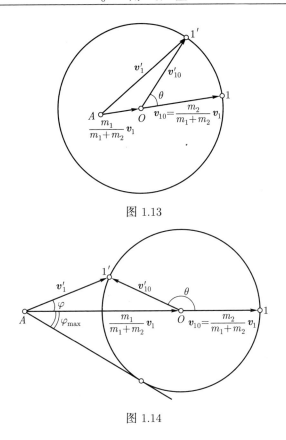

图 1.13

图 1.14

还要注意, 碰撞后粒子速度不能小于某一极小值, 图 1.13 (或图 1.14) 中的 $1'$ 点与 1 点正好在直径相反点时就得到这个极小值. 它对应于两个粒子对头碰撞的情形, 最小速度为

$$v'_{1\,\mathrm{min}} = \frac{|m_1 - m_2|}{m_1 + m_2} v_1.$$

§15 角动量

对一切封闭系统, 除能量和动量外, 还有一个叫角动量的矢量也守恒. 一个系统的角动量是系统中各个质点的角动量之和, 单个质点的角动量定义如下.

若质点之动量为 p, 质点相对于任一参考原点 O 的位置由径矢 r 给出. 于是此质点的角动量 L 定义为一矢量, 其大小等于

$$L = rp \sin \theta$$

(θ 是 p 与 r 的夹角), 方向垂直于通过 p 和 r 的方向的平面. 单靠后一条件还不能完全决定 L 的方向, 因为还有两种可能: "向上" 还是 "向下". 通常这样定义这个方向: 想象一个普通的右手螺丝, 沿从 r 到 p 的方向转动螺丝, 螺丝前进的方向就是 L 的方向 (图 1.15).

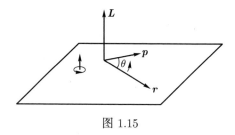

图 1.15

还可以用一种更直观的方式表示 L 这个量, 如果我们注意到, 乘积 $r \sin \theta$ 是从 O 点到质点动量方向垂线的长度 h_p (图 1.16); 这个距离通常称为动量相对于 O 点的矩臂. 质点的角动量等于矩臂与质点动量的乘积

$$L = ph_p.$$

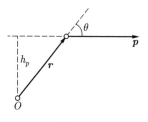

图 1.16

上面给出的矢量 L 的定义完全符合矢量代数中熟知的矢量积的概念: 矢量 r 和 p 按照上述规则构成的矢量 L, 称为 r 和 p 的矢量积, 写为

$$L = r \times p,$$

或者, 因为 $p = mv$,

$$L = mr \times v.$$

单个质点的角动量由此式定义. 质点系的角动量定义为单个质点角动量之和

$$L = r_1 \times p_1 + r_2 \times p_2 + \cdots.$$

对于任何封闭系统, 这个和不随时间变化. 这就是角动量守恒定律.

注意, 角动量定义中包含一个任意选择的原点 O, 质点的径矢从它算起. 虽然矢量 L 的大小和方向与此点的选择有关, 但是容易看到, 这种依赖关系不影响角动量守恒定律. 实际上, 若我们将 O 点移动一个大小和方向都确定的距离 a, 那么一切质点的径矢都要改变这么多, 角动量得改变

$$a \times p_1 + a \times p_2 + \cdots = a \times (p_1 + p_2 + \cdots) = a \times P,$$

其中 P 是系统的总动量. 但是对封闭系统 P 是守恒量. 因此我们看到, 改变坐标原点的选法不影响封闭系统总角动量守恒.

定义质点系的角动量时, 一般都取系统的质心为径矢的原点. 以后我们都这样选取.

下面我们来确定质点的角动量对时间的导数. 根据乘积求导数的规则, 有

$$\frac{\mathrm{d}L}{\mathrm{d}t} = \frac{\mathrm{d}}{\mathrm{d}t}(r \times p) = \frac{\mathrm{d}r}{\mathrm{d}t} \times p + r \times \frac{\mathrm{d}p}{\mathrm{d}t}.$$

由于 $\dfrac{\mathrm{d}r}{\mathrm{d}t}$ 是粒子的速度 v, 而 $p = mv$, 因此第一项为 $mv \times v$, 任何矢量与自身的矢量积为零. 第二项中, 我们知道微商 $\dfrac{\mathrm{d}p}{\mathrm{d}t}$ 是作用在质点上的力 F. 于是

$$\frac{\mathrm{d}L}{\mathrm{d}t} = r \times F.$$

矢量积 $r \times F$ 叫做相对于给定点 O 的力矩, 我们用 K 表示它:

$$K = r \times F.$$

与前面对角动量的讨论类似, 我们可以说, 力矩的大小等于力的大小 F 与 "力臂" h_F 的乘积 (所谓力臂即从 O 点出发的垂直于作用力方向的垂线的长度):

$$K = F h_F.$$

于是, 质点的角动量的变化率等于作用在质点上的力的力矩

$$\frac{\mathrm{d}\boldsymbol{L}}{\mathrm{d}t} = \boldsymbol{K}.$$

封闭系统总角动量守恒; 这意味着, 系统中各个质点的角动量之和对时间的导数等于零

$$\frac{\mathrm{d}}{\mathrm{d}t}(\boldsymbol{L}_1 + \boldsymbol{L}_2 + \cdots) = \frac{\mathrm{d}\boldsymbol{L}_1}{\mathrm{d}t} + \frac{\mathrm{d}\boldsymbol{L}_2}{\mathrm{d}t} + \cdots = 0.$$

由此得到

$$\boldsymbol{K}_1 + \boldsymbol{K}_2 + \cdots = 0.$$

我们看到, 在封闭系统中, 不仅作用在全部质点上的力之和等于零 (§7), 而且力矩之和也等于零. 前者等价于动量守恒定律, 后者等价于角动量守恒定律.

封闭系统的这些性质与空间自身的基本性质之间存在深刻的联系.

空间是均匀的. 这意味着, 封闭系统的性质不依赖它在空间的位置. 设想质点系在空间有一无穷小位移, 这时系统中所有质点在同一方向移动同一距离, 令位移矢量为 $\mathrm{d}\boldsymbol{R}$. 这时对第 i 个质点做功 $\boldsymbol{F}_i \mathrm{d}\boldsymbol{R}$. 所有这些功之和应当等于系统势能的改变; 但是系统性质与其空间位置无关意味着, 这个改变必须等于零. 于是, 必定有

$$\boldsymbol{F}_1 \cdot \mathrm{d}\boldsymbol{R} + \boldsymbol{F}_2 \cdot \mathrm{d}\boldsymbol{R} + \cdots = (\boldsymbol{F}_1 + \boldsymbol{F}_2 + \cdots) \cdot \mathrm{d}\boldsymbol{R} = 0,$$

因为这个式子必须对矢量 $\mathrm{d}\boldsymbol{R}$ 的任何方向都成立, 由此推得, 力之和 $\boldsymbol{F}_1 + \boldsymbol{F}_2 + \cdots$ 必须等于零.

我们看到, 动量守恒定律的起源与空间的均匀性相联系.

角动量守恒定律与空间的另一基本性质 —— 空间的各向同性 (即空间中一切方向等价) 之间存在类似的联系. 由于这种各向同性, 封闭系统作为一个

整体发生任何转动时, 系统的各种性质不变, 因此这种转动所做的功应当为零. 可以证明, 从这个条件可以推出, 封闭系统中力矩之和等于零. (我们会在 §28 回到这个问题.)

§16 有心力场中的运动

角动量守恒定律对封闭系统成立, 但对构成此系统的单个质点并不成立. 可是, 可能发生这样的情况, 即对于在力场中运动的单个质点, 角动量守恒也成立. 为此, 力场必须是一个有心力场.

有心力场是指这样的力场, 质点在这个力场中的势能只是到某一特定点 (力场中心) 的距离 r 的函数: $U = U(r)$. 作用于这种力场中的质点的力, 也只与距离 r 有关, 它在空间每点的方向, 都沿着从力场中心到这一点的半径.

虽然在这样的力场中运动的质点不是封闭系统, 但是, 若角动量是相对于力场中心定义的, 对这个质点角动量守恒定律仍然成立. 实际上, 由于作用在质点上的力的作用线通过力场中心, 因此相对于力场中心的力臂等于零, 所以力矩也等于零. 根据方程 $\dfrac{\mathrm{d}\boldsymbol{L}}{\mathrm{d}t} = \boldsymbol{K}$, 得到 $\boldsymbol{L} = $ 常矢量.

因为角动量 $\boldsymbol{L} = m\boldsymbol{r} \times \boldsymbol{v}$ 垂直于径矢 $\boldsymbol{r}$, 从 $\boldsymbol{L}$ 的方向恒定推得, 质点运动时其径矢必定自始至终在一个平面内 (垂直于 $\boldsymbol{L}$ 的平面). 于是在有心力场中质点沿一平面轨道运动——轨道在通过力场中心的一个平面上.

在这样的 "平面" 运动里, 角动量守恒定律可以取很直观的形式, 为此将 $\boldsymbol{L}$ 写为

$$\boldsymbol{L} = m\boldsymbol{r} \times \boldsymbol{v} = m\boldsymbol{r} \times \frac{\mathrm{d}\boldsymbol{s}}{\mathrm{d}t} = m\boldsymbol{r} \times \frac{\mathrm{d}\boldsymbol{s}}{\mathrm{d}t},$$

式中 $\mathrm{d}\boldsymbol{s}$ 是质点在 $\mathrm{d}t$ 时间内的位移矢量. 众所周知, 两个矢量的矢量积的大小的几何意义, 是它们构成的平行四边形的面积. 而矢量 $\mathrm{d}\boldsymbol{s}$ 和 $\boldsymbol{r}$ 构成的平行四边形的面积, 则是运动质点的径矢在时间 $\mathrm{d}t$ 内扫出的无限狭窄的扇形 OAA' 面积的两倍 (图 1.17). 用 $\mathrm{d}S$ 表示这个面积, 我们可以把角动量的大小写为

$$L = 2m\frac{\mathrm{d}S}{\mathrm{d}t},$$

量 $\dfrac{\mathrm{d}S}{\mathrm{d}t}$ 称为扇形速度.

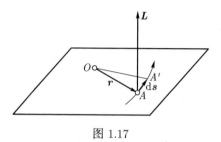

图 1.17

于是角动量守恒定律可以表述为扇形速度的恒定性: 运动质点的径矢在相等时间内扫过的扇形的面积相等. 这一形式的结论叫做开普勒第二定律.

有心力场中的运动问题特别重要, 因为两个相互作用的质点的相对运动——所谓二体问题可以约化为这个问题.

我们在两个质点的质心参考系内研究这一运动. 在这个参考系内, 两个质点的总动量等于零

$$m_1\boldsymbol{v_1} + m_2\boldsymbol{v_2} = 0,$$

其中 $\boldsymbol{v_1}$ 和 $\boldsymbol{v_2}$ 是质点的速度. 再引进质点的相对速度

$$\boldsymbol{v} = \boldsymbol{v_1} - \boldsymbol{v_2},$$

从上二式容易得到

$$\boldsymbol{v_1} = \frac{m_2}{m_1 + m_2}\boldsymbol{v}, \quad \boldsymbol{v_2} = -\frac{m_1}{m_1 + m_2}\boldsymbol{v},$$

这两个式子用两个质点的相对速度表示每个质点的速度.

将这些式子代入质点总能量表示式

$$E = \frac{1}{2}m_1 v_1^2 + \frac{1}{2}m_2 v_2^2 + U(r),$$

其中 $U(r)$ 是两个质点相互作用的势能, 可表示为质点对距离 r (即矢量 $\boldsymbol{r} = \boldsymbol{r_1} - \boldsymbol{r_2}$ 的大小) 的函数. 简单并项后, 得

$$E = \frac{1}{2}mv^2 + U(r),$$

其中 m 表示下面的量

$$m = \frac{m_1 m_2}{m_1 + m_2},$$

它称为两个质点的约化质量.

我们看到, 两个质点相对运动的能量, 与一个质量为 m 的质点在势能为 $U(r)$ 的有心外力场中以速度 $\boldsymbol{v} = \dfrac{\mathrm{d}\boldsymbol{r}}{\mathrm{d}t}$ 运动的能量相同. 换句话说, 两个质点运动的问题可化为单个 "约化" 质点在外场中运动的问题.

如果求出了最后这个问题的解 (即求得了 "约化" 质点的路径 $\boldsymbol{r} = \boldsymbol{r}(t)$), 那么就可以由下式

$$\boldsymbol{r}_1 = \frac{m_2}{m_1 + m_2}\boldsymbol{r}, \quad \boldsymbol{r}_2 = -\frac{m_1}{m_1 + m_2}\boldsymbol{r},$$

立即求得两个质点 m_1 和 m_2 的真实路径. 这两个式子将质点相对于质心的径矢 $\boldsymbol{r}_1$ 和 $\boldsymbol{r}_2$ 与它们分开的距离 $\boldsymbol{r} = \boldsymbol{r}_1 - \boldsymbol{r}_2$ 联系起来 (这些公式从关系式 $m_1\boldsymbol{r}_1 + m_2\boldsymbol{r}_2 = 0$ 推出, 对应于前面给出的关于速度 $\boldsymbol{v}_1 = \dfrac{\mathrm{d}\boldsymbol{r}_1}{\mathrm{d}t}$ 和 $\boldsymbol{v}_2 = \dfrac{\mathrm{d}\boldsymbol{r}_2}{\mathrm{d}t}$ 的类似公式). 由此可知, 两个质点将相对于系统质心沿着几何形状相似的路径运动. 二者路径的差别仅在于其尺寸大小不同, 二者尺寸大小与质点的质量成反比

$$\frac{r_1}{r_2} = \frac{m_2}{m_1}.$$

两个质点在运动中总是处于通过质心的一条直线的两端.

第 2 章 场

§17 电相互作用

上一章我们给出了力的定义, 并将力与势能联系起来. 现在转而具体分析某些相互作用, 它们是各种物理现象的基础.

自然界中最重要的相互作用之一是电相互作用. 特别是, 作用在原子和分子内的力, 其起源基本上来自电相互作用, 因此主要是电相互作用决定了不同物体的内部结构.

电相互作用力依赖粒子的一种特殊的物理属性 —— 电荷. 不带电荷的物体没有电相互作用.

如果物体可以看作质点, 那么它们之间的电相互作用力与它们带的电荷的乘积成正比, 与它们之间距离的平方成反比. 这叫库仑定律. 用 F 表示电相互作用力, e_1 和 e_2 表示物体带的电荷, r 表示它们之间的距离, 可将库仑定律写成下面的形式

$$F = 常量 \cdot \frac{e_1 e_2}{r^2}.$$

力 F 的方向沿连接两电荷的直线. 实验表明, 它有时是吸引力, 有时是排斥力. 因此我们说电荷有不同的符号: 带同一符号电荷的物体互相排斥, 带不同符号电荷的物体互相吸引. 这时库仑定律中力带正号意味着排斥力, 力带负号意味着吸引力. 把什么电荷认定为正电荷、什么电荷认定为负电荷无关紧要, 物理学中对电荷符号的选取是历史约定的结果. 有内在重要性的是电荷有不同的符号. 如果我们将一切正电荷改称负电荷、将一切负电荷改称正电荷, 物理学定律不会因此有任何改变.

由于我们是初次遇到电荷, 还没有量度它们的单位, 因此我们可以选库仑

定律中的比例系数为 1: $F = \dfrac{e_1 e_2}{r^2}$. 这样, 就建立了电荷的单位, 即这样的电荷, 它与距离它 1 厘米的同样的电荷彼此相互作用的力等于 1 达因. 这个单位叫做电荷的静电单位. 以这样选择库仑定律中的常系数为基础的单位制叫做静电单位制或 CGSE 单位制. 在这种单位制里, 电荷的量纲是

$$[e] = ([F][r]^2)^{1/2} = \left(\frac{\mathrm{g} \times \mathrm{cm}}{\mathrm{s}^2} \cdot \mathrm{cm}^2\right)^{1/2} = \mathrm{g}^{1/2} \cdot \mathrm{cm}^{3/2} \cdot \mathrm{s}^{-1}.$$

SI 单位制中使用一个更大的电荷单位, 叫做库仑:

$$1 \text{ 库仑} = 1\,\mathrm{C} = 3 \times 10^9 \text{ 电荷的 CGSE 单位}.$$

有了电相互作用力的表示式, 可以求两个电荷 e_1 和 e_2 相互作用的势能. 若两个电荷之间的距离增大 $\mathrm{d}r$, 那么做的功将是 $\dfrac{e_1 e_2}{r^2}\mathrm{d}r$. 另一方面, 这个功等于势能 U 的减小. 因此

$$-\mathrm{d}U = \frac{e_1 e_2}{r^2}\mathrm{d}r = -e_1 e_2 \mathrm{d}\left(\frac{1}{r}\right),$$

由此得到

$$U = \frac{e_1 e_2}{r}.$$

严格地说, 这里还可添一个相加常量; 我们令它等于零, 使两个电荷相距无穷远时势能为零. 于是, 两个电荷相互作用的势能与电荷间的距离成反比.

§18 电场强度

库仑定律中含有电荷的乘积, 电荷 e_1 对另一电荷 e 的作用力可写为

$$\boldsymbol{F} = e\boldsymbol{E},$$

其中 $\boldsymbol{E}$ 是一个与电荷 e 的大小无关的矢量, 仅由电荷 e_1 和两个电荷 e 与 e_1 之间的距离 r 决定. 这个矢量叫电荷 e_1 产生的电场强度, 或通常简称为电场. 它的大小等于

$$E = \frac{e_1}{r^2},$$

方向沿连接电荷 e 和 e_1 所在两点的直线. 于是, 电荷 e 受的来自电荷 e_1 的力, 等于电荷 e 乘上电荷 e_1 产生的、e 所在的空间点上的电场强度.

这样, 我们就有另一种描述电相互作用的方法. 替代粒子 1 吸引或排斥粒子 2 这个说法, 我们也可以说, 电荷为 e_1 的粒子 1 在它周围空间里产生一个特别的力场——电场; 粒子 2 并不直接与粒子 1 相互作用, 而是受粒子 1 产生的场的作用.

这两种描述相互作用的方法, 按这里所说只有形式的差异. 但实际情形并非如此, 电场概念绝不仅仅是形式. 对随时间变化的电场 (和磁场) 的研究表明, 它们可以在没有电荷的情形下存在, 是独立存在的物理实在, 就像粒子存在于自然界中一样; 不过, 这些问题已经超出与粒子运动规律的研究有关的粒子相互作用的基本知识的范围.

若电场不是由一个电荷, 而是由多个电荷产生, 此电场将由电相互作用的以下基本性质决定: 两个电荷之间的电相互作用, 与是否有第三个电荷出现无关.

由此可得出结论: 若有多个带电物体, 那么它们产生的电场等于每个电荷单独产生的电场的矢量和. 换句话说, 不同的电荷产生的电场, 只是简单叠加而不会彼此互相影响. 电场的这个值得注意的性质名曰电场的叠加性.

不应当以为, 电场的叠加性是存在电相互作用这个事实推出的直接结论. 事实上, 电场的这一基本性质是自然界的一条定律. 注意, 它不只适用于电场, 还适用于别的场, 在物理学中起非常重要的作用.

下面我们用叠加性来确定一个复杂物体在远离它的地方的电场. 若组成此物体的粒子的电荷等于 $e_1, e_2, \cdots$, 那么它们在距离 r 处产生的电场将是

$$E_1 = \frac{e_1}{r^2}, \quad E_2 = \frac{e_2}{r^2}, \cdots$$

在离物体很远的地方, 可以认为, 从各个粒子到这一点的距离都相同, 从各粒子到这一点的方向也相同. 因此, 用叠加性求物体产生的总电场 E, 我们可以简单地求场 $E_1, E_2, \cdots$ 的代数和:

$$E = \frac{e_1 + e_2 + \cdots}{r^2}.$$

我们看到, 复杂物体的场与电荷为

$$e = e_1 + e_2 + \cdots$$

的一个简单粒子的场没有差别. 换句话说, 复杂物体的电荷等于组成它的粒子的电荷之和, 与组成它的粒子的相互位置和运动无关. 这个结论叫电荷守恒定律.

一般情形下, 电场是复杂的, 大小和方向逐点变化. 为了用图像表示它, 可以使用电力线. 电力线是一些曲线, 它在空间每一点的方向是作用在该点的电场的方向.

若电场由一个电荷产生, 电力线的形式为直线, 由电荷所在的点射出或汇聚到这点, 取决于电荷是正还是负 (图 2.1).

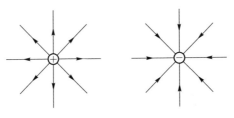

图 2.1

从电力线的定义清楚看出, 经过空间每点 (此点没有电荷) 只有一条电力线, 其方向是这一点的电场的方向. 换句话说, 电力线不在没有电荷的空间点上相交.

恒定电场的电力线不能闭合. 事实上, 电荷沿电力线移动时, 场力做正功, 因为力的方向总是沿着路径. 因此若是存在闭合的电力线, 那么电荷沿这样的力线运动回到出发点, 场力做功不为零, 违背能量守恒定律.

于是, 电力线必定在某处发端或终结, 或延伸到无穷远. 电力线的起点和终点是产生电场的电荷. 至于延伸到无穷远, 一条电力线不能两端都延伸到无穷远点. 否则, 沿这样一条电力线运送一个电荷, 从无穷远出发再回无穷远, 场力将会做功, 这与这条路径两端势能均为零的事实矛盾.

因此, 电力线的一端必定开始于一个电荷, 另一端可能延伸到无穷远, 也可能终止于一个异号电荷. 图 2.2 表示两个符号相反的电荷 $+e_1$ 和 $-e_2$ 的电场. 图中画的是 e_1 大于 e_2 的情形. 这时从 e_1 出发的电力线一部分终止在 $-e_2$ 上, 一部分发散到无穷.

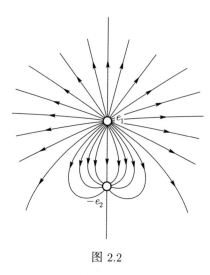

图 2.2

§19 静电势

处于某一电场中的电荷 e 的势能 U, 像它受的力一样, 与这个电荷的大小成正比, 即

$$U = e\varphi.$$

这里引进的量 φ 是单位电荷的势能, 叫做电场的势或电势.

比较这个定义和电场强度的定义 ($\boldsymbol{F} = e\boldsymbol{E}$, $\boldsymbol{F}$ 是作用于电荷 e 上的力), 并用力与势能之间的普遍关系 $F_\mathrm{s} = -\dfrac{\mathrm{d}U}{\mathrm{d}s}$ (见 §10), 我们看到, 电场强度和电场的势通过类似的关系相联系:

$$E_\mathrm{s} = -\frac{\mathrm{d}\varphi}{\mathrm{d}s},$$

我们知道, 相隔距离 r 的两个电荷 e_1 和 e_2 的势能等于

$$U = \frac{e_1 e_2}{r}.$$

因此电荷 e_1 在离它距离为 r 的地方产生的场的势为

$$\varphi = \frac{e_1}{r}.$$

增大与电荷的距离时, 这个势与距离的一次方成反比减小.

如果场不是由一个, 而是由多个电荷 $e_1, e_2, \cdots$ 生成, 那么由叠加原理得到, 这个场在空间某点的势由下式决定:

$$\varphi = \frac{e_1}{r_1} + \frac{e_2}{r_2} + \cdots$$

这里 r_i 是所考虑的点到电荷 e_i 的距离.

当电荷 e 从电势为 φ_1 的一点移动到电势为 φ_2 的一点时, 场力做功等于电荷与路程的起点和终点之间的电势差的乘积

$$A_{12} = e(\varphi_1 - \varphi_2).$$

电势之值相同的点构成一个曲面, 叫做等势面. 电荷沿等势面运动时, 场力做功为零. 但是功等于零意味着力垂直于位移. 因此可以断言, 空间每一点的电场强度都垂直于通过这一点的等势面. 换句话说, 力线垂直于等势面. 例如, 点电荷情形下, 电力线是通过电荷的直线, 等势面是以此电荷为球心的同心球面.

电势的量纲是

$$[\varphi] = \frac{[U]}{[e]} = \mathrm{g}^{1/2} \cdot \mathrm{cm}^{1/2} \cdot \mathrm{s}^{-1}.$$

量 $1\,\mathrm{g}^{1/2} \cdot \mathrm{cm}^{1/2} \cdot \mathrm{s}^{-1}$ 是 CGSE 单位制中电势的单位. SI 单位制中, 用的单位只有它的 1/300 大, 叫做伏特 (volt):

$$1\,\mathrm{V} = \frac{1}{300} \text{ 电势的 CGSE 单位}.$$

如果 1 库仑电荷在电势相差 1 伏特的两点之间运动, 则场力做的功为 $3 \times 10^9 \times 1/300 = 10^7\,\mathrm{erg}$, 即 1 焦耳:

$$1 \text{ 库仑} \cdot \text{伏特} = 1 \text{ 焦耳}.$$

§20 高斯定理

现在我们引进一个重要概念电场通量或电通量. 为了使这个概念具有直观性, 我们想象, 场占据的空间充满某种想象的流体, 流体在每点流速的大小和方向与电场强度相同. 单位时间穿过某个面的流体体积便是穿过这个面的电场通量.

我们来决定点电荷 e 产生的电场穿过一个以此电荷为球心、半径为 r 的球面的通量. 按照库仑定律, 这种情形下的电场强度为 $E = e/r^2$. 因此假想的流体的流速也等于 e/r^2, 流体流量等于流速乘球面面积 $4\pi r^2$. 因此电场通量等于

$$E \cdot 4\pi r^2 = 4\pi e.$$

我们看到, 这个通量与球面的半径无关, 只由电荷决定. 可以证明, 如果将球面换成任何别的包围电荷的闭合曲面, 穿过它的电场通量不会改变, 仍然等于 $4\pi e$. 必须强调, 这个重要结果是下述事实的特有的后果, 那就是库仑定律描述的电场与距离的平方呈反比关系.

现在我们考虑不是由一个而是由多个电荷产生的电场通量. 这个通量可以用电场的叠加性质求出. 显然, 穿过任何闭合面的电场通量等于处于这个闭合面之内的各个电荷产生的电场通量之和. 因为每一个这样的通量都等于电荷乘 4π, 那么穿过闭合面的总电场通量等于闭合面内电荷的代数和乘 4π. 这个表述叫高斯定理.

若闭合面内没有电荷, 或电荷之和等于零, 则穿过这个闭合面的电场通量等于零.

考虑一细束电力线, 束的侧面本身也由电力线构成 (图 2.3). 这束电力线或力管被两个等势面 1 和 2 截断, 我们来求穿过由力管侧面与等势面 1 和 2 构成的闭合面的电场通量. 若这个闭合面内没有电荷, 那么穿过它的总通量等于零. 另一方面, 穿过管子侧面的通量显然等于零, 因此穿过面 1 和面 2 的电场通量必定相同. 为了直观, 可将这束电力线想象为一股水流.

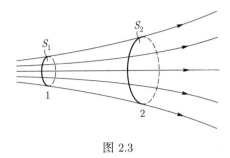

图 2.3

截面 1 和 2 上的电场强度用 E_1 和 E_2 表示, 截面面积为 S_1 和 S_2. 由于假设力管很细, 可以认为截面 1 和 2 上的电场 E_1 和 E_2 是常量. 因此我们可以将穿过截面 1 和 2 的电场通量相等的事实写成下面的形式:

$$S_1 E_1 = S_2 E_2$$

(因为电场垂直于等势面, 所以通量简单地等于电场强度与等势面面积的乘积). 因为穿过截面积 S_1 的力线数目 N_1 等于穿过截面积 S_2 的力线数目 N_2, 因此

$$\frac{N_1}{S_1 E_1} = \frac{N_2}{S_2 E_2}.$$

量 $n_1 = \dfrac{N_1}{S_1}$ 和 $n_2 = \dfrac{N_2}{S_2}$ 是穿过垂直于力线的截面 1 和 2 上单位面积的力线数目. 这样, 我们看到, 力线的密度或浓度与电场强度成正比

$$\frac{n_1}{n_2} = \frac{E_1}{E_2}.$$

于是, 用力线通过图解方法描述电场不仅表明了场的方向, 还可以判断场的大小. 力线密的地方电场强度大, 力线稀的地方电场强度小.

§21 几种简单场合的电场

高斯定理使我们能够求出许多情形下复杂的带电物体产生的电场, 若是这些物体的电荷分布足够对称的话.

第一个例子, 我们来决定一个对称带电球的电场. 这个球的电场, 方向沿球的半径, 大小仅由到球心的距离决定. 由此容易求得球外的电场. 为此, 我们计算穿过一个半径为 r、中心与带电球中心重合的球面的电场通量. 这个通量显然等于 $4\pi r^2 E$. 另一方面, 按照高斯定理, 它等于 $4\pi e$, e 是球的电荷. 因此 $4\pi r^2 E = 4\pi e$, 所以

$$E = \frac{e}{r^2}.$$

于是, 球外的电场与一个点电荷的电场完全相同, 这个点电荷位于球心, 大小等于球的电荷. 与此相应, 这个场的势也与点电荷的电场的势完全相同

$$\varphi = \frac{e}{r}.$$

球内的电场决定于电荷在球内如何分布. 若电荷只在球的表面上, 那么球内电场等于零.

若电荷均匀分布在球的体积内, 密度为 ρ (ρ 为球的单位体积的电荷), 则球内电场可用高斯定理求得. 将高斯定理应用于这个球内的一个半径为 r 的球面上,

$$E \cdot 4\pi r^2 = 4\pi e_r,$$

其中 e_r 是半径为 r 的球面内的电荷. 这个电荷等于电荷密度与半径为 r 的球的体积的乘积, 即 $e_r = \frac{4\pi}{3} r^3 \rho$. 于是

$$4\pi r^2 E = 4\pi \cdot \frac{4\pi}{3} \cdot r^3 \rho,$$

由此

$$E = \frac{4\pi}{3} \rho r.$$

我们看到, 电荷在体积内均匀分布的球, 球内各点的电场与该点到球心的距离成正比, 而在球外, 则与该点到球心的距离的平方成反比. 图 2.4 画的是这个球在一点产生的电场与该点到球心的距离的关系 (a 表示球的半径).

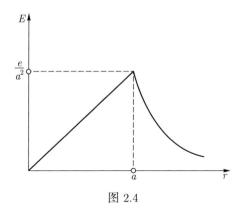

图 2.4

第二个例子, 我们来求一条带电直导线的电场, 电荷在导线上均匀分布. 设导线长度足够长, 可以忽略其终端的影响, 即把它看成无穷长. 从对称性考虑, 很显然, 这样的导线产生的电场, 在沿导线的随便哪个方向上 (两个方向完全等价) 不可能有分量, 即每点的电场方向都必须垂直于导线. 利用这点, 容易决定带电直导线的电场. 为此, 考虑穿过半径为 r、长为 l、轴沿直导线的柱体封闭表面的电场通量 (图 2.5). 因为电场垂直于轴, 穿过圆柱体底面的电场通量等于零. 因此穿过这个封闭面的总电场通量归结为穿过圆柱体侧面的通量, 它显然等于 $E \cdot 2\pi r l$. 另一方面, 根据高斯定理, 它等于 $4\pi e$, e 是导线长度 l 上的电荷; 用 q 表示单位长度导线上的电荷, 则 $e = ql$. 于是有

$$2\pi r l E = 4\pi e = 4\pi q l,$$

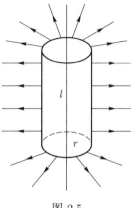

图 2.5

由此

$$E = \frac{2q}{r}.$$

我们看到, 均匀带电导线在空间一点产生的电场反比于该点到导线的距离 r.

我们来决定这个场的势. 因为在每一点电场 $\boldsymbol{E}$ 的方向都沿半径方向, 所以它的径向分量 E_r 与场总的大小 E 相同. 因此, 从场强与势之间的普遍关系, 得到

$$-\frac{\mathrm{d}\varphi}{\mathrm{d}r} = E = \frac{2q}{r},$$

由此

$$\varphi = -2q \ln r + \text{常量}.$$

我们看到, 这时的势与离导线的距离成对数关系. 要决定上式中的常量, 不能用在无穷远处势变为零的条件, 因为上式在 $r \to \infty$ 时变成无穷大. 这是假设导线有无限长的结果, 它意味着, 得到的公式只适用于距离 r 比导线的实际长度小得多的地方.

我们还可以求一个均匀带电无限平面的电场. 从对称性考虑显然有, 电场方向垂直于此平面, 并且在平面两侧离平面同样的距离上大小相同 (但方向相反).

考虑电场穿过一个封闭面的通量, 这个封闭面是一个长方体的表面, 带电平面在中间平分这个长方体, 长方体的两个底面平行于带电平面 (图 2.6, 带电平面在长方体内的部分在图中涂斜线表示). 只有通过两个底面的电场通量

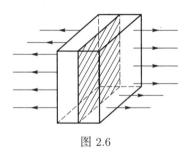

图 2.6

不为零. 因此从高斯定理有

$$2SE = 4\pi e = 4\pi S\sigma,$$

其中 S 是底面面积, σ 是带电平面单位面积上的电荷 (电荷的面密度). 于是

$$E = 2\pi\sigma.$$

我们看到, 无穷大平面的电场与离平面的距离无关. 换句话说, 带电平面在每一侧产生一个均匀电场. 均匀带电平面的势是离开这个面的距离的线性函数:

$$\varphi = -2\pi\sigma x + \text{常量}.$$

§22 引力场

除电相互作用外, 在自然界起极其重要作用的还有引力相互作用. 这种相互作用是一切物体固有的性质, 不论它是带电的还是中性的, 并且仅与物体的质量有关. 引力相互作用归结为: 一切物体相互吸引, 相互作用力大小与二物体质量的乘积成正比.

如果可以把物体当作质点, 则引力相互作用的力的大小与它们之间距离的平方成反比, 与它们质量的乘积成正比. 令两个物体的质量分别为 m_1 和 m_2, 它们之间的距离为 r, 我们可以写出它们之间的引力为

$$F = -G\frac{m_1 m_2}{r^2},$$

其中 G 是一个普适比例系数, 与相互作用的物体的本性无关; 负号表示力 F 永远是吸引力. 这个公式叫牛顿引力定律.

量 G 叫做引力常量. 显然, G 是两个质量各为 1 克的质点相距 1 厘米彼此吸引的力. 引力常量的量纲是

$$[G] = \frac{[F][r]^2}{[m]^2} = \frac{(\text{g} \cdot \text{cm} \cdot \text{s}^{-2})\,\text{cm}^2}{\text{g}^2} = \frac{\text{cm}^3}{\text{g} \cdot \text{s}^2},$$

大小量值等于

$$G = \frac{6.67 \times 10^{-8} \ \text{cm}^3}{\text{g} \cdot \text{s}^2}.$$

G 的值非常小, 这表明, 引力相互作用的力只是在物体质量很大时才有较大的值. 由于这个原因, 引力相互作用在原子和分子的力学中不起任何作用. 随着质量增大, 引力相互作用增大, 月亮、行星和人造卫星这些物体的运动, 完全由引力决定.

质点的牛顿引力定律的数学表述, 与点电荷的库仑定律的表述相似. 引力和静电力两个力都与质点间距离平方成反比, 质量在引力相互作用中的作用与电荷在电相互作用中的作用相同. 但是电力可以是吸引力也可以是排斥力, 引力永远是吸引力, 这是二者不同之处.

我们曾令库仑定律中比例系数等于 1, 从而选定电荷单位. 显然, 对牛顿引力定律, 我们可以采用类似做法. 即, 令引力常量等于 1, 由此我们确定某个质量单位. 这个单位显然相对于厘米和秒是一个导出单位, 它关于厘米和秒的量纲是 cm^3/s^2. 质量的新单位是这样一个质量: 它通过引力传给离它 $1 \ \text{cm}$ 的同样质量一个 $1 \ \text{cm}/\text{s}^2$ 的加速度. 用 μ 表示这个质量单位, 我们可以写出

$$G = 6.67 \times 10^{-8} \frac{\text{cm}^3}{\text{g} \cdot \text{s}^2} = 1 \frac{\text{cm}^3}{\mu \cdot \text{s}^2},$$

由此 $1 \ \mu = 1.5 \times 10^7 \ \text{g} = 15 \ \text{t}$. 显然, 这个新单位不方便, 因此我们不用它. 但是我们看到, 原则上可以建立这样一个单位制, 其中任意单位仅是长度单位和时间单位, 所有别的量, 包括质量, 都可以建立导出单位. 实际并不使用这样的单位制, 但是建立这种单位制的可能性再次显示了 CGS 单位制的随意性.

有了两个质点之间的引力相互作用的力的表示式, 容易求出它们的势能 U. 利用 U 和 F 之间的普遍关系

$$-\frac{\text{d}U}{\text{d}r} = F = -G\frac{m_1 m_2}{r^2},$$

得到

$$U = -G\frac{m_1 m_2}{r},$$

U 中的任意常量取为零, 使两个粒子之间的距离为无穷大时势能变为零. 这个式子与电相互作用势能的公式

$$U = \frac{e_1 e_2}{r}$$

相似.

上面给出的是两个质点之间引力相互作用势能的公式. 对任意两个物体, 只要它们之间的距离比物体的尺寸大得多, 这个公式就成立. 对球形物体, 不论它们之间距离多大, 这个公式都成立 (这时 r 表示两个球心间的距离).

作用在质点上的重力与此质点的质量成正比, 这一事实使得能引进引力场 (或重力场) 强度的概念, 与前面引进的电场强度相似. 即, 作用在质量为 m 的质点上的力 $\boldsymbol{F}$ 可以写成

$$\boldsymbol{F} = m\boldsymbol{g}$$

的形式, 其中 $\boldsymbol{g}$ 是引力场强度, 只由产生引力场的物体的质量和位置决定.

因为引力场服从的牛顿定律在数学上与电场的库仑定律相似, 那么高斯定理对引力场一定也成立. 差别仅仅在于, 高斯定理中的电荷现在要换成质量乘引力常量. 于是, 引力场穿过一个封闭面的通量等于 $-4\pi m G$, 其中 m 是此封闭面内一切质量之和; 负号是由于引力是吸引力.

利用这个定理, 可以决定比方说均匀球内的引力场强度. 准确地说, 这个问题对应于我们在 §21 研究过的均匀带电球的问题. 利用那里得到的结果, 我们可以立即写出

$$g = -\frac{4\pi}{3} G \rho r,$$

ρ 是球的质量密度.

作用在地球表面附近物体上的重力, 叫做该物体的重量 P. 物体到地球中心的距离是 $R + z$, 其中 R 是地球的半径, z 是物体高出地面的高度. 如果高度 z 比 R 小很多, 那么它可以忽略掉, 于是物体的重量为

$$P = G \frac{mM}{R^2},$$

其中 M 是地球的质量.

若将此公式写成

$$P = mg$$

的形式, 那么便有

$$g = \frac{GM}{R^2}.$$

常量 g 叫做重力加速度. 它是物体在地球重力场中自由下落的加速度.

在重力可以看成恒定的高度 z 上, 一个物体的势能由下式表示:

$$U = Pz = mgz.$$

这可从 §10 得到的均匀场中势能的普遍公式看出, 若是还考虑到这时力的方向向下, 即向 z 减小的方向.

实际上, 在地球表面不同地点, 重力加速度不同, 因为地球并不是精确的球形. 此外, 还要看到, 由于地球绕自转轴转动产生了离心力, 它作用在与引力相反的方向. 因此应当引入有效重力加速度, 它比假想的静止地球上的重力加速度小. 在地球两极上, 有效重力加速度 $g = 983.2\frac{\mathrm{cm}}{\mathrm{s}^2}$, 在赤道上 $g = 978.0\frac{\mathrm{cm}}{\mathrm{s}^2}$.

g 的值有时会出现在一些物理量 (比如力和功) 的测量单位的定义中. 为此, 可以约定使用一个标准值

$$g = 980.665\frac{\mathrm{cm}}{\mathrm{s}^2},$$

它非常接近纬度 45° 上的重力加速度.

§23 等效原理

重力与它作用的质点的质量成正比 ($\boldsymbol{F} = m\boldsymbol{g}$), 这个事实有很深刻的物理含意.

因为质点得到的加速度等于作用在它上的力除以质量, 于是质点在引力场中的加速度便是此引力场的强度

$$w = g,$$

即与质点的质量无关. 换句话说, 引力场有一个值得注意的性质: 一切物体, 不论其质量多大, 在引力场中都得到同样的加速度 (这个性质是伽利略通过他做的物体在地球重力场中下落的实验首先发现的).

在物体不受任何外力作用的空间, 如果在一个非惯性参考系中观察物体运动, 也会看到类似的行为. 比如, 我们想象一枚火箭在星际空间自由运动, 那里可以忽略重力的作用. 这枚火箭内的物体将会 "腾飞", 以保持相对于火箭静止. 若火箭得到某个加速度 w, 那么火箭里的一切物体都会以加速度 $-w$ "落"向地板. 这和一枚不加速运动的火箭中, 物体受到一个强度为 $-w$、方向指向地板的引力场作用时观察到的行为完全相同. 任何实验都不能区分我们是在一枚加速运动的火箭中呢, 还是在一个均匀的重力场中.

引力场中的物体行为与非惯性参考系中物体行为之间的这种相似, 是所谓等效原理的内容 (这种相似的基本意义在以相对论为基础的引力理论中得到完全阐明).

上面的讨论里, 我们谈的是在没有重力场的空间中运动的火箭. 我们也可以反其道而行, 考虑在引力场中、比方说在地球的重力场中运动的火箭. 在这样的力场中 "自由" 运动 (即没有发动机) 的火箭将得到一个加速度, 等于场强 g. 这时火箭是一个非惯性参考系; 火箭成为非惯性系这件事对火箭内物体相对于火箭运动的影响, 刚好抵消了引力场的影响. 结果产生 "失重" 状态; 即, 火箭中物体的行为, 就好像它们是在一个没有任何外力场的惯性参考系中运动一样. 于是, 适当选择一个非惯性参考系 (此处就是加速运动的火箭), 考虑相对这个参考系的运动, 就可以 "消除" 引力场. 这无疑是等效原理的另一侧面.

"出现" 在加速运动的火箭中的重力场在整个火箭中相同, 其强度处处等于同一值 $-w$. 但是真实的引力场永远是非均匀的. 因此, 依靠转换到非惯性参考系的办法来 "消除" 真实的引力场只是在空间一个小区域里才有可能, 在

这个区域里引力场改变非常小, 可以以足够高的精度认为它是均匀的. 在这个意义上, 我们可以说, 引力场和非惯性参考系的等效只是局域的.

§24 开普勒运动

我们来考虑按照万有引力定律互相吸引的两个物体的运动. 首先假设, 其中一个物体的质量 M 比另一物体的质量 m 大得多. 若是两个物体之间的距离 r 比物体尺寸大得多, 那么问题便变成质点 m 在物体 M 产生的有心引力场中的运动, 可以认为物体 M 不动.

这种力场中最简单的运动是以力场的中心 (物体 M 的中心) 为圆心的匀速圆周运动. 这时加速度的方向指向圆心, 大小已经知道等于 $\dfrac{v^2}{r}$, v 是质点 m 的速度. 这个加速度乘以质量 m, 应当等于物体 M 作用于质点的力, 即

$$\frac{mv^2}{r} = G\frac{mM}{r^2},$$

因此

$$v = \sqrt{\frac{GM}{r}}.$$

特别是, 用这个公式能够决定离地球表面不远处运行的人造卫星的速度. 这时, 将上式中的 r 换成地球半径 R, 并注意 $\dfrac{GM}{R^2}$ 是重力加速度 g, 便得到下面的人造卫星速度的表示式 (或所谓第一宇宙速度)

$$v_1 = \sqrt{\frac{GM}{R}} = \sqrt{gR}.$$

将 $g = 980\dfrac{\text{cm}}{\text{s}^2}$, $R = 6500 \text{ km}$ 代入, 得 $v_1 = 8\dfrac{\text{km}}{\text{s}}$.

上面得到的 v 的公式使我们能够确定轨道半径 r 和沿轨道公转的周期 T 之间的关系. 令

$$v = \frac{2\pi r}{T},$$

得到

$$T^2 = \frac{4\pi^2}{GM} r^3.$$

我们看到, 周期的平方与轨道半径的三次方成正比. 这个关系是天文学家开普勒在 17 世纪初根据对行星运动的观测资料从经验发现的, 叫做开普勒第三定律, 它是两个天体在引力相互作用下运动的基本定律 (这种运动叫做开普勒运动). 开普勒的三条定律 (其中第二定律在 §16 中已讨论过, 讲的是有心力场运动中扇形速度的恒定性) 对牛顿发现万有引力定律起过重要作用.

现在我们来决定质点 m 的能量. 我们知道, 它的势能等于

$$U = -G\frac{mM}{r},$$

在它上面加上动能 $mv^2/2$, 就得到质点的总能量

$$E = \frac{mv^2}{2} - \frac{GmM}{r},$$

它不随时间变化.

作圆周运动时

$$mv^2 = G\frac{mM}{r},$$

因此

$$E = -\frac{mv^2}{2} = -\frac{GmM}{2r}.$$

我们看到, 作圆周运动时质点的总能量为负. 这与 §13 的结论一致: 若无穷远处势能为零, 则对 $E < 0$ 运动是有限运动, 对 $E \geqslant 0$ 运动是无限运动.

前面我们研究过在吸引力

$$F = -\frac{GmM}{r^2}$$

作用下发生的最简单的圆周运动. 但是, 在这样的力场中, 粒子不但可以作圆周运动, 还可以沿椭圆、双曲线或抛物线运动. 对所有这些圆锥曲线, 它的焦点之一 (对抛物线则是唯一的焦点) 位于力场中心 (这就是开普勒第一定律). 显

然, 椭圆轨道对应于质点的总能量为负值 $E < 0$ (因为运动是有限运动). 分成两支跑到无穷去的双曲线轨道对应于总能量为正值 $E > 0$. 最后, 沿抛物线运动时 $E = 0$. 这意味着, 沿抛物线运动时, 粒子在无穷远处的速度等于零.

用质点的总能量公式容易求出一个人造卫星要沿抛物线轨道运动 (即挣脱地球的吸引) 必须具有的极小速度值. 在公式

$$E = \frac{mv^2}{2} - \frac{GmM}{r}$$

中令 $r = R$, 并令 $E = 0$, 得到这个速度为

$$v_2 = \sqrt{2\frac{GM}{R}} = \sqrt{2gR}.$$

它叫第二宇宙速度. 与第一宇宙速度的公式比较, 得

$$v_2 = \sqrt{2}v_1 = 11.2\frac{\text{km}}{\text{s}}.$$

现在我们来阐明, 椭圆轨道的参量由什么决定. 圆轨道的半径可通过质点的能量表示为

$$r = \frac{\alpha}{2|E|},$$

这里引进了记号 $\alpha = GmM$. 质点沿椭圆运动时, 同样的公式决定了椭圆的长半轴 a

$$a = \frac{\alpha}{2|E|}.$$

椭圆的短半轴 b 则不仅由能量、还由角动量 L 决定:

$$b = \frac{L}{\sqrt{2m|E|}}.$$

角动量越小, 椭圆越扁长 (在确定能量下).

沿椭圆转一圈的周期仅由能量决定, 它通过椭圆的长半轴由下式给出:

$$T^2 = \frac{4\pi^2 m}{\alpha}a^3.$$

至此为止, 我们考虑的是一个物体的质量 M 比另一物体质量 m 大得多的情形, 因此认为物体 M 是不动的. 实际上当然两个物体都运动, 并且在

质心参考系中两个物体描出形状相似的圆锥曲线轨道, 其公共焦点位于质心.
图 2.7 中画了两个几何形状相似的椭圆, 其大小与物体的质量成反比. 这时,
上面给出的长、短半轴 a、b 的表示式可以用于 "约化" 质点的轨道, 只需将 m
换成

$$\mu = \frac{mM}{m + M},$$

保持前面的 $\alpha = amM$ 值不变.

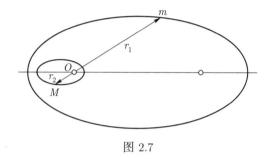

图 2.7

第 3 章 刚体运动

§25 刚体运动的形式

前面我们研究了在某些条件下可以看成质点的物体的运动. 现在转而研究必须考虑物体广延的有限大小时物体的运动. 这时我们把物体看成一个刚体. 在力学中, 所谓刚体是这样的物体, 它的各部分的相互位置在运动中不变. 这样的物体运动时作为一个整体运动.

刚体最简单的运动是平行于自身移动. 这种运动叫做平移. 例如, 在水平平面上平稳移动一个罗盘, 使它的指针保持不变的南北指向, 作的就是平移运动 (简称平动).

刚体作平移运动时, 每点有相同的速度, 走过相同形状的路程, 互相只差一空间位移.

刚体另一种最简单的运动形式是物体绕轴的转动. 转动时, 物体上的各点在垂直于转轴的平面上画圆.

若时间 dt 内物体转了角度 $d\varphi$, 那么这段时间里, 物体上某点 P 走过的路程, 显然等于 $ds = r d\varphi$, 其中 r 是 P 点到转轴的距离. 将 ds 除以 dt, 得 P 点的速度:

$$v = r\frac{d\varphi}{dt}.$$

量 $\dfrac{d\varphi}{dt}$ 在物体的每点都相同, 它是物体在单位时间里的角位移. 这个量叫物体的角速度; 我们用字母 Ω 表示它.

于是, 绕轴转动的刚体, 其上各点速度由下式决定:

$$v = r\Omega.$$

r 是点到转轴的距离; 速度与此距离成正比.

一般情况下, 量 Ω 随时间变化. 若转动是匀速的, 即角速度恒定, 那么知道转动周期 T, 就可求 Ω:

$$\Omega = \frac{2\pi}{T}.$$

转动的特性由转轴方向和角速度大小描述. 可以将二者结合起来, 引进一个角速度矢量 $\boldsymbol{\Omega}$, 它的方向与转轴的取向相同, 大小等于角速度. 转轴有两个取向, 角速度矢量的方向习惯上根据右手螺旋法则来定, 即一个右旋螺丝旋转时螺丝前进的方向.

研究刚体运动最简单的形式 (平移运动和转动) 之所以特别重要, 是因为刚体的任何运动都归结为这两种运动.

我们用下面的例子说明这点. 一物体平行于某个平面运动. 考虑它前后两个位置 A_1 和 A_2 (图 3.1). 物体从位置 A_1 移到位置 A_2, 显然可以通过以下方式完成: 先将物体从位置 A_1 平行地平移到位置 A', 使物体上的某点 O 到达其最终位置. 然后将物体绕 O 点转一角度 φ, 使整个物体到达最终位置 A_2.

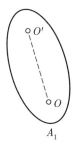
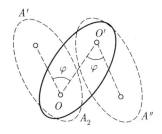

图 3.1

我们看到, 物体总的位置变动由前后两类运动叠加而得: 先从 A_1 平移到 A', 然后绕 O 点转动, 最终物体移到位置 A_2 上. 显然, 这时 O 点是完全任意的; 我们可以同等成功地将物体先从位置 A_1 平移到位置 A'', 这时是别的某个点 O' 而不是 O 到达自己的最终位置, 然后绕 O' 点转动, 将物体变到最终位置 A_2. 重要的是, 绕 O' 点的转角与绕 O 点的转角精确相等; 但是 O 点和 O' 点平移的路程长度一般是不同的.

上面的例子表明 (实际上这是一条普遍规则), 刚体的任意运动可以表示为整个刚体以其上某点 O 的速度作平移运动, 加上绕通过此点的轴的转动. 这时, 平移的速度 (我们用 V 表示) 依赖于我们选的是物体上的哪一点. 但是角速度 Ω 与这一选择无关: 随你怎么选 O 点, 通过它的转轴有同样的方向, 角速度 Ω 大小也相同. 在这个意义上, 我们可以说, 角速度 Ω 具有 "绝对性", 并且可以称之为刚体转动的角速度而不必提及转轴通过物体的哪一点. 平移速度没有这种 "绝对性".

一般选物体的质心为基点 O. 于是平移速度 V 为质心速度. 这样选的好处会在下节解释.

矢量 V 和 Ω, 每个都由其 (在某一坐标系中的) 三个分量确定. 因此要知道刚体中任何一点的速度, 只需给出 6 个独立的量. 由于这个原因, 我们说, 刚体这个力学系统具有 6 个自由度.

§26   运动刚体的能量

作平移运动的刚体的动能容易得出. 因为这时物体每点都以相同的速度运动, 动能简单等于

$$E_{\mathrm{k}} = \frac{1}{2}MV^2,$$

其中 V 是物体的速度, M 是物体的总质量. 这个式子与质量为 M 的质点以速度 V 运动的能量表示式相同. 显然, 刚体的平移运动与质点运动没有实质性不同.

现在决定转动物体的动能. 为此, 我们想象将物体分成许多基元部分, 每部分如此之小, 可以认为它像质点一样运动. 若第 i 个基元的质量为 m_i, 到转轴的距离为 r_i, 那么它的速度 $v_i = r_i\Omega$, Ω 是物体转动的角速度. 这个基元部分的动能等于 $\frac{1}{2}m_i v_i^2$, 对这些能量求和, 得到物体的总动能

$$E_{\mathrm{k}} = \frac{1}{2}m_1 v_1^2 + \frac{1}{2}m_2 v_2^2 + \cdots = \frac{1}{2}\Omega^2(m_1 r_1^2 + m_2 r_2^2 + \cdots).$$

括号中的和式依赖于我们研究的刚体 (由它的形状、尺寸和质量分布决定), 还依赖于转轴在刚体中的位置. 这个量表征给定的刚体和转轴的特性, 叫做这个刚体相对于这条转轴的转动惯量, 用符号 I 表示:

$$I = m_1 r_1^2 + m_2 r_2^2 + \cdots$$

若物体是连续的, 必须把它分成无穷多个无限小的部分, 并将上式中的求和换成积分. 举些具体例子: 质量为 M、半径为 R 的实心球, 对过球心的转轴的转动惯量为 $I = \dfrac{2}{5} MR^2$; 长 l 的细杆, 对过中点并与杆垂直的轴的转动惯量为 $I = \dfrac{1}{12} Ml^2$.

于是一个转动物体的动能可以写成

$$E_k = \frac{I \Omega^2}{2}.$$

这个式子和平移运动的能量形式上相似, 但是速度 V 换成了角速度 Ω, 质量换成了转动惯量. 这个例子表明, 转动惯量在转动中的作用相当于平移运动中的质量.

若是将上节所述的分开平移运动和转动的方法中的基点 O 取在物体的质心, 那么作任意运动的刚体的动能可以表示为这两种运动的能量之和. 这时转动是物体中各点绕物体质心的运动, 它同将质点系的运动分为系统整体的运动和各质点相对于系统质心的 "内部运动" (§12) 完全相似. 我们在 §12 曾看到, 系统的动能也变成对应的两部分. 在这里 "内部运动" 由物体绕质心的转动表示. 因此, 任意运动的物体的动能为

$$E_k = \frac{MV^2}{2} + \frac{I_0 \Omega^2}{2}.$$

下标 0 表示此转动惯量对应的轴穿过质心.

(但是应当注意, 以上公式只有当物体的转轴在运动过程中保持恒定方向才有实际意义. 否则不同时刻必须对不同的转轴取转动惯量, 它就不再是常量了.)

下面考虑刚体绕不经过其质心的轴 Z 的转动. 这个运动的动能是 $E_k = \dfrac{I_0 \Omega^2}{2}$, 其中 I 是对 Z 轴的转动惯量. 另一方面, 可以把这个运动看成, 速度

为质心速度 V 的平移运动加上相对于通过质心并平行于 Z 轴的转轴的转动 (角速度为同一值 Ω). 若 a 是质心到 Z 轴的距离, 那么质心的速度 $V = a\Omega$. 因此物体的动能也可写成以下形式

$$E_k = \frac{MV^2}{2} + \frac{I_0\Omega^2}{2} = \frac{1}{2}(Ma^2 + I_0)\Omega^2.$$

比较两个式子, 得

$$I = I_0 + Ma^2.$$

这个公式将物体相对于某个轴的转动惯量, 与相对于另一轴 (它穿过物体的质心并平行于前一轴) 的转动惯量联系起来. 显然, I 永远大于 I_0. 换句话说, 当转轴方向给定时, 对穿过质心的转轴, 转动惯量为最小值.

若刚体在重力场中运动, 它的总能量 E 等于动能和势能之和. 作为例子, 我们看一个球在斜面上的运动 (图 3.2). 球的势能等于 Mgz, M 是球的质量, z 是球心的高度. 因此能量守恒定律给出

$$E_k = \frac{MV^2}{2} + \frac{I_0\Omega^2}{2} + Mgz = 常量.$$

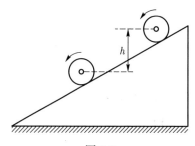

图 3.2

假设球作无滑滚动, 于是球与斜面接触点的速度 v 等于零. 另一方面, 这个速度由整个球沿斜面向下的平移运动速度 V 与方向相反 (沿斜面向上) 的此点绕球心转动的速度相加而得. 后一速度等于 ΩR, R 是球的半径. 由等式 $v = V - \Omega R = 0$ 有

$$\Omega = \frac{V}{R}.$$

将此式代入能量守恒定律, 并认为初始时刻球的速度为零, 得到球的质心下落一段竖直距离 h 时的速度,

$$V = \sqrt{\frac{2gh}{1 + \dfrac{I_0}{MR^2}}}.$$

如同我们预期, 这个速度小于从同一高度 h 自由下落的质点或不转动物体的速度, 因为势能的减少 Mgh 不仅要用来增大球平移运动的动能, 还用于增加球的转动的动能.

§27 角动量

在物体转动中, 角动量起的作用与质点运动中动量的作用相似. 在物体绕固定轴转动这种最简单情形下, 起这种作用的是角动量沿转轴 (我们称它为 Z 轴) 的分量.

要计算这个分量, 我们像计算动能那样, 将物体分成许多基元部分. 第 i 个基元的角动量是 $m_i \boldsymbol{R}_i \times \boldsymbol{v}_i$, 其中 $\boldsymbol{R}_i$ 是此基元相对 Z 轴上某一点 O 的径矢, 我们要求的角动量就是相对这一点的 (图 3.3). 因为物体上每点都绕转轴作圆周运动, 因此速度 $\boldsymbol{v}_i$ 与这个圆相切 (垂直于图 3.3 中图平面). 将矢量 $\boldsymbol{R}_i$ 分解为两个矢量, 一个沿轴的方向, 另一个 ($\boldsymbol{r}_i$) 与轴垂直. 于是乘积 $m_i \boldsymbol{r}_i \times \boldsymbol{v}_i$ 正好给出角动量的方向平行于 Z 轴的部分 (记住, 两个矢量的矢量积垂直于两个矢量所在的平面). 因为各矢量相互垂直, 乘积 $\boldsymbol{r}_i \times \boldsymbol{v}_i$ 的大小简单就是 $r_i v_i$, r_i 是基元 m_i 到转轴的距离. 最后, 由于 $v_i = \Omega r_i$, 我们得出结论, 基元 m_i 的角动量沿转轴的分量等于 $m_i r_i^2 \Omega$. 求和

$$m_1 r_1^2 \Omega + m_2 r_2^2 \Omega + \cdots$$

就得到物体总角动量沿 Z 轴的分量 L_Z. 这个量又叫物体对 Z 轴的角动量.

在上面的和式中将公共因子 Ω 提到括号外, 括号内留下的和式正是转动惯量 I 的表示式. 于是, 最终得到

$$L_Z = I\Omega,$$

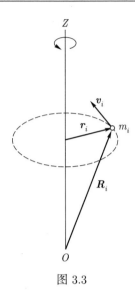

图 3.3

即, 物体的角动量等于它对转轴的转动惯量与角速度的乘积. 注意这个式子与质点动量的表示式 mv 相似: 代替 v 的是角速度, 转动惯量起质量的作用.

若物体不受外力作用, 其角动量保持恒定: 物体 "出于惯性" 以恒定的角速度 Ω 转动. 此时 Ω 恒定是因为 L_z 恒定, 因为我们已经假定物体自身在转动中不变, 即它的转动惯量不变. 若物体各部分相对位置 (因而其转动惯量) 变化, 那么在自由转动情况下, 角速度也会变, 使乘积 $I\Omega$ 保持恒定. 例如, 若有人手持重物站在一个摩擦很小的转凳上, 他展开手臂时就增大了自己的转动惯量, 因乘积 $I\Omega$ 保持不变使他转动的角速度减慢.

§28   转动物体的运动方程

我们知道, 质点的运动方程将质点动量的变化率与作用在质点上的力相联系 (§7). 刚体的平移运动与质点运动差别不大, 这种运动的方程归结为物体总动量 $P = MV$ 与物体受的总作用力 F 之间的联系

$$\frac{\mathrm{d}P}{\mathrm{d}t} = M\frac{\mathrm{d}V}{\mathrm{d}t} = F.$$

对旋转运动, 有方程起类似作用, 这种方程将物体角动量对时间的变化率

与作用在物体上的力矩相联系. 我们对物体绕固定轴 (Z 轴) 转动这种最简单的情况, 说明这种联系的具体形式.

前面已得出过物体对转轴的角动量. 现在考虑作用在物体上的力. 显然, 方向平行于转轴的力, 只能使物体沿此轴移动, 不能使物体转动. 因此我们可以不管这种力, 只考虑与转轴垂直的平面内的力.

这样的力 F 对 Z 轴的力矩 K_Z 由矢量积 $r \times F$ 给出, r 是施力点到转轴的距离矢量. 按矢量积的定义有

$$K_Z = Fr\sin\theta,$$

θ 是 F 和 r 的夹角 (见图 3.4, 图中 Z 轴垂直于图面并穿过 O 点; A 是施力点). 上式也可写为

$$K_z = h_F F,$$

$h_F = r\sin\theta$ 是力对转轴的力臂 (转轴到力作用方向的距离).

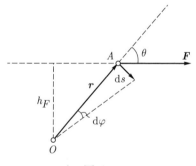

图 3.4

按照 §15 中得到的角动量变化率与作用力力矩的关系, 可写出等式

$$\frac{\mathrm{d}L_Z}{\mathrm{d}t} = K_Z \quad \text{或} \quad I\frac{\mathrm{d}\Omega}{\mathrm{d}t} = K_Z.$$

这便是转动物体的运动方程. 微商 $\dfrac{\mathrm{d}\Omega}{\mathrm{d}t}$ 可以叫做角加速度. 我们看到, 它由作用在物体上的力矩决定, 就像平移运动中加速度由力决定一样.

若作用在物体上有几个力, 那当然应该把上式中的 K_Z 理解为这些力的力矩之和. 这时, 应当记住量 K_Z 的矢量本性, 对使物体绕转轴向相反方向转

动的力矩取不同的符号. 取正号的力矩使物体向 φ 增大的方向转 (转角 φ 对时间的导数是物体转动的角速度: $\Omega = \dfrac{\mathrm{d}\varphi}{\mathrm{d}t}$).

还要注意, 在刚体中可以沿力的作用方向任意移动施力点而不改变运动的性质. 显然, 这样移动不改变力的力臂, 因此不改变力矩.

能绕轴转动的物体的平衡条件显然是作用在它上的力矩之和等于零. 这就是所谓的力矩定律. 它的特例是熟知的给出杠杆 (能绕其上一点转动的长杆) 的平衡条件的杠杆定则.

作用于物体的力矩与物体转动时做的功有简单的关系. 物体绕轴转无穷小角度 $\mathrm{d}\varphi$ (图 3.4), 力 $\boldsymbol{F}$ 做的功, 等于力的施力点 A 的位移 $\mathrm{d}s = r\mathrm{d}\varphi$ 与力在运动方向的分量 $F_s = F\sin\theta$ 之积:

$$F_s\mathrm{d}s = Fr\sin\theta\mathrm{d}\varphi = K_Z\mathrm{d}\varphi.$$

我们看到, 力对转轴的力矩, 等于力在单位角位移上做的功. 另一方面, 力对物体做功等于物体势能的减少, 因此 $K_Z\mathrm{d}\varphi = -\mathrm{d}U$, 于是

$$K_Z = -\frac{\mathrm{d}U}{\mathrm{d}\varphi}.$$

力矩等于物体势能对物体绕给定轴转角的导数取负号. 注意这个关系式与公式 $F = -\dfrac{\mathrm{d}U}{\mathrm{d}x}$ 之间的相似; 后一式确立了力本身与质点运动或刚体平移运动时势能变化的联系.

容易证明, 转动物体的运动方程理应根据能量守恒定律得到. 物体总能量

$$E = \frac{I\Omega^2}{2} + U,$$

能量守恒由下式表示

$$\frac{\mathrm{d}}{\mathrm{d}t}\left(\frac{I\Omega^2}{2} + U\right) = 0.$$

按照对复合函数求微商的规则, 有

$$\frac{\mathrm{d}U}{\mathrm{d}t} = \frac{\mathrm{d}U}{\mathrm{d}\varphi}\frac{\mathrm{d}\varphi}{\mathrm{d}t} = -K_Z\Omega.$$

微商 $\dfrac{\mathrm{d}}{\mathrm{d}t}\Omega^2 = 2\Omega\dfrac{\mathrm{d}\Omega}{\mathrm{d}t}$. 将这些表示式代入前式, 消掉公共因子 Ω, 再次得到熟知的方程 $I\dfrac{\mathrm{d}\Omega}{\mathrm{d}t} = K_Z$.

§15 末曾指出, 封闭系统的角动量守恒定律与空间各向同性相联系. 确立这种联系归结为证明, 系统内全部作用力的力矩之和为零, 是封闭系统整体 (像个刚体一样) 作任何转动时其性质不变的结果. 如果将关系式 $\dfrac{\mathrm{d}U}{\mathrm{d}\varphi} = -K_Z$ 应用于系统的内势能, 取 K_Z 为作用在所有质点上的力的总力矩, 我们就会看到, 封闭系统绕任意轴转动时势能不变的条件实际上就是总力矩等于零.

§29 合力

若有多个力作用于一刚体, 刚体的运动只与所有这些力之和以及它们的力矩之和有关. 这一情况使得有时可以将物体上的全部作用力换成一个力, 叫做这种场合下的合力. 显然, 合力的大小和方向由全部力的矢量和给出, 但它的作用点 (施力点) 必须这样选定, 使合力的力矩等于全部力矩之和.

这种情况中最重要的是平行力的相加. 特别是, 这涉足作用于一个刚体各部分的重力的相加.

我们来研究某一个物体并决定它受的重力对任意水平轴 (图 3.5 中的 z 轴) 的总力矩. 作用于物体的基元 m_i 的重力等于 $m_i g$, 它的力臂是基元的坐标 x_i. 因此总力矩为

$$K_Z = m_1 g x_1 + m_2 g x_2 + \cdots.$$

合力大小等于物体的总重量 $(m_1 + m_2 + \cdots)g$, 若用 X 表示合力作用点的坐标, 那么力矩 K_Z 可写成下面的形式:

$$K_Z = (m_1 + m_2 + \cdots)gX.$$

令上面两个表示式相等, 得

$$X = \frac{m_1 x_1 + m_2 x_2 + \cdots}{m_1 + m_2 + \cdots}.$$

这不是别的, 正是物体质心的 x 坐标.

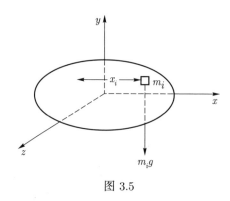

图 3.5

于是我们看到, 作用于物体的全部重力可以换成一个力, 这个力等于物体的总重量, 作用点在它的质心上. 与此有关, 物体的质心也常叫重心.

但是, 若一组平行力之和等于零, 要将这组力化为一个合力是不可能的. 这样一组力的作用可以归结为一对力偶的作用, 所谓力偶就是两个大小相等、方向相反的力. 容易看出, 这样两个力对垂直于二力所在平面的任何 z 轴的力矩之和 K_z, 等于其中一个力 F 与二力作用线之间的距离 h (力偶的臂) 的乘积:

$$K_z = Fh.$$

这个量叫力偶矩, 力偶对物体运动的作用只与这个量有关.

§30a 惯量主轴[①]

上节我们研究刚体绕固定轴的转动, 并且指出, 角动量沿此轴的分量等于转动的角速度与刚体对此轴的转动惯量的乘积. 若转轴不固定, 角动量与角速度之间的关系更复杂. 相对于物体质心的角动量, 永远是角速度的线性函数, 即后者增大若干倍, 角动量也增大同样倍数, 但是矢量 $\boldsymbol{L}$ 和 $\boldsymbol{\Omega}$ 的方向, 一般而言并不相同. 这可通过简单计算证明.

[①] §30a 至 §30c 在第一次读本书时可以跳过.

我们首先注意到, 转动物体上任何一点 P 的速度可以写成矢量形式

$$v = \boldsymbol{\Omega} \times \boldsymbol{R},$$

其中 $\boldsymbol{R}$ 是从转轴上某处所取的原点 O 到 P 的径矢. 实际上, 从图 3.6 可以看出, 矢量 $\boldsymbol{\Omega} \times \boldsymbol{R}$ 的方向与 P 点速度方向相同; 矢量 $\boldsymbol{\Omega} \times \boldsymbol{R}$ 的大小等于 $\Omega R \sin \theta = \Omega r$ (θ 是 $\boldsymbol{\Omega}$ 和 $\boldsymbol{R}$ 的夹角), 这与 §25 给出的 v 的表示式相同.

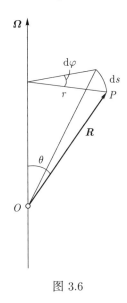

图 3.6

如果将物体分成单个的基元 (前面我们已不止一次这样做了), 那么物体的角动量可表示为

$$\boldsymbol{L} = \Sigma m_i (\boldsymbol{R}_i \times \boldsymbol{v}_i)$$

其中 m_i 是第 i 个基元的质量, $\boldsymbol{v}_i$ 是它在质心系中的速度, $\boldsymbol{R}_i$ 是此基元相对于质心的径矢. 将 $\boldsymbol{v}_i = \boldsymbol{\Omega} \times \boldsymbol{R}_i$ 代入, 我们通过 $\boldsymbol{\Omega}$ 表示出 $\boldsymbol{L}$. 但是显然, 一般情况下, 矢量 $\boldsymbol{L}$ 不平行于矢量 $\boldsymbol{\Omega}$.

虽然如此, 但不论刚体形状如何, 也不论刚体内质量如何分布, 通过物体质心永远存在这样的转轴, 使得绕它们转动时角动量的方向将沿这些转轴. 质量分布任意的刚体有三条这样的轴, 叫做惯量主轴. 它们一个引人注目的特性

是, 三条轴相互垂直, 因此描述刚体运动时可以将它们取作直角坐标系 (这个坐标系固结在刚体上, 与刚体一道运动). 如果物体有对称轴, 那么这个对称轴将是惯量主轴之一.

对每条转轴可以确定对应的转动惯量. 我们用 I_x、I_y、I_z 表示对三条主轴的转动惯量, 它们有下面的独特性质: 若研究相对于通过质心的一切转轴的转动惯量, 那么某个方向的转轴对应于转动惯量的极大值, 另外某个方向的转轴对应于极小值. 这两个方向的转轴都是物体的惯量主轴 (第三条主轴与它们垂直).

用 Ox、Oy、Oz 表示惯量主轴 (O 是质心). 如果物体绕 x 轴以角速度 Ω_x 转动, 那么角动量也沿这个方向, 等于

$$L_x = I_x \Omega_x.$$

类似地, 若物体绕 y 轴以角速度 Ω_y 转动, 则角动量也沿 y 轴方向, 等于

$$L_y = I_y \Omega_y.$$

最后, 若物体绕 z 轴以角速度 Ω_z 转动, 角动量也沿 z 轴方向, 等于

$$L_z = I_z \Omega_z.$$

现在让物体绕任意轴以角速度 $\boldsymbol{\Omega}$ 转动. 可以将这一转动看成绕 x、y、z 轴以角速度 Ω_x、Ω_y、Ω_z (它们是矢量 $\boldsymbol{\Omega}$ 在这些轴上的分量) 转动的三个转动的组合. 于是, 将 Ω_x 乘以 I_x, Ω_y 乘以 I_y, Ω_z 乘以 I_z, 我们得到物体的总角动量矢量 $\boldsymbol{L}$ 在 x、y、z 轴上的分量

$$L_x = I_x \Omega_x, \quad L_y = I_y \Omega_y, \quad L_z = I_z \Omega_z.$$

显然, 如果各个坐标轴方向的转动惯量不同, 那么矢量 $\boldsymbol{L}$ 和 $\boldsymbol{\Omega}$ 将有不同的方向 (图 3.7). 若 $I_x = I_y = I_z$, 则

$$\boldsymbol{L} = I\boldsymbol{\Omega}$$

(I 是转动惯量的公共值), 即, 角动量与转动的角速度矢量的方向相同 (这时我们称物体为一个球陀螺).

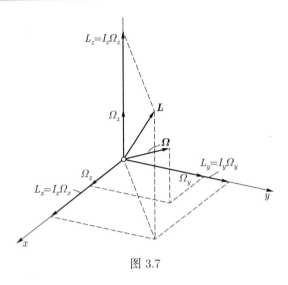

图 3.7

下面求一个转动刚体的动能. 若物体绕主轴之一如 x 轴以角速度 Ω_x 转动, 那么它的动能等于 $\frac{1}{2}I_x\Omega_x^2$. 当物体绕任意转轴以角速度 Ω 转动时, 如前面指出的, 可以将这个转动看成绕 x、y、z 轴以角速度 Ω_x、Ω_y、Ω_z (它们是矢量 Ω 的相应分量) 进行的三个转动的组合. 这些转动对应于动能 $\frac{1}{2}I_x\Omega_x^2$、$\frac{1}{2}I_y\Omega_y^2$、$\frac{1}{2}I_z\Omega_z^2$, 把它们相加, 得到刚体的总转动动能

$$E_\mathrm{k} = \frac{1}{2}(I_x\Omega_x^2 + I_y\Omega_y^2 + I_z\Omega_z^2).$$

注意 $I_x\Omega_x = L_x, I_y\Omega_y = L_y, I_z\Omega_z = L_z$, 可将 E_k 改写为

$$E_\mathrm{k} = \frac{1}{2}\left(\frac{L_x^2}{I_x} + \frac{L_y^2}{I_y} + \frac{L_z^2}{I_z}\right),$$

还可写为

$$E_\mathrm{k} = \frac{1}{2}(L_x\Omega_x + L_y\Omega_y + L_z\Omega_z),$$

但是 $L_x\Omega_x + L_y\Omega_y + L_z\Omega_z$ 是矢量 L 和 Ω 的标量积, 因此

$$E_\mathrm{k} = \frac{1}{2}L \cdot \Omega.$$

于是, 刚体的转动动能等于物体的角动量矢量与它转动的角速度矢量的标量积之半.

§30b 刚体的自由转动

现在转而研究刚体没有外力作用时的自由转动. 从转动运动方程

$$\dot{L} = K$$

推得, $K = 0$ 时角动量守恒

$$L = 常量.$$

此外, 转动动能也守恒

$$E_k = 常量.$$

至于角速度矢量 Ω, 它在任意刚体的情形下不守恒. 球陀螺是例外, 它的矢量 L 和 Ω 方向相同, 通过关系式 $L = I\Omega$ 联系, 由此推出, 角动量 L 恒定时角速度 Ω 也恒定. 换言之, 球陀螺的自由转动是绕固定的 L 矢量方向的匀速转动.

更复杂的情况是各个方向有不同的主转动惯量的物体的自由转动. 下面研究这样的物体的自由转动, 它的两个主转动惯量相同, 但第三个转动惯量不同, 比如 $I_x = I_y \neq I_z$. 这样的物体叫对称陀螺. (若物体所有主转动惯量都不同, 叫不对称陀螺). 对称陀螺的转动动能为

$$E_k = \frac{1}{2I}(L_x^2 + L_y^2) + \frac{1}{2I_z}L_z^2,$$

(I 是转动惯量 I_x 和 I_y 的公共值) 显然可以写成形式

$$E_k = \frac{1}{2I}L^2 + \frac{1}{2}\left(\frac{1}{I_z} - \frac{1}{I}\right)L_z^2,$$

这里 $L^2 = L_x^2 + L_y^2 + L_z^2$ 是陀螺角动量大小的平方. 因为能量和角动量守恒, 因此从上面的表示式推得, 量 L_z 也守恒 ($L_z = $ 常量), L_z 是陀螺的角动量

L 在惯量主轴 Oz 上的分量 (这个轴叫做陀螺轴). 我们还记得, 惯量主轴固定在刚体上, 和刚体一起运动, 因此 L_z 守恒并不仅仅是一个角动量守恒的结果. 现在, 我们考虑到 $L_z = I_z \Omega_z$. 由此可得, 陀螺的角速度矢量 $\boldsymbol{\Omega}$ 在陀螺轴上的投影 Ω_z 也和 L_z 一起守恒. 换句话说, 陀螺将绕自己的轴以角速度 Ω_z 匀速转动. 进一步把陀螺的转动动能用角速度各个分量表示:

$$E_{\mathrm{k}} = \frac{1}{2}I(\Omega_x^2 + \Omega_y^2) + \frac{1}{2}I_z^2\Omega_z^2 = \frac{1}{2}I\Omega^2 + \frac{1}{2}(I_z - I)\Omega_z^2,$$

这里 $\Omega^2 = \Omega_x^2 + \Omega_y^2 + \Omega_z^2$ 是转动角速度的平方. 我们的结论是, 从 E_{k} 和 L_z 守恒推出转动角速度大小守恒:

$$\Omega^2 = 常量, \quad \Omega_z = 常量,$$

最后, 从公式 $E_{\mathrm{k}} = \frac{1}{2}\boldsymbol{L} \cdot \boldsymbol{\Omega}$ 推得, 矢量 $\boldsymbol{L}$ 与 $\boldsymbol{\Omega}$ 的夹角保持不变.

于是, 我们得到这样一幅对称陀螺自由转动的图像: 陀螺绕自己的轴匀速转动, 陀螺轴自身又绕角动量 $\boldsymbol{L}$ 匀速转动, 描绘一个圆锥面. 这样的转动叫做陀螺的规则进动. 转动角速度矢量 $\boldsymbol{\Omega}$ 大小保持不变, 也绕 $\boldsymbol{L}$ 匀速转动.

我们来决定陀螺进动的角速度. 在图 3.8 中, 图面穿过不变的角动量矢量 $\boldsymbol{L}$ 和陀螺轴 Oz (这个轴自身在转!) 在某一瞬刻的位置, 显示了矢量 $\boldsymbol{\Omega}$ 的构成. 矢量 $\boldsymbol{\Omega}$ 在陀螺轴上和垂直方向上的投影在图面上分别等于

$$\Omega_z = \frac{L_z}{I_z} = \frac{L}{I_z}\cos\theta, \quad \Omega_\perp = \frac{L_\perp}{I} = \frac{L}{I}\sin\theta,$$

其中 θ 是陀螺轴与 $\boldsymbol{L}$ 方向的夹角, $L_\perp$ 是 $\boldsymbol{L}$ 在垂直于 Oz 轴方向上的分量. 为了求进动的角速度 (角频率), 必须将 $\boldsymbol{\Omega}$ 矢量按平行四边形法则分解为沿陀螺轴 Oz 的分量和沿 $\boldsymbol{L}$ 矢量的分量. 前者不引起陀螺轴转动, 后者决定这一转动, 就是进动的角速度 Ω_{pr}. 从图显然有 $\Omega_{\mathrm{pr}}\sin\theta = \Omega_\perp$, 但因 $\Omega_\perp = \frac{L}{I}\sin\theta$, 于是

$$\Omega_{\mathrm{pr}} = \frac{L}{I}.$$

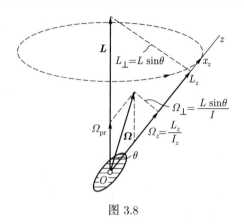

$$L_\perp = L\sin\theta$$

$$\Omega_\perp = \frac{L\sin\theta}{I}$$

$$\Omega_z = \frac{L_z}{I_z}$$

图 3.8

§30c 陀螺仪

上节我们研究了刚体的自由转动. 现在转而研究外力对转动刚体的影响.
我们首先要搞清楚, 对一个迅速转动的物体, 若要改变它的转轴的方向, 必须
对它施加一个什么样的力. 比方, 我们研究一个车轮, 环绕垂直于车轮平面的
z 轴转动 (图 3.9), 并想象转轴在 zx 平面内从 z 轴变到 x 轴. 这种转变意
味着车轮绕 y 轴的一个附加转动; 我们假设这个转动的角速度 ω 比车轮固
有 (绕 z 轴) 的转动角速度 Ω_0 小得多, $\omega \ll \Omega_0$. 不加外力时车轮的角动量
$L_0 = \Omega_0 I_z$ (I_z 是车轮对 z 轴的转动惯量), 方向与 Ω_0 相同沿 z 轴, 于是可
以认为改变转轴方向时车轮角动量大小不变, 只是在 zx 平面内将转轴方向变
到 x 轴. 角动量矢量终端在时间 $\mathrm{d}t$ 内移动的大小等于 $L_0\mathrm{d}\varphi = L_0\omega \mathrm{d}t$, 其中
$\mathrm{d}\varphi = \omega \mathrm{d}t$ 是车轮的转轴在 $\mathrm{d}t$ 时间内变向的角度. 于是, 车轮的角动量变化率
$\dot{L}$ 的绝对值等于 ωL_0. 但是这个改变的方向沿 x 轴, 因此矢量 $\dot{L}$ 可以表示为
两个矢量的矢量积, 一个矢量是 "扰动" 角速度矢量 ω (方向沿 y 轴), 另一个
是车轮的固有角动量 L_0 (方向沿 z 轴),

$$\dot{L} = \omega \times L_0.$$

另一方面, 角动量矢量的变化率 $\dot{L}$ 等于作用在物体上的力矩之和 K, 因此

$$K = \omega \times L_0.$$

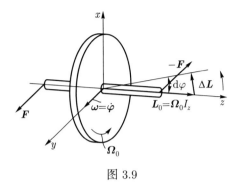

图 3.9

这个公式 (在 $\omega \ll \Omega_0$ 时成立) 使我们能够确定引起车轮的轴以角速度 ω 转动必须作用于车轮的力矩 K.

假设车轮轴的转动由一个力偶引起, 所谓力偶即两个大小相等、方向相反的力 F 和 $-F$. 力偶矩显然等于

$$K = h \times F,$$

其中 h 是一矢量, 大小等于矢量 F 与 $-F$ 之间的距离, 方向垂直于两个力 F 和 $-F$. 在我们研究的情况, 两个力的方向都沿 y 轴 (图 3.9 中它们施加在车轮轴两端). 于是我们看到, 为了使旋转车轮的转轴变到 x 轴, 必须对车轮施加一个力, 力的方向不是沿 x 轴, 而是沿 y 轴. 显然, 如果这些力是我们手加的, 那么根据作用力和反作用力相等的定律, 车轮也将对我们作用一个力偶, 力偶矩等于 $-K$. 结果是我们将经受一个绕 x 轴的转动.

对快速转动的物体施加一个力, 使转轴向垂直于力的方向偏移这一事实是解释快速转动的物体在重力场中的运动的基础. 具有一个固定点的这样的物体叫陀螺仪.

最简单的陀螺仪, 是以陀螺轴上一点 C 为支撑点的对称陀螺 (图 3.10). 我们来研究这样的陀螺仪的运动, 假设陀螺仪的固有角动量 L_0 方向沿陀螺轴. 若陀螺上没有重力作用, 那么角动量 L_0 守恒, 同时陀螺轴方向保持不变. 实际上陀螺的重量 Mg 作用在它的质心 O 上, 重力力图降低质心, 使陀螺仪的转轴向下偏. 但是如前所述, 这时转轴并不向下偏, 而是转向一个与铅直方向垂直的方向. 由于这个原因, 如果陀螺的固有转动角速度 Ω_0 足够大, 陀螺

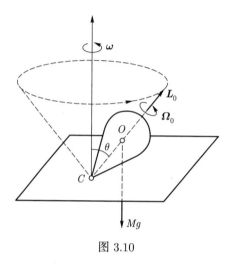

图 3.10

不会倒下, 而是会在固有转动之外, 再绕铅直方向作进动. 设陀螺固有转动动能 $\frac{1}{2}I_z\Omega_0^2$ (I_z 是陀螺对自身轴的转动惯量) 比它在重力场中的势能 $Mgl\cos\theta$ 大得多 (l 是陀螺的质心与支撑点之间的距离 OC, θ 是陀螺轴与铅直方向的夹角). 这时考虑重力的干扰作用在内, 陀螺的转动角速度实际上也不会与 Ω_0 有多大差别. 因此陀螺仪的能量可以写成下面的形式

$$E = \frac{1}{2}I_z\Omega_0^2 + Mgl\cos\theta.$$

由 E 守恒推出 $\theta =$ 常量. 换句话说, 绕铅直方向进动的陀螺轴描绘出一个圆锥面. 用 $\boldsymbol{\omega}$ 表示进动角速度, 在上述假设下它的大小比陀螺固有转动角速度 Ω_0 小得多: $\omega \ll \Omega_0$. 因此考虑重力的影响后陀螺的角动量实际上也大小不变, 只是和陀螺轴一起以角速度 $\boldsymbol{\omega}$ 作进动. 角动量的变化率由我们已知的公式决定:

$$\dot{\boldsymbol{L}} = \boldsymbol{\omega} \times \boldsymbol{L}_0.$$

这个矢量必定等于作用在陀螺上的力矩之和 $\boldsymbol{K}$, 即陀螺重量 Mg 对不动点 C 的力矩. 它的大小等于 $Mgl\sin\theta$, 方向垂直于陀螺轴与铅直方向构成的平面. 因此它可以写成矢量积形式

$$K = -Mlg \times n,$$

其中 n 是 L_0 方向的单位矢量, g 矢量的大小等于 g, 方向铅直向下. 因为 $n = L_0/L_0$, 于是

$$K = -\frac{Ml}{L_0} g \times L_0,$$

因此陀螺的运动方程 $\dot{L} = K$ 取形式

$$\omega \times L_0 = -\frac{Ml}{L_0} g \times L_0.$$

由此式可以决定陀螺轴绕铅直方向的转动角速度 ω, 或陀螺仪的进动频率

$$\omega = -\frac{Ml}{L_0} g.$$

它的大小等于

$$\omega = \frac{Mgl}{I_z \Omega_0}.$$

陀螺仪的进动频率与其固有转动频率之比 $\dfrac{\omega}{\Omega_0} = \dfrac{Mgl}{I_z \Omega_0^2}$, 与陀螺在重力场中的势能与其转动动能的比值在数量级上一致, 如我们预期的, 这个比值远小于 1.

§31 惯性力

迄今为止, 我们研究的是物体相对于惯性参考系的运动. 只是在 §23 谈到作加速平移运动的参考系 (加速运动的火箭). 我们看到, 从与火箭一道运动的观察者的观点看, 他会把参考系的非惯性理解为出现了一个力场, 一个与均匀重力场等效的力场.

非惯性参考系中产生的附加力, 一般叫惯性力. 惯性力特有的共性是, 它与它所作用的物体的质量成正比. 正是这个性质使它与引力相似.

现在我们来研究相对于一个转动参考系运动如何发生以及这时出现的惯性力. 例如, 地球自身就是这样一个参考系; 因为地球每日的自转, 与地球连

结的参考系严格地说是非惯性参考系, 虽然由于地球转得慢, 产生的惯性力比较小.

为了简单, 我们想象参考系是一个以角速度 Ω 匀速转动的圆盘, 考虑其上的简单运动——质点沿圆盘边缘的匀速运动. 用 v_n 表示这个粒子相对于圆盘的速度 (下标 "n" 表明参考系是非惯性系). 这个质点相对于不动的观察者 (惯性参考系) 的速度 v_i 显然等于 v_n 与圆盘边上的点的速度之和. 后者为 Ωr, r 是圆盘的半径. 因此

$$v_i = v_n + \Omega r.$$

不难求出质点相对于惯性参考系的加速度. 因为质点沿半径为 r 的圆周以速度 v_i 匀速运动, 因此

$$w_i = \frac{v_i^2}{r} = \frac{v_n^2}{r} + 2\Omega v_n + \Omega^2 r.$$

将这个加速度乘质点的质量 m, 得到惯性参考系中作用于质点的力 F

$$F = m w_i.$$

现在来看一个处于圆盘上从而认为圆盘不动的观察者如何看待这一运动. 对他来说, 质点也沿半径为 r 的圆周作匀速运动, 但速度为 v_n. 因此质点相对于圆盘的加速度大小等于

$$w_n = \frac{v_n^2}{r},$$

方向指向圆盘中心. 观察者认为圆盘不动, 他将 w_n 乘质点质量, 宣称乘积是作用在质点上的力 F_n:

$$F_n = m w_n.$$

注意到

$$w_n = w_i - 2\Omega v_n - \Omega^2 r,$$

并考虑 $m w_i = F$, 得

$$F_n = F - 2m\Omega v_n - m\Omega^2 r.$$

于是我们看到, 相对于转动参考系, 作用于质点上的除 "真实" 力 F 之外, 还有两个附加力: $-m\Omega^2 r$ 和 $-2m\Omega v_{\mathrm{n}}$. 这两个惯性力, 前者叫离心力, 后者叫科里奥利力. 负号表示这两个力的方向都离开圆盘的转轴向外.

离心力与速度 v_{n} 无关. 换言之, 即使质点相对于圆盘不动, 也存在这个力. 对离参考系转轴距离为 r 的质点, 这个力永远等于 $m\Omega^2 r$, 方向沿圆盘半径从转轴向外.

有了离心力的概念后, 我们还可以引进离心能的概念, 它是质点在离心力场中的势能. 根据联系力和势能的普遍公式, 有

$$-\frac{\mathrm{d}U_{\mathrm{cf}}}{\mathrm{d}r} = m\Omega^2 r,$$

由此

$$U_{\mathrm{cf}} = -\frac{m\Omega^2 r}{2} + 常量.$$

可以合理地选常量为零, 即从转轴 $(r = 0)$ 开始计量势能值, 转轴上离心力为零.

在专门建造的离心机中, 离心力可以达到很大的值. 但是地球上的离心力很小. 地球赤道上离心力最大, 那里质量为 1 g 的粒子受的离心力为

$$m\Omega^2 R = 1 \times \left(\frac{2\pi}{24 \times 60 \times 60}\right)^2 \times 6.3 \times 10^8 \,\mathrm{dyn} = 3.3 \,\mathrm{dyn}$$

($R = 6.3 \times 10^8$ cm 是地球半径). 显然, 这个力使 1 g 物体的重量减小 3.3 dyn, 为物体重量的约 0.3%.

第二个惯性力科里奥利力的特性与我们迄今讨论过的一切力截然不同. 它只作用于 (相对于所用的参考系) 运动的质点, 并且由运动速度决定. 同时这个力与质点相对于参考系的位置无关. 在上面讨论的例子里, 它的大小等于 $2m\Omega v_{\mathrm{n}}$, 方向从圆盘的转轴向外. 可以证明, 一般情况下, 作用在相对于一个角速度为 Ω 的转动参考系以任意速度 v_{n} 运动的质点的科里奥利惯性力为

$$2m v_{\mathrm{n}} \times \boldsymbol{\Omega}.$$

换句话说, 它垂直于转轴和质点的速度, 大小等于 $2m v_{\mathrm{n}} \Omega \sin\theta$, θ 是 v_{n} 和 $\boldsymbol{\Omega}$ 之间的夹角. 当质点速度 v_{n} 的方向反转时, 科里奥利力的方向也反转.

因为科里奥利力永远垂直于质点的运动方向, 故它不对质点做功. 换言之, 它只使质点运动的方向偏转, 不改变质点速度的大小.

虽然地球上科里奥利力通常很小, 但是它还是会引起一些特殊效应. 这个力使得自由下落的物体不是精确地沿铅直方向下落, 而是稍微向东偏, 不过偏差很小. 计算表明, 在纬度 60° 处, 从 100 m 的高度下落的物体, 着地偏差只有 1 cm 左右.

科里奥利力说明了傅科摆的行为, 傅科摆曾是地球自转的证据之一. 如果不存在科里奥利力, 在地球表面附近来回摆动的摆的振动平面相对于地球不会改变. 科里奥利力的作用使振动平面环绕铅直方向转动, 转动的角速度等于 $\Omega \sin\varphi$, Ω 是地球自转角速度, φ 是挂摆处的纬度.

科里奥利力在气象现象中起很大作用. 例如, 从热带吹向赤道的信风, 如果没有地球自转的话, 本应直接从北向南 (北半球) 或从南向北 (南半球). 在科里奥利力影响下, 它们向西偏移.

第 4 章 振动

§32 简谐振动

我们在 §13 看到, 质点在势阱中的一维运动是周期运动, 即经过相等的时间间隔后重复的运动. 这个时间间隔叫运动的周期. 若用 T 表示运动的周期, 那么在 t 时刻和 $t + T$ 时刻, 质点的位置和速度相同.

周期的倒数叫频率, 用 ν 表示

$$\nu = \frac{1}{T}.$$

频率决定单位时间里运动重复多少次. 显然, 这个量的量纲是 1/s. 频率的测量单位 (对应的周期为 1 s) 叫赫兹 (Hz): $1\ \text{Hz} = 1\ \text{s}^{-1}$.

显然, 存在无穷多种不同形式的周期运动. 最简单的周期函数是三角函数正弦和余弦. 因此最简单的周期运动是质点的坐标按

$$x = A \cos(\omega t + \alpha)$$

的规律变化 (其中 A、ω、α 为常量). 这样的周期运动叫简谐振动.

量 A 和 ω 有简单的物理意义. 因为余弦函数的周期为 2π, 因此运动的周期 T 通过下面的关系式与 ω 联系:

$$T = \frac{2\pi}{\omega}.$$

由此可见, ω 和 ν 相差一个因子 2π:

$$\omega = 2\pi\nu.$$

量 ω 叫做圆频率或角频率; 物理学中常用这个量描述振动, 并简称频率.

由于余弦函数的最大值为 1, 坐标 x 的最大值为 A. 这个最大值叫做振动的振幅. 量 x 在 $-A$ 到 A 的范围里变化.

余弦函数的参量 $\omega t + \alpha$ 有一个名字, 叫做振动的相 (或相位), α 是初相 ($t = 0$ 时刻的相).

质点的速度等于

$$v = \frac{\mathrm{d}x}{\mathrm{d}t} = -A\omega \sin(\omega t + \alpha).$$

我们看到, 速度也按简谐规律变化, 只不过余弦函数换成了正弦函数. 将上式写成下面的形式

$$v = A\omega \cos\left(\omega t + \alpha + \frac{\pi}{2}\right),$$

我们可以说, 速度变化超前于坐标变化一个相位 $\frac{\pi}{2}$. 速度的振幅等于位移的振幅与频率大小 ω 的乘积.

现在我们来确定, 要使质点作简谐振动, 作用在质点上的力应当是怎样的. 为此, 求质点作简谐振动时的加速度, 有

$$w = \frac{\mathrm{d}v}{\mathrm{d}t} = -A\omega^2 \cos(\omega t + \alpha).$$

这个量与质点的坐标按同样的规律变化, 但是二者的相位相差 π. 将 w 乘质点的质量 m, 并注意 $A\cos(\omega t + \alpha) = x$, 得到力的表示式:

$$F = -m\omega^2 x.$$

于是, 为了使质点作简谐振动, 作用于质点上的力必须与质点的位移大小成正比, 方向与质点的位移相反. 一个简单的例子是一条拉伸或压缩的弹簧, 它作用于一个物体的力与弹簧被拉长或缩短的长度成正比, 方向永远使弹簧回复正常长度. 这样的力常称为回复力.

物理问题中经常遇到力对质点位置的依赖关系是如上所述的情况. 若某物体处于稳定平衡位置 (令此位置为 $x = 0$), 稍许挪动它, 挪到平衡位置的任何一侧, 将引发一个试图使物体回复平衡位置的力 F. 画出力作为物体位置的函数 $F = F(x)$ 的曲线, 曲线通过坐标原点, $x = 0$ 时力 $F = 0$, 并且在这点两边符号相反. 在 x 值不大的区间里, 这条曲线可以用直线段近似表示, 于是

力看来正比于偏离值 x 的大小. 这样, 若挪动物体使它离开平衡位置作不大的偏离, 然后放手任随它自己运动, 那么它将返回平衡位置, 作简谐振动.

物体偏离平衡位置的位移很小的运动叫小振动. 我们看到, 小振动是简谐振动. 这种振动的频率由物体被连结的劲度决定, 劲度描述力与偏离平衡位置的位移之间的关系. 如果力与位移之间通过下式联系

$$F = -kx,$$

k 是一个系数, 叫劲度系数, 则比较上式与作简谐振动时力的表示式 $F = -m\omega^2 x$, 得振动频率等于

$$\omega = \sqrt{\frac{k}{m}}.$$

我们要强调, 频率只依赖振动系统的本性 (物体被连结的劲度和物体的质量), 与振动的振幅无关. 同一物体以同一频率作不同幅度的振动, 是小振动非常重要的性质. 相反, 振动的振幅不由系统自身的本性决定, 而由运动的初始条件决定, 也就是由使系统不再处于静止状态的初始 "推动" 决定. 由初始推动引发、然后让其自由自在而产生的系统振动, 叫固有振动.

容易求得振动质点的势能. 注意到

$$\frac{\mathrm{d}U}{\mathrm{d}x} = -F = kx,$$

由此得到

$$U = \frac{1}{2}kx^2 + 常数.$$

选择常数使在平衡位置 $(x = 0)$ 势能为零, 最终得到

$$U = \frac{1}{2}kx^2,$$

即势能正比于质点位移的平方.

将势能与动能相加, 求得振动质点的总能量:

$$E = \frac{mv^2}{2} + \frac{kx^2}{2} = \frac{mA^2\omega^2}{2}\sin^2(\omega t + \alpha) + \frac{mA^2\omega^2}{2}\cos^2(\omega t + \alpha)$$

或

$$E = \frac{mA^2\omega^2}{2}.$$

于是总能量与振动振幅的平方成正比. 注意, 动能和势能分别按 $\sin^2(\omega t + \alpha)$ 和 $\cos^2(\omega t + \alpha)$ 变化, 一个增大时另一个减小. 换句话说, 振动过程是与能量的周期性转换相联系的, 从势能变为动能, 反过来又从动能变为势能. 一个振动周期内势能和动能的平均值相同, 均等于 $\dfrac{E}{2}$.

§33　摆

作为小振动的例子, 我们研究单摆的振动. 所谓单摆, 是悬挂在地球重力场中一根细线上的一个质点.

使摆偏离平衡位置一角度 φ, 我们来确定此时作用于摆的力. 作用于摆的总力等于 mg, m 是摆的质量, g 是重力加速度. 我们把这个力分解为两个分量 (图 4.1): 一个沿细线方向, 另一个与线垂直. 第一个分量被线中的张力平衡, 第二个分量使摆运动、这个分量显然等于

$$F = -mg\sin\varphi.$$

对小振动情形, 角 φ 很小. 这时 $\sin\varphi$ 近似等于角 φ 自身, 于是 $F \approx -mg\varphi$. 注意 $l\varphi$ (l 是摆长) 是质点走过的路程 x, 故可将力写成下面的形式

$$F = -\frac{mg}{l}x.$$

于是我们看到, 对于摆作小振动的情况, 劲度系数 $k = mg/l$. 因此摆的振动频率为

$$\omega = \sqrt{\frac{g}{l}}.$$

摆的振动周期等于

$$T = \frac{2\pi}{\omega} = 2\pi\sqrt{\frac{l}{g}}.$$

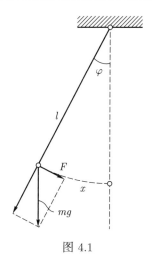

图 4.1

在标准的重力加速度值下 (见 §22 末), 周期 $T = 1$ s 的摆的长度为 $l = 24.84$ cm.

摆的周期对摆长和重力加速度的依赖关系也可以从量纲考虑简单得出. 我们描述此力学系统的物理量是 m、l 和 g, 它们的量纲分别是

$$[m] = 克, \quad [l] = 厘米, \quad [g] = 厘米/秒^2.$$

周期 T 只能与这些量有关. 因为在所有这些量中只有 m 含有量纲克, 而待求的量周期的量纲 $[T] = $ 秒不含克, 那么很清楚, T 不能与 m 有关. 从剩下的两个量 l 和 g 可以消掉量纲厘米 (T 不含它), 这只要取比值 l/g 即可. 最后, 取平方根 $\sqrt{l/g}$, 我们就得到量纲为秒的量, 并且从上面的推理过程清楚看到, 这是得到这样的量的唯一方法. 因此我们可以断言, 周期 T 必定与 $\sqrt{l/g}$ 成正比; 比例系数之值当然不能用这个方法求出.

迄今为止我们将小振动当作单个质点的振动来讨论. 但是得到的结果实际上也适用于更复杂的系统的振动.

作为例子, 我们研究一个刚体的振动, 这个刚体能够在重力作用下绕一水平轴转动. 这样的物体叫复摆.

§28 中曾看到, 物体转动的运动定律与质点的运动定律形式上相似, 物体的转角 φ 起坐标 x 的作用, 物体相对于转轴的转动惯量 I 起质量的作用, 代

替力 F 的是力矩 K_Z.

这时, 重力对转轴的力矩为 $K_Z = -mga\sin\varphi$, m 是物体的质量, a 是物体的重心 C 到转轴 (转轴通过 O 点并垂直于图 4.2 图面) 的距离, φ 是直线 OC 偏离铅直方向的角度; 负号表示力矩 K_Z 的趋势是减小 φ 角. 小振动下 φ 角很小, 于是 $K_Z \approx -mga\varphi$. 比较此式与质点振动时回复力的表示式 $F = -kx$, 我们看到, 劲度系数 k 现在换成了 mga. 于是, 由公式 $\omega = \sqrt{\dfrac{k}{m}}$ 类推, 可以写出复摆的振动频率的表示式:

$$\omega = \sqrt{\frac{mga}{I}}.$$

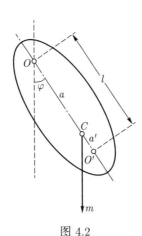

图 4.2

比较这个式子与单摆振动频率的公式 ($\omega = \sqrt{\dfrac{g}{l}}$), 我们看到, 复摆的运动特性与长度为

$$l = \frac{I}{ma}$$

的单摆的运动特性相同. 这个长度叫做复摆的约化长度.

令 $I = I_0 + ma^2$ (这里 I_0 是摆对穿过重心的水平轴的转动惯量), 我们可将约化长度写为

$$l = a + \frac{I_0}{ma}.$$

从此式得出下面的有趣结论. 在直线 OC 上标出线段 $OO' = l$ (图 4.2). 想象摆悬挂在穿过 O' 点的轴上. 这样得到的新摆的约化长度是

$$l' = a' + \frac{I_0}{ma'}.$$

但是 $a' = l - a = \dfrac{I_0}{ma}$, 因此 $l' = l$. 于是, 摆悬挂在相距一段距离 l 的轴上时约化长度相同, 因而振动周期也相同.

最后, 我们研究悬挂在弹性线上的圆盘的扭转振动 (图 4.3). 线扭转时产生的弹性力的力矩将使圆盘回到原来位置, 这个力矩与圆盘的转角 φ 成正比: $K_Z = -k\varphi$, k 是常系数, 由弹性线的性质决定. 若圆盘 (对中心) 的转动惯量为 I_0, 则振动频率

$$\omega = \sqrt{\frac{k}{I_0}}.$$

图 4.3

§34　阻尼振动

迄今为止我们所研究的物体运动 (包括振动) 的发生均不受任何阻碍. 但是, 若运动发生在某种外部介质中, 那么这种介质会对运动呈抗拒趋势, 使运动变慢. 物体与介质的相互作用是一个复杂过程, 最终使运动物体的能量转化为热——物理学中称之为能量的耗散. 这个过程已不是一个纯力学过程, 它的细致研究涉及物理学别的部门. 从纯力学观点看, 这个过程可以这样描述: 定义一个附加的力, 它由物体运动本身产生, 方向与运动的方向相反. 这个力

叫摩擦力. 当运动速度足够小时, 它正比于物体的速度:

$$F_{\mathrm{fr}} = -bv,$$

这里 b 是一个正的常量, 用以描述物体和介质的相互作用, 负号表明力的方向
与速度相反.

下面说明摩擦力对振动有什么影响. 我们假设摩擦力非常小, 它在一个振
动周期内引起的能量损失相对而言很小.

物体的能量损失定义为摩擦力所做的功. 在时间 $\mathrm{d}t$ 内, 这个功 (因而能
量损失) $\mathrm{d}E$ 等于摩擦力 F_{fr} 与物体位移 $\mathrm{d}x = v\mathrm{d}t$ 的乘积:

$$\mathrm{d}E = F_{\mathrm{fr}}\mathrm{d}x = -bv^2\mathrm{d}t,$$

由此

$$\frac{\mathrm{d}E}{\mathrm{d}t} = -bv^2 = -\frac{2b}{m}\frac{mv^2}{2}.$$

在摩擦力很小的假设下, 我们可以用上式作为一个振动周期内的平均能量损
失, 这时只需将动能 $\frac{1}{2}mv^2$ 也换成平均值. 但是 §32 中我们曾看到, 振动物体
动能的平均值等于它的总能量 E 的一半. 于是有

$$\frac{\mathrm{d}E}{\mathrm{d}t} = -2\gamma E,$$

其中 $\gamma = b/2m$. 我们看到, 能量减小率正比于能量本身.

将上式写成下面的形式:

$$\frac{\mathrm{d}E}{\mathrm{d}t} = \mathrm{d}(\ln E) = -2\gamma\mathrm{d}t,$$

我们得到 $\ln E = -2\gamma t + $ 常数, 由此最终得

$$E = E_0\mathrm{e}^{-2\gamma t},$$

其中 E_0 是能量在初始时刻 $(t = 0)$ 之值.

于是, 振动能量由于摩擦按指数律减小. 与能量一道减小的还有振动的振幅 A. 因为能量与振幅的平方成正比, 所以

$$A = A_0 \mathrm{e}^{-\gamma t}.$$

振幅衰减的程度由量 γ 决定, γ 叫做阻尼系数. 在 $\tau = 1/\gamma$ 时间内, 振幅减小为 $1/\mathrm{e}$; 这个时间叫做振动衰减的特征时间. 前面摩擦小的假设意味着假设 τ 比振动周期 $T = 2\pi/\omega$ 大得多, 即在 τ 时间内发生的振动次数 $n = \tau/T$ 很大. n 的倒数称为对数阻尼衰减率.

图 4.4 画的是阻尼振动时位移 x 与时间的函数关系

$$x = A \cos(\omega t + \alpha) = A_0 \mathrm{e}^{-\gamma t} \cos(\omega t + \alpha),$$

虚线表示振幅的衰减.

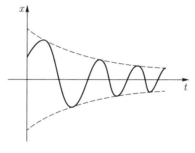

图 4.4

摩擦也影响振动的频率. 它使运动减慢, 增大了周期, 即降低了振动的频率. 但是摩擦很小时频率的改变非常小 (因此前面我们没有管它); 可以证明, 频率的相对变化与比值 γ/ω 这个小量的平方成正比. 反之, 若摩擦足够大, 其减速作用将如此之强, 以致不发生振动, 运动即被阻尼, 这叫非周期阻尼.

§35 受迫振动

一切真实的振动系统中, 总有某种摩擦过程. 因此在初始推动作用下系统中产生的自由振动, 将随时间流逝而衰减,

为了在一系统中产生不衰减的振动, 必须补偿摩擦引起的能量损失. 这种补偿可以由外部 (相对于振动系统) 能源提供. 最简单的情形是, 一个以某一频率 ω (为了与此频率区别, 我们用 ω_0 表示系统固有的自由振动频率) 按简谐规律随时间变化的交变外力 F_{ext}

$$F_{\text{ext}} = F_0 \cos \omega t$$

作用于系统. 在这个力的作用下, 系统中出现随着力变化的频率为 ω 的振动; 这种振动叫受迫振动. 这时系统的运动一般而言是两个振动的叠加 —— 频率为 ω_0 的固有振动和频率为 ω 的受迫振动.

我们已研究过固有振动. 现在来研究受迫振动, 确定其振幅. 将此振动写成形式

$$x = B \cos(\omega t - \beta),$$

其中 B 是振幅, β 是外力 (或者说强迫力) 与它引发的振动之间的现在尚未知的相位差. 我们在它之前加一负号, 即相位滞后, 下面会看到, 这正是实际发生的情况.

作受迫振动的物体的加速度 w, 由同时作用于物体的三个力决定: 回复力 $-kx$、外力 F_{ext} 和摩擦力 $F_{\text{fr}} = -bv$. 因此

$$mw = -kx - bv + F_{\text{ext}}.$$

上式除以质量 m, 用关系式 $\dfrac{k}{m} = \omega_0^2$, 再次令 $\dfrac{b}{m} = 2\gamma$, 得

$$w = -\omega_0^2 x - 2\gamma v + \frac{1}{m} F_{\text{ext}}.$$

现在用一种方便的图解法表示振动, 其基础是: 从几何观点看, 在一个辅助的矢量图上, 可以把量 $x = B \cos \varphi$ (φ 是振动的相位) 看成长为 B 并与水平轴成 φ 角的径矢在水平轴上的投影. (为了避免误解, 我们强调, 这些 "矢量" 与作为物理量的矢量毫无关系.)

上式中的每一项都是一个周期变化量, 它们有相同的频率 ω, 但是相位不同. 例如, 我们研究 $t = 0$ 时刻的情形, 这时外力 $F_{\text{ext}} = F \cos \omega t$ 的相位等

于零, 于是量 F_{ext}/m 由一个长 F_0/m 的水平矢量表示 (图 4.5). 量 $\omega_0^2 x = \omega_0^2 B \cos(\omega t - \beta)$ 振动的相位滞后 β; 它表示为另一矢量, 长度为 $\omega_0^2 B$, 相对于力矢量在逆时针方向偏一角度 β. 此外, 我们在 §32 看到, 加速度 w 的振幅为 $\omega^2 B$, 符号与坐标 x 的符号相反; 因此它在图上由一个在 x 反方向的矢量表示. 最后, 速度 v 的振幅为 ωB, 相位超前于 x 一个相角 $\pi/2$; 量 $2\gamma v$ 用一个长 $2\gamma\omega B$、垂直于矢量 x 的矢量表示.

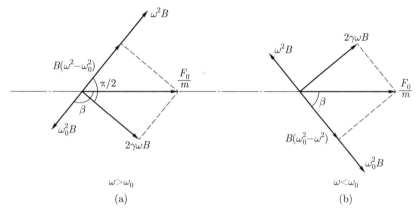

图 4.5

按照等式

$$\frac{F_{\text{ext}}}{m} = w + \omega_0^2 x + 2\gamma v,$$

量 $\dfrac{F_{\text{ext}}}{m}$ 的振动必定等于右边三项振动之和. 在我们的图上这意味着, 这三个矢量的水平投影之和必须等于 $\dfrac{F_0}{m}$. 为此, 这三个矢量的矢量和显然必须等于矢量 $\dfrac{F_{\text{ext}}}{m}$. 从图 (图中分别画了 $\omega > \omega_0$ 和 $\omega < \omega_0$ 两种情况) 看到, 若

$$(2\gamma\omega B)^2 + B^2(\omega^2 - \omega_0^2)^2 = \left(\frac{F_0}{m}\right)^2,$$

上述要求能够成立. 由此得到, 所求的振动振幅为

$$B = \frac{F_0/m}{\sqrt{(\omega^2 - \omega_0^2)^2 + 4\gamma^2\omega^2}}.$$

同一图还能决定相移 β; 我们不在这里写出相应的表示式, 只请读者注意, x 振动相对于强迫力落后一个相位, 此相位在 $\omega < \omega_0$ 情形下为锐角, $\omega > \omega_0$ 情形下为钝角.

我们看到, 受迫振动的振幅正比于强迫力的振幅 F_0, 此外, 还深受强迫力的变化频率 ω 与系统固有频率 ω_0 之间关系的影响. 若这两个频率相等 ($\omega = \omega_0$), 或者说发生共振时, 振动振幅达到最大值

$$B_{\max} = \frac{F_0}{2m\omega_0\gamma}.$$

注意, 这个振幅最大值与阻尼系数 γ 成反比. 由于这个原因, 在共振现象中, 绝不能忽略系统中的摩擦, 即使摩擦很小.

比较 $B_{\max}$ 之值与物体在常力 (静力) F_0 作用下发生的位移很有意思. 后一位移 (用 B_{sta} 表示) 可从 B 的普遍公式令 $\omega = 0$ 得出: $B_{\mathrm{sta}} = F_0/m\omega_0^2$. 共振位移与静态位移之比

$$\frac{B_{\max}}{B_{\mathrm{sta}}} = \frac{\omega_0}{2\gamma}.$$

我们看到, 共振时振动振幅增大的倍数 (与静态位移相比) 由固有振动频率与阻尼系数之比决定. 对于阻尼小的系统, 这个比值可能很大. 这说明了共振现象在物理学和技术中的重大意义. 如果想要对振动进行放大, 可以广泛采用共振方法达到; 如果共振导致我们不想要的振动增大, 则应极力避免共振的发生.

依靠共振使振动放大的机制可以通过强迫力 F_{ext} 与速度 v 的相位之间的关系理解. $\omega \neq \omega_0$ 时, 二者之间存在一个相位差. 因此在每一周期的一段时间里, F_{ext} 与速度的方向相反, 即外力使运动减慢而不是加快. 共振时, 力与速度的相位一致 (见图 4.6 的矢量图), 因此力永远作用在运动方向上, 不断推进运动.

接近共振时 (即频率差 $|\omega - \omega_0|$ 比共振频率 ω_0 小很多时), 受迫振动振幅公式可表示为更简单的形式. 令分母中的 $\omega^2 - \omega_0^2 = (\omega + \omega_0)(\omega - \omega_0)$, 我

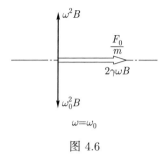

图 4.6

们可以把和 $\omega + \omega_0$ 近似换为 $2\omega_0$, 并把 $4\gamma^2\omega^2$ 项中的 ω 换成 ω_0. 结果得到

$$B = \frac{F_0}{2m\omega_0\sqrt{(\omega - \omega_0)^2 + \gamma^2}}.$$

这个式子还可改写为以下形式

$$B = \frac{B_{\max}\gamma}{\sqrt{(\omega - \omega_0)^2 + \gamma^2}},$$

其中 $B_{\max} = \dfrac{F_0}{2m\omega_0\gamma}$ 是共振时振幅的极大值.

图 4.7 是与这个公式相对应的共振曲线, 即不同阻尼系数 γ 值下振动振幅与频率的关系 (纵坐标轴标的是比值 $B/B_{\max}$). 只要频率差 $\omega - \omega_0$ 的绝对值与 γ 相比很小, 振幅 B 与振幅最大值就不会差很多. 当 $|\omega - \omega_0| \sim \gamma$ 时振幅开始明显减小. 基于这个原因, 人们说, 共振曲线 "宽度" 的数量级为 γ. 而极大值的高度 (对确定的 F_0) 则与 γ 成反比. 阻尼越小, 共振极大值越尖锐,

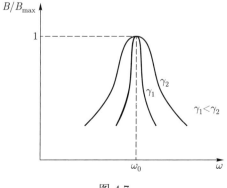

图 4.7

共振曲线越高越窄.

上面我们说过, 受周期性外力作用的振动系统的运动, 是受迫振动和固有振动的叠加. 若是忽略固有振动的微小阻尼衰减, 那么发生的是两个简谐运动的叠加, 频率为 ω 和 ω_0, 振幅为 A 和 B. 若我们离共振很近, 那么频率 ω 和 ω_0 相互离得很近, 即频率差 $\Omega = |\omega - \omega_0|$ 比 ω 和 ω_0 小得多. 我们来阐明这时产生的合运动的特性.

为此, 我们使用一个矢量图, 图上每个振动用一个矢量表示, 即图 4.8 上的 A 和 B. 随着时间流逝, 按照振动相位变化, 这些矢量以角速度 ω_0 和 ω 匀速旋转 (一个周期 T 时间内矢量转一圈, 即转 2π 角; 其角速度为 $2\pi/T$, 与振动的圆频率相同). 合振动由两个矢量的几何和即矢量 C 表示. 这个矢量与 A 和 B 不同, 其长度不是常数, 而是随时间变化, 原因是, 由于角速度 ω_0 和 ω 有差异, 矢量 A 和 B 之间的角度在变. 显然, C 的长度将在 $C_{\max} = A + B$ (这时矢量 A 和 B 在同一方向) 和 $C_{\min} = |A - B|$ (这时矢量 A 和 B 方向相反) 之间变化. 这个变化将以频率 Ω 周期发生 (Ω 是矢量 A 和 B 彼此相对转动的角速度).

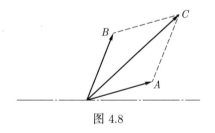

图 4.8

在频率 ω_0 和 ω 很接近的情形, 矢量 A 和 B 迅速旋转, 同时彼此相对缓慢转动. 这时, 可以将合矢量 C 的变化看成以同一频率 $\omega_0 \approx \omega$ 匀速旋转 (忽略 ω_0 与 ω 之间的差异), 同时其长度缓慢变化 (变化频率为 Ω). 换句话说, 合运动是一个振幅缓慢变化的振动.

频率相近的振动叠加时产生的合振幅周期变化的现象叫拍, Ω 叫拍频. 图 4.9 画的是 $A = B$ 时的拍现象.

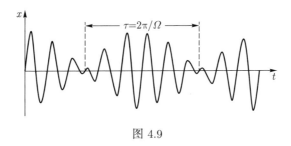

图 4.9

§36 参变共振

无阻尼振动不仅可以在周期外力作用下得到激发, 还可以在振动系统的参量作周期性变化时激发出来. 这种振动激发机制叫参变共振. 作为例子, 考虑一架秋千, 一个人在它上面有规则地起立和坐下, 从而周期性地改变系统重心的位置, 使秋千摇荡起来.

为解释这种振动激发机制, 我们回到摆这个简单例子, 不过这时摆长可以改变, 办法是拉紧或松开绕过滑轮的绳子 (图 4.10). 我们想象, 摆每次经过平衡位置 (铅直位置) 时, 外力 F 都将摆向上提升一个不大的高度 a (比摆长 l 小得多), 而在每个最偏侧的位置, 则将线放长同一距离 a. 因此, 每一周期里, 摆两次放长和缩短; 换句话说, 参量 (摆长) 周期变化的频率是固有振动频率

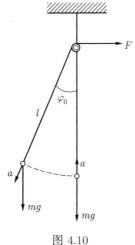

图 4.10

的两倍.

因为线增长发生在摆最偏侧位置, 于是在这一时刻, 摆下落一个高度 $a\cos\varphi_0$ (φ_0 是摆振动的角振幅), 它小于往上提线使它上升的高度 a. 因此在每次拉升和松开线的过程中, 作用在线上的外力反抗重力做的功等于

$$mga(1-\cos\varphi_0) \approx \frac{1}{2}mga\varphi_0^2$$

(由于假设 φ_0 很小, $\cos\varphi_0 \approx 1 - \dfrac{\varphi_0^2}{2}$). 此外, 外力 F 还反抗离心力 (拉紧线的力) 做功, 在摆的最低位置上这个功等于 $\dfrac{mv_0^2}{l}$ (v_0 是摆的最大速度), 在摆的最偏侧、最高位置上这个功为零 (因为这个位置上摆的速度为零). 于是外力在摆的一个振动周期内做的总功等于

$$A = 2\left(\frac{1}{2}mga\varphi_0^2 + \frac{mv_0^2}{l}a\right),$$

但是 $v_0 = l\varphi_0\omega$, $\omega = \sqrt{\dfrac{g}{l}}$ 是摆的振动频率, 因此

$$A = 6\frac{a}{l}\frac{mv_0^2}{2}.$$

我们看到, 外力对摆做正功, 大小与摆的能量成正比. 因此摆的能量不断增加, 每个周期增加一点, 增量正比于这个能量本身和 $\dfrac{a}{l}$ 这个量.

参变共振的机制就在这里. 振动系统参量的周期变化 (变化频率为系统固有频率的两倍) 能使其平均能量 E 不断增大, 增大的速率与 E 成正比:

$$\frac{\mathrm{d}E}{\mathrm{d}t} = 2\kappa E,$$

其中 κ 是一个 (小) 常量. 这个关系式的形式与阻尼振动时的关系式相同, 不同仅在于微商 $\dfrac{\mathrm{d}E}{\mathrm{d}t}$ 是正的而不是负的. 这意味着振动的能量 (因而振幅) 随时间指数增长.

当然, 在实际情况中, 永远存在一些摩擦, 使振动阻尼. 因此, 要使振动的参变激发能够发生, 放大系数 k 必须超过某一最小值, 此最小值等于摩擦引起的阻尼系数.

前面我们讨论过周期性外部作用引起系统内的振动. 但是也存在这样的振动系统, 其中的振动不是由周期作用力引起, 而是由一个稳恒作用的能源支持. 这个能源不断补偿系统中将会导致振动阻尼的能量损失. 这种系统的例子是机械钟, 起能源作用的是被压缩的弹簧或升高的摆锤.

第 5 章　物质结构

§37　原子

我们不想在这里详细讨论原子物理学问题, 只讲述后面必须用到的一些有关物质结构的基本知识.

如所周知, 一切物体都由数目不多的简单物质 —— 化学元素组成. 每种元素的最小颗粒就是这种元素的原子.

原子的质量极小, 因此测量它们的方便单位不是克, 而是特殊的单位. 自然, 人们选最轻的原子氢原子的质量为这个单位. 但是, 作为原子质量的精确标准, 通常用的并不是氢原子, 而是化学上更方便的氧原子. 氧原子的质量大约是氢原子的 16 倍, 我们取氧原子质量的 1/16 为原子质量的标准 (这个定义将在 §38 节更精确表述). 用这个单位表示的某元素原子的质量, 叫做该元素的原子量, 通常用字母 A 表示. 氢的原子量为 1.008.

单个原子的质量用克表示, 与它的原子量成正比. 因此很清楚, 若取某元素的克数等于它的原子量 (或如人们说的 1 克原子某元素[①]), 那么其中包含的原子数目, 对任何元素都相同. 这个数目叫阿伏伽德罗常量, 等于

$$N_0 = 6.02 \times 10^{23} \text{ mol}^{-1}.$$

显然, 原子量为 A 的原子的质量为

$$m_A = \frac{A}{N_0} = 1.66 \times 10^{-24} A \text{ g}.$$

虽然原子是元素的最小粒子, 它本身的结构仍很复杂. 一个原子由一个相对很重的带正电的原子核和多个环绕原子核运动、比原子核轻得多的带负电

[①] 克原子是过去用于表示某种原子或分子数目多少的一种单位, 现已废弃不用, 代之以摩尔 (mol). ——编者注

的粒子电子组成, 电子构成原子的电子壳层. 不同的原子的原子核不同. 但是所有电子完全相同.

电子质量比原子核质量小很多, 实际上原子的质量都集中在原子核上. 最轻的原子核是氢原子的核, 叫质子, 质量大约是电子的 2000 倍 (精确说是 1836.5 倍). 电子质量之值约为

$$m = 9.11 \times 10^{-28} \text{ g}.$$

同时, 原子核只占原子体积的微不足道的部分. 原子的半径, 即原子核周围电子运动区域的半径, 数量级为 10^{-8} cm. 原子核的半径不到原子半径的万分之一, 在 10^{-13} cm 至 10^{-12} cm 之间.

电子电荷的绝对值等于

$$e = 4.80 \times 10^{10} \text{ CGSE 电荷单位} = 1.6 \times 10^{-19} \text{ C (库仑)}.$$

许多情形下会遇到电子电荷与阿伏伽德罗常量的乘积, 即遇到 1 "克电子量" 电荷. 这个乘积叫法拉第常数, 等于

$$F = eN_0 = 9.65 \times 10^4 \text{ C/mol}.$$

原子整体是电中性的, 总电荷等于零. 换句话说, 原子核的正电荷与环绕它运动的电子的负电荷精确抵消. 这意味着, 原子核的电荷永远是电子电荷的整数倍. 电子电荷的大小是元电荷; 自然界存在的一切粒子的电荷都是它的整数倍. 这是物质最基本的物理性质之一.

以电子电荷为单位表示的原子核的电荷, 称为该元素的原子序数, 通常用字母 Z 表示. 因为原子核的电荷刚好与电子的电荷平衡, 那么很清楚, Z 同时也是原子的电子壳层中电子的个数. 通常条件下原子显现的所有性质, 都由它的电子壳层决定. 这些性质也包括物质的化学性质和光学性质. 因此很清楚, 原子序数是原子最基本的特征, 在很大程度上决定了原子的性质. 元素在门捷列夫周期表中的位置便按照原子序数的升序排列; 原子序数与元素在周期表中位置的顺序号相同.

决定原子结构的相互作用力, 基本上是电子与原子核以及电子相互之间的电力: 电子被原子核吸引, 电子间相互排斥. 别的力 (磁力) 在原子里起比较次要的作用. 原子核的电荷和它的电场 (电子就在这个电场中运动) 由原子序数决定, 这再次显示了原子序数对原子性质起主要作用.

引力相互作用在原子里不起任何作用. 实际上, 相互距离为 r 的两个电子, 它们之间的电相互作用能是 e^2/r, 而引力相互作用能为 Gm^2/r, 二者之比为

$$\frac{Gm^2}{e^2} = 2.3 \times 10^{-43}.$$

这个数如此之小, 使得引力相互作用在原子里毫无意义.

原子的性质完全不能用经典力学描述 —— 经典力学既不能解释原子结构, 也不能解释原子作为稳定组态存在的事实. 看来, 经典力学完全不能描述质量像电子这样小的粒子在原子尺寸的小空间区域里的运动. 原子现象只能在完全不同的力学 (即所谓量子力学) 的定律的基础上理解.

受到某些外部作用时, 原子的电子壳层可能丢失一个或几个电子. 这时得到的不是电中性, 而是带电的原子粒子 —— 带正电的离子. 将第一个外层电子移出原子必须耗费的能量, 叫原子的电离电势.

为量度原子现象中的能量, 用尔格作单位太大了, 一般用一个特殊单位. 这个单位是电子在电场中经过 1 伏特电势差得到的能量, 叫做 1 电子伏 (eV). 因为电场做的功等于电荷大小与电势差的乘积, 而 1 伏特是电势的 CGSE 单位的 1/300, 所以

$$1 \text{ eV} = 4.80 \times 10^{-10} \times \frac{1}{300} \text{ erg} = 1.6 \times 10^{-12} \text{ erg}.$$

原子的电离电势也以电子伏为单位量度. 其范围从最小的 3.89 eV (铯原子) 到最大的 24.6 eV (氦原子). 氢原子的电离电势为 13.6 eV.

如果把原子的电离电势看作原子序数的函数, 那么我们将看到, 这个函数具有相当独特的周期性. 在门捷列夫周期表的每个周期里, 电离电势单调增长, 到惰性气体原子它达到极大值, 然后在下一周期的开始陡然下降. 这是原子的周期性的主要表现之一, 周期表的名字就是从这里来的.

电离电势这个量描述的是原子中外层电子的结合能. 在原子壳层深处运

动的内层电子, 结合能要大得多. 从电子壳层最深处移出一个电子需要的能量, 在重原子的情况下达到 10^4 eV $\sim 10^5$ eV.

除带正电的离子外, 也存在负离子, 即原子具有多余电子而形成的离子. 但是, 并不是一切孤立原子都能附加电子构成稳定系统; 并不是一切原子都具有对多余电子的亲和性. 只有卤族元素 (F、Cl、Br、I)、氢和氧族元素 (O、S、Se、Te) 的原子能形成负离子. 这些元素对电子的亲和性各自不同 —— 最强的是卤族元素, 最弱的是氢, 负氢离子中的结合能只有约 0.1 eV.

离子通常用化学元素符号加上标 $+$ 或 $-$ 表示, $+$ 或 $-$ 的个数等于离子的电荷, 如 H^+、Cl^- 等.

§38 同位素

原子核的结构复杂, 一般由多个粒子构成. 组成原子核的粒子是质子 (氢原子核) 和中子. 中子是一种质量与质子几乎相同的粒子, 但与质子不同, 它不带电荷. 原子核中质子和中子的总数叫质量数. 因为原子核的电荷由它含有的质子决定, 因此, 用元电荷 e 为单位, 原子核的电荷等于质子的个数. 换句话说, 原子核中质子的个数与原子序数 Z 相同. 核中其他的粒子是中子.

原子核中的粒子被一种特殊的力结合在一起, 这种力的本性不是电作用力. 这种相互作用极强, 原子核中粒子的结合能为千万电子伏数量级, 即比原子中电子的结合能大得太多. 由于这个原因, 在一切不是专门起源于原子核的现象中, 原子核不发生任何内部改变, 只简单表现为具有确定质量和电荷的粒子.

前已指出, 原子的性质基本上由原子核的电荷决定. 原子核的质量起的作用比较次要. 这一情况明显表现为存在原子序数相同、但原子核质量不同的原子.

人们发现, 每种化学元素的原子并不完全相同; 虽然它们有同样数目的电子, 但却有不同的原子核, 这些原子核尽管电荷相同, 但是质量有别. 同一元素的这种变型叫做这种元素的同位素. 一种元素的各个同位素化学性质完全相同, 物理性质也很接近. 不同元素在自然界中存在的同位素数目不同, 从 Be、F、Na、Al 等元素的一种到锡的十种[①].

我们在地球上找到的元素是它的各种同位素的一定比例的混合物. 通常在化学元素表中给出的原子量, 是这些混合物的平均原子量 (常称之为化学原子量), 而不是任何一种特定同位素的精确原子量. 同位素的原子量很接近整数——质量数, 与整数只差百分之几甚至千分之几. 反之, 平均原子量 (化学原子量) 当然不一定是整数.

因此, 必须改进上节给出的定义原子量单位为氧原子量的十六分之一的做法. 氧有三种同位素: ^{16}O、^{17}O 和 ^{18}O (习惯将一种同位素的原子量, 或更精确地说质量数, 作为上标写在化学元素符号的左上方). 这些同位素中, 含量最丰富的是 ^{16}O, 而同位素 ^{17}O 和 ^{18}O 在天然氧混合物中分别只占 0.04% 和 0.2%. 虽然它们的量少, 但它们在原子量的精确定义中很重要.

通常把天然氧的原子量精确定为 16, 天然的同位素混合物的平均原子量是与它相比较而得出的; 有时称此为原子量的化学标度. 在原子核物理学中, 为了定出单个同位素的精确原子量, 自然要以某一确定同位素的原子量为基础: 取同位素 ^{16}O 的原子量为 16. 这种标度称为原子量的物理标度, 它的原子量单位比化学标度的单位小 0.027%.

使用两种原子量标度会带来一些不便. 因此, 现代推荐使用原子量的一种单一新标度, 它以碳同位素 ^{12}C 的原子量来定义原子量, 取 ^{12}C 的原子量为 12. 过渡到这个新标度, 给通常的化学原子量只带来很小的改变 (增大 0.0043%).

周期表中头一个元素氢有两个天然同位素. 除了原子量为 1 的主同位素之外还有原子量为 2 的同位素; 在天然氢中大约每 6000 个 ^{1}H 原子就有一个 ^{2}H 原子. "重" 氢通常用特别的化学符号 D 表示, 叫氘; 这个同位素的原子核叫氘核. 因为氢的两种同位素的质量比等于 2, 比较大, 因此它们物理性质的差异比其他元素的同位素 (它们的质量相对差异小得多) 更大. 例如, "重水"

[①] 为避免误解, 我们必须强调, 这里指的仅仅是以天然形式存在于自然界中的同位素. 用人工方法可以得到别的同位素, 但是它们的原子核不稳定, 会自发衰变.

D_2O, 其组成含氢的重同位素, 冰点是 $3.8\,°C$ 而不是 $0\,°C$, 沸点是 $101.4\,°C$ 而不是 $100\,°C$.

我们还要指出, 下一元素氦也有两个同位素 ^3He 和 ^4He. 它们之中含量最丰富的是 ^4He. 天然氦中大约每 10^6 个 ^4He 原子才有 1 个 ^3He 原子. 但是, 可以用原子核物理学方法大量制得同位素 ^3He.

§39 分子

不同元素的原子可以相互结合形成分子. 导致形成分子的原子之间的相互作用力 (称为化学相互作用力) 和原子内部的作用力一样, 基本上是电力. 但是分子的形成和原子结构一样, 属于量子现象范畴, 不能用经典力学解释. 这里我们仅仅描述这种相互作用的一些基本性质, 不探讨它的本性.

最简单的分子是双原子分子, 它由两个原子组成, 两个原子或相同或不同. 导致形成这个分子的原子相互作用由图 5.1 中的势能描述. 在这个图中, 两个原子相互作用的势能 U 表示为它们之间距离 r (更精确地说是两个原子核之间的距离) 的函数. 这个函数在某一点 $r = r_0$ 有一个相当深和陡峭的极小值. 在更小的距离上曲线急速上升; 这个区间对应于原子间强烈的排斥, 这主要由两个靠近的原子核的库仑斥力引起. 在更大的距离上原子互相吸引.

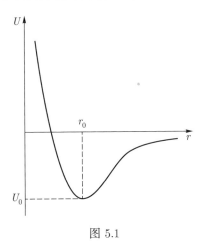

图 5.1

距离 r_0 对应于分子中原子核的稳定平衡位置. 实际上, 原子核并不严格占据这些位置, 而是在它们附近振动; 但是这种振动的振幅通常很小. 势阱深度 U_0 描述分子中原子之间键的强度 (严格说来, 由于原子核振动的能量, 将原子从分子分离所需的结合能精确值与 U_0 有些差别).

作为举例说明, 下面给出一些双原子分子的 r_0 值 (单位为 Å, 1 Å = 10^{-8} cm) 和 U_0 值 (单位为 eV).

分子	$r_0/\text{Å}$	U_0/eV
H_2	0.75	4.5
O_2	1.2	5.1
Cl_2	2.0	2.5
N_2	1.1	7.4

可以将一个双原子分子想象为一个长度为 r_0 的哑铃. 多原子分子的形状更复杂.

图 5.2 示出几种三原子分子内原子核的位置 (原子核之间的距离以埃为单位给出). 有几种分子形状为三角形 (水分子 H_2O, 臭氧 O_3); 另一些分子里, 原子在一条直线上 (二氧化碳 CO_2, 氰化氢 HCN). §40 将给出几个更复杂分子的例子.

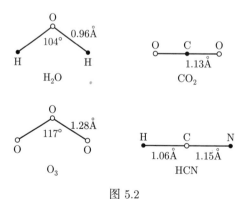

图 5.2

我们看到, 分子中原子核之间距离为 10^{-8} cm 数量级, 即和原子自身尺寸大小同一数量级. 也就是说, 分子中的原子互相紧挨着. 因此, 严格说来, 一个分子里不可能区分不同原子的电子壳层. 虽然原子结合成分子时电子壳层内部区域变动不大, 但是外层电子的运动却可能发生重大改变, 这些电子像是被分子中各个原子 "共享" 了.

在有些分子里, 电子壳层的外层被重新安排, 使得平均而言, 与中性原子里的情况相比, 环绕一些原子核的电子数目要少一些, 环绕另一些原子核的电子数目要多一些; 这些分子就像是由离子组成 (例如, KCl 分子由正离子 K^+ 和负离子 Cl^- 组成). 在别的情形下 (例如 H_2、O_2、HCl), 分子中的原子平均而言仍保持电中性. 但是, 这种差异只是量的差异, 在这两种极端场合之间可能有种种中间情况.

原子的化学相互作用的一个特性是饱和性. 它的意思是, 由于化学相互作用而结合的原子会失去以同一方式与其他原子相互作用的能力.

不同的分子也相互作用; 与原子形成分子的化学相互作用不同, 这种相互作用叫范德瓦尔斯相互作用.

分子间的相互作用一般不能像前面对原子相互作用那样简单地用一条曲线 $U = U(r)$ 表示, 因为分子的相互位置要用更多参量描述: 除分子间的距离 r 外, 它们的相对取向也很重要. 但是, 若是想象分子间的相互作用对分子的一切可能取向取平均, 则平均后的相互作用仍可用这样一条曲线表示.

这条曲线与分子中各原子之间的相互作用曲线相像, 也是在大距离上一切分子相互吸引, 小距离上彼此排斥. 分子间的吸引力随它们之间距离增大而迅速减小. 分子之间的排斥力随着它们靠近增长得更快, 于是互相趋近的分子的行为就像是互不穿透的固体. 范德瓦尔斯相互作用曲线上的极小, 深度很小, 只有十分之几、甚至百分之几电子伏 (见 §68), 而化学相互作用曲线上的势阱深度却有几电子伏.

两种相互作用的另一重要区别是, 范德瓦尔斯力不像化学力那样, 没有饱和性. 范德瓦尔斯相互作用存在于一切分子之间, 若是两个分子由于这种相互作用互相靠近, 它们仍将继续吸引别的分子. 因此分子吸引力并不导致 "超分子" 形成, 只是促成一个使一切分子互相靠近的总趋向, 让物质进入凝聚态 (液态或固态).

第 6 章 对称性理论

§40 分子的对称性

对称概念在物理学中起基础性作用. 对称是特定物理客体最重要的性质之一, 在许多场合, 它对物理客体产生的现象起决定性影响.

我们从研究单个分子能够具有的对称性开始. 对称性由种种对称元素组成, 我们首先要界定这些对称元素.

一个分子, 若绕一轴旋转角度 $2\pi/n$ (n 是除 1 之外的任何整数, 即 $n = 2, 3, 4, \cdots$) 后不变, 我们说这个分子有一条 n 阶对称轴 (这样的轴通常用符号 C_n 表示). 比如, 分子有 2 阶对称轴 C_2 意味着, 分子旋转 180° 变回自己; 换句话说, 在分子中, 除原子 A、B、$\cdots$ 外, 还有另一个相同的原子 A'、B'、$\cdots$, 它们相对于原子 A、B、$\cdots$ 和轴 C_2 的位置如图 6.1 所示. 若分子有 3 阶对称轴, 那么分子旋转 120° 或 240° 角度后, 与自己重合; 对每一原子 A, 分子里还有两个相同的原子 A' 和 A'', 如图 6.2 所示.

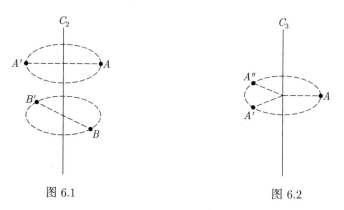

图 6.1   图 6.2

一个分子, 若它对一平面的镜面反射像与自身重合, 则称此平面为这个分子的对称平面 (这种对称元素用符号 σ 表示). 它意味着, 分子中每个原子 A

对应另一个同样的原子 A', A' 位于 A 到平面垂线的延长线上, 和平面的距离
与 A 到平面的距离相同 (图 6.3).

除对一平面的镜面反射外, 还可以引进 "对一点的反射" 的概念, 它给出
一个新对称元素 —— 对称中心 (或反演中心). 这个对称元素用符号 i 表示.
如果分子有位于某点 i 的对称中心 (图 6.4), 于是每个原子 A 对应一个同样
的原子 A', A' 位于从点 A 到点 i 直线的延长线上, 距离 $A'i$ 等于距离 Ai.

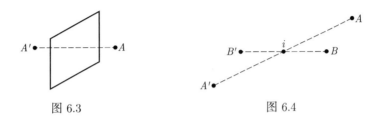

图 6.3   图 6.4

最后, 还有一种对称元素 —— n 阶转动 – 反射轴 (用符号 S_n 表示). 若一
分子绕某一轴转动角度 $2\pi/n$ 后接着在垂直于此轴的平面上反射不发生变化,
它便具有这种对称性. 转动 – 反射轴的阶数 n 只能是偶数 (若 n 是奇数, 比方
说 $n = 3$, 那么, 重复转动–反射 6 次, 容易看到, S_n 轴实际上是两个独立的
对称元素的组合: 对称轴 C_3 和垂直于它的对称平面 σ). 于是, 若分子有 4 阶
转动–反射轴, 那么对应每个原子 A, 分子里还有三个同样的原子 A'、A'' 和
A''', 位置示于图 6.5. 显然, 存在这样的对称轴自然意味着也存在阶数低一半
的简单对称轴 —— 本例中就是 C_2.

(容易看出, 2 阶转动–反射轴等价于一个位于转轴和反射面交点的对称
中心. 因此 S_2 不是新对称元素.)

这些就是可以组合出分子的对称性的对称元素. 下面我们举几个例子, 说
明如何产生这些元素的种种组合, 决定分子的对称性.

水分子 H_2O 的形状是一个等腰三角形 (图 6.6). 它的对称性由 2 阶对称
轴 (三角形的高) 和包含这根轴的两个互相垂直的对称面组成.

氨分子 NH_3 的形状是一个棱锥体, 有三个侧面, 底面是一个等边三角形,
N 原子在棱锥体的顶点, H 原子在基底三角形三个角上 (捎带说一句, 这一棱
锥体形状扁平, 它的高大约只有底边边长的 1/4). 它的对称性包括一条竖直

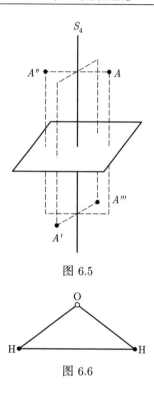

图 6.5

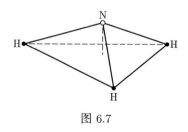

图 6.6

的 3 阶对称轴 (图 6.7) 和三个包含这条轴的对称平面, 互成 60° 角; 每个对称平面包含金字塔的高和一个 H 原子.

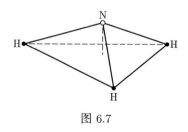

图 6.7

　　苯分子 C_6H_6 有更多的对称元素, 它的全部原子在一平面上, 构成一个正六边形 (图 6.8). 显然, 原子所在平面是分子的对称平面. 此外, 这个分子有 6 阶对称轴, 穿过六边形中心并垂直于六边形平面. 六边形中心是对称中心. 还有六条 2 阶对称轴, 其中三条连接直径两端的原子, 另外三条对分六边形相对的两边 (图 6.8 中每种画了一条). 最后, 还有六个对称平面, 每个包含一根 C_2

轴, 并垂直于图面平面.

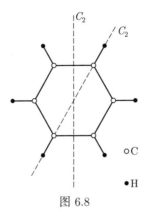

图 6.8

再看甲烷分子 CH_4, 它是一个正四面体 (其形状具有四个相同界面, 每个界面是一等边三角形): H 原子位于四面体的四个顶点, C 原子在四面体中心 (图 6.9). 这个分子有四条 3 阶对称轴, 每条穿过四面体一个顶点和四面体中心. 三条 4 阶转动 – 反射对称轴, 穿过四边形相对两边中点. 最后, 有六个对称平面, 每个平面穿过四面体的一条边和对边中点. 图 6.9 画出上述各种对称元素, 每种一个.

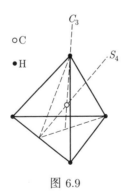

图 6.9

§41 立体异构性

有一种独特现象, 与分子是否具有某种程度的对称性有关系. 对一个很不对称的分子作镜面反射, 得到另一分子, 它与原来的分子相似, 但不完全相同.

比方说, 将甲烷分子 CH_4 中的三个 H 原子换成三个不同的原子 Cl、Br 和 I, 得到的分子 CHClBrI 便是一个很不对称的分子. 图 6.10 画的是两个这样的分子, 它们相对于竖直平面内一面平面镜互为镜像. 显然, 这两个分子不可能通过空间里的任何转动相重合. 在这个意义上, 两个分子不完全相同.

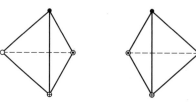

图 6.10

这样两个互为镜像、彼此相似而不完全相同的分子, 叫做立体异构体 (或镜像异构体). 两个异构体一个叫右手异构体, 另一个叫左手异构体.

远非一切分子都有立体异构体. 是否存在立体异构体与分子的对称性有关. 比如, 若一分子哪怕有一个对称面, 它的镜像也与自身相同; 差异仅在于还需绕空间某一轴转动一个角度. 这样一来, 不仅很对称的分子, 比方说 CH_4, 没有立体异构体, 就是对称性小得多的 CH_3Cl 分子、甚至 CH_2ClBr 分子 (它仍有一个对称平面) 也没有立体异构体.

具有对称中心的分子或更一般地说具有任何转动–反射对称轴的分子同样也没有立体异构体.

立体异构体的几乎一切物理性质都相同. 它们之间的差异, 特别表现在光穿过这些物质的溶液时发生的某些光学现象中. 由于这个原因, 立体异构体也叫光学异构体.

立体异构体之间的差异, 当它们与别种也具有不对称性的分子发生反应时表现得很显著. 两种物质的右手异构体之间发生反应的方式, 与它们的左手异构体之间的反应方式相同: 这两个过程相互的差异仅在于一个是另一个的镜像, 因此无法根据它们的物理性质加以区分. 与此相似, 一种物质的右手异构体和另一种物质的左手异构体之间的反应, 与前者的左手异构体和后者的右手异构体之间的反应, 发生的方式也相同. 但是, 前两个场合的反应进程与后两个场合的反应进程有重大的差异. 这是立体异构体相互间的主要差异.

若两种对称的 (不具有立体异构体的) 物质的化学反应中, 有不对称的分子生成, 那么, 因为原来的物质在镜像反射中不变, 化学反应的产物也应在镜像反射中不变. 这意味着, 反应将得到等量的两种异构体的混合物.

§42 晶格

晶体的基本性质是其中原子排列的规则性. 我们所要研究的是晶体内部原子排列的这种对称性, 而不是晶体外观形状的对称.

原子 (更精确地说是原子核) 位置所在的点的集合称为晶格, 晶格上的点称为格座. 研究晶格的对称性时, 可以想象它在空间无界而忽略晶体边界的存在, 因为这不影响晶格结构.

晶格的基本特征是它的结构的空间周期性: 晶体由不断重复的单元构成. 我们可以用三族平行平面将晶格分成完全相同的平行六面体, 每个平行六面体包含数量相同、排列方式相同的原子. 晶体是这些平行六面体相互平行移动的集合. 这表明, 如果将晶格整体平行于平行六面体任何一边的方向, 移动一段等于这个边长整数倍的距离, 晶格将与自己重合. 这种移动叫做平移, 格子相对于这种移动的对称性叫平移对称性.

可以依靠重复平移它而生成整个晶格的最小平行六面体, 叫晶体的原胞. 原胞的大小、形状和原子在原胞中的排列, 完全决定晶体的结构. 原胞三个边的长度和方向给出三个矢量, 叫晶格的基矢; 它们是移动晶格时能保持晶格不变的最小距离.

若在某个原胞的一个顶点有一原子, 那么显然, 在每个原胞的同一顶点必定有同类的原子. 这些同样的、排列也相同的原子的集合叫做此晶体的布拉维格 (图 6.11). 它是晶格的骨架, 体现了全部平移对称性即全部周期性. 它的一切原子都能通过格子的某一平移, 移到别的原子位置上.

别以为布拉维格的原子一定用尽了晶体的全部原子. 并非如此. 它们甚至不一定用尽了同类原子. 可以举个例子说明这一重要情况. 为了更直观, 我们不考虑三维空间格子 (实际晶格当然是三维格子), 而考虑二维平面格子, 它更

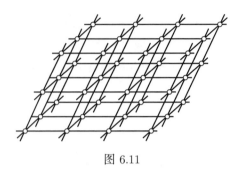

图 6.11

容易画在图上.

　　设格子仅由同一种原子组成, 图 6.12a 中用黑点表示. 容易看出, 虽然这些原子是同一类原子, 它们在晶体学方面并不完全等价. 实际上, 布拉维格一切原子排列相同意味着, 如果任何一个原子在给定方向的某一距离上有一邻居, 那么布拉维格的一切原子在同一方向的相同距离上有同样的邻居. 在这个意义上, 很清楚, 图 6.12a 中类型 1 的点与类型 2 的点的排列布置不同. 点 1 在距离 d 处有邻居 2, 但是点 2 在同样方向的同一距离处却没有邻居. 因此点 1 和点 2 不等价, 它们不是一道构成布拉维格. 但是两类点中每类点单独构成布拉维格, 两个布拉维格相对移动距离 d.

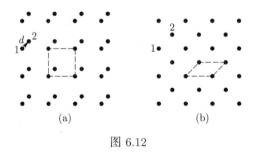

图 6.12

　　如果将原子 2 移到点 1 构成的正方形的中心 (图 6.12b), 那么一切原子都变为等价: 原子 1 固然有邻居原子 2, 在同一方向的同一距离上, 原子 2 也有邻居原子 1. 在这个结构中, 所有的原子一道构成单一的布拉维格.

　　从上述清楚得知, 一般情形下, 晶体由几个互相穿插的布拉维格组成. 每个布拉维格对应一种特定原子和排列. 所有这些布拉维格若只把它们简单看成点集是完全相同的.

如果晶体中全部原子构成一个布拉维格, 那么每个原胞只含一个原子. 比如, 在图 6.12b 中, 每个原胞 (在平面格子中为一平行四边形) 包含单个原子 1 或 2. (这里要注意, 点算每个原胞所含原子个数时, 每一原胞只应取一个顶点, 别的顶点属于相邻格子).

但是, 如果晶格由几个布拉维格组成, 那么原胞包含几个原子, 每个布拉维格一个. 比如, 图 6.12a 的晶格中, 每个原胞包含两个原子: 一个是原子 1, 一个是原子 2.

将晶体分成基元平行六面体 (即原胞) 的分法并不唯一. 原则上, 原胞可以有无数种取法. 为表明这点, 我们重新回到二维格子图 (图 6.13). 显然, 我们有同等的可能, 或取原胞为平行四边形 a, 或取为平行四边形 a'.

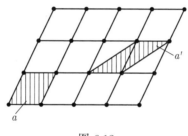

图 6.13

重要的是, 尽管原胞取法有这种非单值性, 但不论怎样取, 它都包含同样数目的原子, 具有同样的体积 (在平面格子中是同样的面积: 平行四边形 a 和 a' 的底边和高相等, 因此面积相同). 实际上, 我们考虑位于某位置的某类原子. 由前面的讨论很清楚, 每个原胞里有一个这样的原子; 因此, 晶体内某一体积 V 中的原胞数, 总是等于这种原子的总数 N; 于是, 一个原胞的体积等于 $v = V/N$, 与原胞取法无关.

§43 晶系

布拉维格是晶体非常重要的性质. 晶体各种对称性的分类, 首先建立在各种布拉维格分类的基础上.

一切布拉维格都具有平移对称性. 除这种对称性外, 它们还可具有 §40 中讨论的各种对称元素, 即各种对称轴和对称平面. 下面讨论的晶体分类正是以这些对称元素为基础.

比如, 布拉维格的每个格座是一对称中心. 实际上, 格中每个原子都对应另一原子, 后一原子与该格座和前一原子在同一直线上, 两个原子离格座的距离相同. 因此任何布拉维格有一对称中心. 但布拉维格还可以有更高的对称性.

一个有限大小的物体, 比如一个分子, 原则上可以有任意阶的对称轴. 相反, 一个周期结构, 比如一个晶格, 只可能有很少几阶的对称轴: 2 阶, 3 阶, 4 阶和 6 阶. 实际上, 若晶格中存在一条 5 阶对称轴, 就意味着, 晶格中可以找到一个平面, 它上面散布的格座构成正五边形. 但是这显然不可能, 因为平面只能由正三角形、正方形和正六边形这几种正多边形不留空隙地填满. 为了证明这个命题, 考虑平面上某一点, 填满平面的正多边形的边在这点汇聚. 因为填满不留空隙, 正多边形的角 (多边形相连二边的夹角) 必须等于 2π 的整数分之一, 即必须等于 $2\pi/p$, p 是任意不为 0 的整数. 另一方面, 已知正 n 边形的角等于 $(n-2)\pi/n$. 于是我们得到

$$\frac{\pi(n-2)}{n} = \frac{2\pi}{p},$$

由此有

$$\frac{2n}{n-2}$$

必须为整数. 这只在 $n = 3, 4, 6$ 时成立.

于是我们看到, 晶格中远不是一切对称型式都能发生. 由此得出, 布拉维格只有不多几种对称型式. 这些对称型式称为晶系. 列举如下.

1. 立方晶系　对称程度最高的布拉维格是具有立方对称性的晶格 (我们不列举晶格的对称轴和对称平面, 代之以简单提一下具有这种对称性的几何图形——本例中为立方体).

把原子放置到立方体的顶点, 就得到这种晶格. 但是这不是构建具有立方对称性的布拉维格的唯一方法. 显然, 如果将原子放置在一切立方晶格的中心, 并不破坏立方对称性; 与此同时, 所有原子, 包括位于立方晶格顶点的原子和立方晶格中心的原子, 具有同样的相互位置 (有同样的邻居), 即属于同一

个布拉维格. 立方晶格顶点的原子, 加上立方晶格每面中心的原子, 又构建出
一个立方布拉维格.

于是, 属于立方晶系有三种不同的布拉维格. 它们分别叫简单立方晶格、
体心立方晶格和面心立方晶格 (各自用符号 P、I 和 F 表示). 图 6.14 示出这
三种格子的晶格中原子的排列.

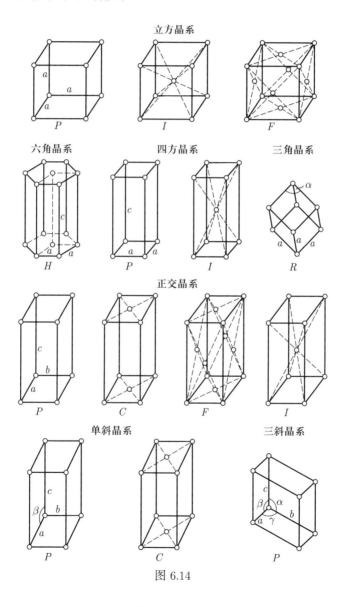

图 6.14

简单布拉维格的立方晶格同时是原胞. I 和 F 晶格的立方晶格不是原
胞; 这从这些晶格中的原子多于一个已可看出. 图 6.15 中示出三种立方晶格
的原胞 (粗线). 体心立方晶格的一个立方单元体积中有两个原子 (图 6.15 中
的原子 1 和 $1'$), 面心立方晶格的一个立方单元体积中有四个原子 (图中的
$1, 1', 1'', 1'''$); 其余原子属相邻立方单元. 由此可得, 体心立方晶格和面心立方
晶格中原胞体积分别为 $a^3/2$ 和 $a^3/4$, 其中 a 是立方单元体的边长.

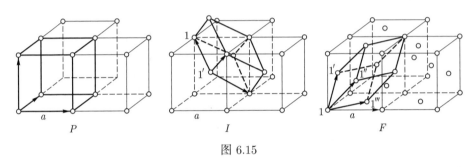

图 6.15

长度 a 叫晶格常量. 它是描述立方晶格所需的唯一数值参量.

体心立方晶格和面心立方晶格中原胞本身并不能反映出晶格的立方对称
性. 在这个意义上, 通过这些原胞表示晶体的结构, 不像通过并非原胞的立方
晶胞表示那样能直观显示晶体结构的对称性. 因此, 晶体学中常用立方晶胞描
述原子在晶体中的排列. 这时使用直角坐标系, X、Y、Z 轴沿立方晶胞的三条
边, 坐标量度单位选用常量 a. 比如, 位于立方体中心的原子的坐标为 $\frac{1}{2}$、$\frac{1}{2}$、
$\frac{1}{2}$, 处于与 XY 平面重合的立方体底面中心的原子的坐标是 $\frac{1}{2}$、$\frac{1}{2}$、0, 等等.

2. 四方晶系 (或正方晶系)   将立方体顺着它的一条边的方向拉长, 得到
一个对称程度低一些的几何图形 —— 正方棱柱体. 它的对称性对应于四方晶
系布拉维格的对称性.

这种晶格存在两种型式: 简单型和体心型 (它们的晶格也示于图 6.14 中).
乍看之下, 似乎能用对简单型晶格在柱体每个端面中心增补一个原子的方法,
构建具有这种对称性的新晶格 (图 6.16). 但是不难看出, 这样的晶格重新回
归简单型四方布拉维格, 只要另选一个基本正方棱柱体晶格即可, 也就是说,
我们并没得到任何新东西. 实际上, 连接两个相邻晶格端面中心的原子与端

面顶点的原子 (如图 6.16 所示), 我们得到新的棱柱, 它的对称性与原来的棱柱并无差异, 但只是顶点上有原子. 由于相似的原因, 不存在面心四方布拉维格 —— 它归结为体心四方晶格.

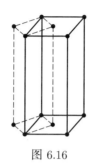

图 6.16

四方晶格由两个常量描述: 端面的边长 a 和棱柱格子的高 c.

3. 正交晶系 将一立方体沿它的两条边拉伸不同长度, 得到正交的平行六面体 (长方体), 三边长度不同. 这个图形的对称性对应于正交晶系晶格的对称性.

有四种正交布拉维格: 简单、体心、面心和底心, 最后一种用符号 C 标示. 图 6.14 中, 像对其他晶系一样, 画了正交晶格的基本平行六面体, 其形状对应于此晶系的全部对称性; 仅仅在简单布拉维格的情形, 它们才与原胞重合.

正交晶格由三个参量描述: 晶格的三条边长 a, b, c. 取它们为直角坐标系三个轴 (沿晶格对应边) 的长度单位.

4. 单斜晶系 对称性更低. 将一正交的平行六面体沿任意一边拉斜, 得到的几何体具有这种对称性; 它是一个有任意底面的正交平行六面体. 这个晶系有两个布拉维格 (图 6.14 中的 P 和 C).

单斜晶系由四个参量描述: 晶格的三条边长 a, b, c 和两条边之间的夹角 β (其他夹角为直角). 原子的位置再次用沿晶格三边的轴上的坐标表示, 但是这个坐标系是斜的, 不是直角坐标系.

5. 三斜晶系 对称性对应于一个任意的斜平行六面体的对称性. 它的对称程度最低, 只有一个对称中心. 它只包含一个布拉维格 P, 由晶格的三条边的边长 a, b, c 和它们之间的夹角 α, β, γ 描述.

还有两个晶系另有一些特点.

6. 六角晶系　这个晶系的晶格有很高的对称性, 对应于一个正六角棱柱的对称性. 这个晶系的布拉维格 (用符号 H 标示) 只有一个构建方法: 它的格座位于六角棱柱的各个顶点和棱柱的两个六边形底面的中心.

六角晶系的晶格由两个参量描述: 底面的边长 a 和棱柱的高 c. 这个晶格的原胞是一个底面为菱形的平行六面体, 如图 6.14 中虚线所示. 用这个原胞的边 (高 c 和底面成 120° 角的两条边 a) 作坐标轴, 描写原子在晶格中的位置.

7. 三角晶系　对应于菱形六面体的对称性. 得到菱形六面体的方法是, 将一立方体沿一条空间对角线拉伸或压缩 (但不改变立方体的边长); 它的所有界面是相同的菱形. 这个晶系唯一可能的布拉维格 (用符号 R 标示) 中, 格点位于菱形六面体的顶点. 这种晶格用两个参量描述: 晶格的边长 a 和晶格两边的夹角 α. (当 $\alpha = 90°$, 菱形六面体变成立方体).

到此我们列举完了各种布拉维格. 我们看到, 总共有七种布拉维格对称性——七种晶系. 这些晶系对应于 14 种不同的布拉维格.

晶系是晶体分类的基础, 它们主要用于描述晶体的性质. 为了简化, 我们常用 "六角晶体" "立方晶体" 这些术语, 这时我们应当理解, 它们指的是一种晶系, 而不是指某个样品的外形.

还要指出, 三角晶系、六角晶系和四方晶系的晶体 (它们的晶格由两个参量描述) 叫单轴晶体, 而三斜晶系、单斜晶系和正交晶系的晶体叫双轴晶体.

§44　空间群

前面讨论的布拉维格是等价原子 (即同种且排列相同的原子) 的集合. 我们已强调过, 布拉维格一般并不包括晶体里的一切原子, 一个真实的晶格可以表示为几个互相穿插的布拉维格的集合. 虽然所有这些格子完全相同, 但是它们的集合的对称性, 即真实晶格的对称性, 却可以与单个布拉维格的对称性有很大不同.

我们举例说明这个重要情况, 为了更直观, 重新回到平面格子表示. 图 6.17 中白色小圆圈是二维 "六角" 布拉维格的格座. 穿过这个格子每一格座有一条 6 阶对称轴 (垂直于图面). 在这个格子上叠加三个同样的格子, 它们的格座在图 6.17 中用黑点表示. 显然, 结果得到的实际格子里, 上述对称轴仅是 3 阶而不是 6 阶.

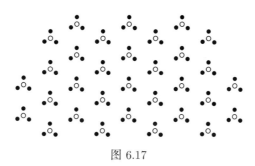

图 6.17

我们看到, 实际格子的复杂化导致它的对称性降到比其布拉维格的对称性低.

在实际晶格中还要考虑出现特别种类对称元素的可能性, 这种对称元素是转动或反射与平移的组合. 这些新对称元素是螺旋轴和反射滑移面.

若一晶格绕轴转动 $2\pi/n$、同时沿此轴移动某一距离后与自身重合, 则此晶格有一条 n 阶螺旋轴. 为了图示这种对称性, 图 6.18 中画了一条直线原子链, 想象它向两端无限延伸, 它有一条 3 阶螺旋轴. 这个结构是周期性的, 周期为 a; 它绕轴转动 120° 同时沿轴移动距离 $a/3$ 后与自身重合.

若晶格在一平面上反射、同时沿此平面内一方向移动一距离后与自身重合, 则此晶格有一反射滑移面.

于是, 真实晶体除了具有某种平移对称性 (由其布拉维格的型式描述) 外, 还可以有简单对称轴和螺旋对称轴, 转动–反射轴和对称平面——简单对称平面和反射滑移面. 所有这些对称元素可以通过不同方式组合.

真实晶格的所有对称元素的集合, 叫它的空间群. 空间群给出晶体内原子组合排列的对称性 (即晶体内部结构的对称性) 最完备的描述.

总共有 230 个不同的空间群, 这是费多罗夫 (E. C. федоров) 于 1891 年

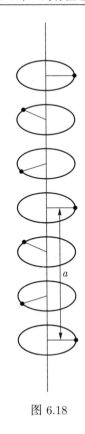

图 6.18

发现的. 通常根据产生这些群的布拉维格, 将它们分属于不同的晶系. 这里我们不列举所有的空间群, 只给出它们分布在各个晶系的数目:

三斜晶系 · · · · · · · · · · · · · · 2　　四方晶系 · · · · · · · · · · · · · · 68

单斜晶系 · · · · · · · · · · · · · · 13　　六角晶系 · · · · · · · · · · · · · · 45

正交晶系 · · · · · · · · · · · · · · 59　　立方晶系 · · · · · · · · · · · · · · 36

三角晶系 · · · · · · · · · · · · · · 7

§41 提到过分子的镜像异构现象. 晶体中也可能发生这种现象 (称为左右对映性). 即, 存在这样的晶体, 它们的晶格互为镜像, 不论在空间如何移动它们都不能互相重合. 和分子的情况相同, 只有晶格不含对某平面的反射这样的对称元素时晶体才可能左右对映. 这种结构的例子是普通的石英 (这里指的是通常温度下存在的一种石英变型), 它属于三角晶系.

§45　晶类

许多物理现象并不直接显示物质的原子结构. 研究这些现象时, 可以把物质看成连续介质, 忽略它的内部结构. 例如, 物体的热膨胀, 物体在外力作用下的形变等就属于这类现象. 物质作为连续介质的性质称为宏观性质.

晶体的宏观性质在晶体内不同方向上不同. 例如, 光穿过晶体透射的特性由光线的方向决定; 晶体的热膨胀一般在不同的方向上不同; 晶体形变由外力的方向决定等. 晶体性质与方向有关这种现象产生的原因, 当然和晶体的结构有关系. 例如, 平行于晶格中立方晶格一条边拉长立方晶体, 显然不同于沿此晶格的对角线拉长.

物体的物理性质与方向有关称为各向异性. 可以说, 晶体是各向异性介质. 在这方面, 晶体与各向同性介质 —— 液体和气体完全不同, 各向同性介质的性质在一切方向上相同.

虽然一般而言晶体性质在不同方向上不同, 但是在某些方向晶体性质可能一样; 我们称这些方向等价. 比如, 若晶体有一对称中心, 那么晶体中任何一个方向与相反方向等价; 晶体中存在对称平面时, 任何一个方向等价于对这个平面作镜面反射得到的方向 (图 6.19), 等等.

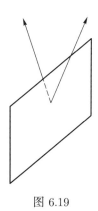

图 6.19

显然, 晶体中的 "方向对称性" 以及它的宏观性质的对称性是由它的对称轴和对称平面决定的. 这时平移对称性无关紧要, 因为晶格平移不改变晶格内的方向; 因此, 晶体具有怎样的布拉维格 (在该晶系能够有的布拉维格的范围内) 对晶体的宏观性质并不重要. 从这个观点看, 晶体中的某阶简单对称轴还是螺旋对称轴并没有多大差别; 同样其中的一个对称平面是简单型还是镜面滑移型也不重要.

对称平面和对称轴存在有限数目的 (32 种) 可能的组合, 这些组合能够描述晶体中方向的对称性. 这些组合 (即晶体作为各向异性介质的宏观对称性的种类) 叫做晶类.

上面的讨论已阐明了晶体的空间群和晶类的关系. 晶类由空间群得出, 它忽略一切平移、不区分简单对称轴与螺旋对称轴、不区分简单对称平面与滑移对称平面.

像空间群一样, 晶类按照它们实际上以何种布拉维格在晶体中产生而分属于不同的晶系. 属于三斜晶系的有 2 个晶类, 单斜晶系有 3 类, 正交晶系有 3 类, 四方晶系有 7 类, 立方晶系有 5 类, 三角晶系有 5 类, 六角晶系有 7 类 (但注意, 三角晶系中各类既可用菱形布拉维格产生, 也可用六角布拉维格产生).

属于某晶系的晶类中有一个晶类具有此晶系的全部对称性. 其他晶类的对称程度更低, 具有的对称元素比此晶系少.

作为晶体宏观性质与晶体对称性的关系的一个例子, 我们考虑它的热膨胀.

各向同性物体 —— 液体或气体 —— 受到加热时向一切方向均匀膨胀, 因此总共只有一个热膨胀系数. 容易看出, 立方晶系的晶体也是如此. 实际上, 立方晶系晶体膨胀时仍是立方晶体, 即它的晶格保持不变; 由此可得, 这样的晶体必定在一切方向上的膨胀相同, 像各向同性物体一样.

四方晶系的晶体, 虽然膨胀时仍为四方晶系, 但是它的晶胞的高 c 与宽度 a 之比在膨胀时不一定保持不变. 因此晶体在晶胞的高的方向上和垂直于高的平面里的方向上膨胀是不同的. 换句话说, 四方晶系晶体的热膨胀要用两个系数描述 (一般说来一切单轴晶体都这样). 双轴晶体的热膨胀要用三个系数描述, 分别给出沿三个轴的方向的膨胀.

§46 化学元素的晶格

现在转而描述一些真实晶体的结构. 必须记住, 虽然为了简化我们说原子位于晶格的格座上, 但更正确的说法应当是原子核位于晶格格座. 绝不能把晶格中的原子看作点; 它们占据了晶格中相当大的体积, 使相邻原子像是互相接触到似的. 这时和在分子中一样, 原子的电子壳层的外层 (与孤立原子的电子壳层相比) 发生很大的畸变, 被 "公有化" 了. 因此, 描述晶体结构最精确和最完备的方法是确定全部晶格体积中的电子密度分布.

我们从化学元素的晶体结构开始. 已经知道大约有 40 种由化学元素构成的晶格, 其中有的非常复杂. 比如, 锰的一种体心立方布拉维格晶体变型, 它的立方晶胞含有 58 个原子 (原胞中有 29 个原子); 硫的一种变型是面心正交布拉维格, 晶胞中有 128 个原子 (原胞中有 32 个原子). 不过, 绝大多数元素晶体是比较简单的晶格.

近二十种元素生成立方晶体, 其中所有的原子组成一个面心布拉维格; 它们包括多种金属 (银、金、铜、铝等), 还有惰性气体的晶体. 约十五种元素 (全部为金属) 的晶体中, 原子组成体心立方布拉维格; 特别是碱金属 (Li、Na、K) 属于这种情况. 但是, 没有一个元素生成简单立方晶格.

为了解释这种偏向体心和面心结构的原因, 我们考虑下面的问题 —— 同类小球的堆积问题, 虽然这个问题没有直接的物理意义.

首先考虑小球堆积成简单立方晶格型式. 在这种晶格中, 位于立方晶胞相邻顶点的小球互相紧挨着. 因此立方体的边长 a 等于小球的直径 d. 因为这个晶格每个立方晶胞里有一个球, 于是我们可以说, 每个小球要占体积 $a^3 = d^3$. 小球自身的体积是 $\dfrac{4\pi}{3}\dfrac{d^3}{8} = 0.52d^3$, 只有所占晶胞体积的 52%.

体心立方晶格给出更密集的堆积. 这时最近邻 (它们必定相互接触) 是位于格子顶点和体心的原子. 因为立方体的空间对角线长为 $a\sqrt{3}$, 因此必定有 $d = a\sqrt{3}/2$, 由此立方晶胞的体积 $a^3 = 8d^3/3\sqrt{3}$. 但是体心立方晶胞含有两个球, 那么一个球均摊的晶胞体积便是 $4d^3/3\sqrt{3}$. 容易算出, 球占这个体积的 68%.

最后, 最密集的堆积方法由面心立方晶格给出 (因此它叫立方密堆积). 这时, 中心在界面中心的球挨着中心在立方体顶点的球. 立方体的边长 $a = d\sqrt{2}$. 每个球均摊立方体体积的四分之一, 等于 $\dfrac{a^3}{4} = \dfrac{d^3}{\sqrt{2}}$, 球占这个体积的 74%.

沿立方体对角线方向看这个格子, 可以看到, 这个格子是一层一层构成的, 每一层里, 格座 (球心) 构成等边三角形网 (图 6.20a). 每一层格点都位于前一层三角形的中心之上, 并且有三种不同型式的层交替出现 (图 6.20a 和 b 中的数字标明这些层上的点与立方格子上的点的对应关系).

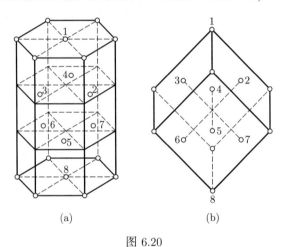

(a)　　　　　　　　　　(b)

图 6.20

不过, 一种同样密集的堆积只要两种不同型式的层轮流交替显然就能达到 (图 6.21). 这时得到晶胞中有两个原子的六角系晶格. 这种晶格叫六角密堆积. 在小球模型中, 可以算出这种晶格的棱柱形晶胞的高 c (最近的相似的

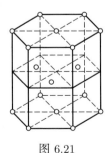

图 6.21

层之间的距离) 与它的底面边长 a 之比为 $c/a = 1.63$.

约有十五种金属元素具有六角密堆积型晶格: Mg、Cd、Zn、Ni 等. 绝大多数情形下, 这些晶体中的轴长比率非常接近理想值 1.63. 但是也有例外: 在 Cd 和 Zn 中, 比值 c/a 约为 1.9, 即与小球密堆积相比, 晶格沿棱柱高度方向拉长了不少. 这使这些晶体表现出更强烈的各向异性.

上述三种晶格是元素中遇到最多的. 除它们外, 还存在一些特殊晶格, 只有很少一些元素结晶为这些晶格. 下面对它们作一般介绍.

碳的一种最常见的变型石墨具有六角晶格; 除石墨外, 没有别的元素结晶为这种格子. 这种晶格有一种层片结构, 由许多平行的平面层组成, 原子位于正六边形的顶点 (图 6.22). 相邻两层的距离是同一层内原子之间距离的 2.3 倍. 这解释了石墨为什么容易成片剥落.

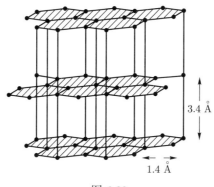

图 6.22

碳的另一种变型金刚石具有立方晶格, 可以想象它是由两个面心布拉维格构成, 两者互相错开四分之一的立方体对角线的距离. 结果每个碳原子周围有四个与它等距离的邻居, 它们位于一个四面体的顶点. 这个晶格示于图 6.23 中 (黑色和白色圆圈是构成不同的布拉维格的碳原子). 与碳同系的元素硅和锗也有金刚石型晶格.

铋的晶格很有意思. 它属于三角晶系, 但是非常接近立方晶系, 因此引人注意. 可以认为这个晶格是由简单立方晶格稍微变形而得: 立方体沿对角线稍微压扁了些 (于是变成菱形), 并且原子发生了很小的附加移动.

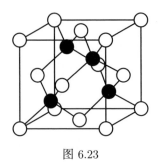

图 6.23

上述的所有元素晶格都是所谓原子晶格: 在这种晶格里不能分辨出单个分子. 但是有些元素结晶为分子晶格. 例如, 氢、氮、氧和卤族元素 (F、Cl、Br、I) 生成的晶格可以看成是由双原子分子构成的, 所谓双原子分子即一对原子, 它们相互之间的距离比这对双原子分子到其他对之间的距离近得多.

§47   化合物的晶格

化合物的晶格几乎和化合物本身一样多种多样. 这里我们仅描述几个最简单的例子.

最常见的结构之一是岩盐 NaCl 的晶格结构. 它是一个立方晶格, 一半格点被 Na 原子占据, 一半被 Cl 原子占据 (图 6.24). 每个 Na 原子周围对称地环绕着六个 Cl 原子, 反之亦然. NaCl 的布拉维格是面心立方晶格, 每个基元里有两个原子——一个 Na 原子和一个 Cl 原子.

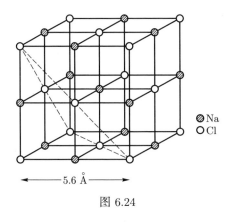

⊘ Na
○ Cl

5.6 Å

图 6.24

原子在晶体中的排列通常用它们的坐标来描述, 坐标系由 §43 给出的方法选定. 这时, 只要给出最少个数原子的位置已经足够, 在其上加上晶格的周期就可以得出所有其他原子的位置. 比如, NaCl 的结构由下面两个原子相对于立方晶胞的轴的坐标描述: $Na(0,0,0)$ 和 $Cl\left(\dfrac{1}{2}, \dfrac{1}{2}, \dfrac{1}{2}\right)$. 所有其他原子的坐标可由它们加上 (或减去) 若干个基本周期得到, 基本周期可以取从坐标原点到立方体三个界面中心 $\left[\text{坐标为}\left(0, \dfrac{1}{2}, \dfrac{1}{2}\right), \left(\dfrac{1}{2}, 0, \dfrac{1}{2}\right), \left(\dfrac{1}{2}, \dfrac{1}{2}, 0\right)\right]$ 的距离.

氯化铯 CsCl 类型的晶格 (图 6.25) 也很常见. 它有简单布拉维格. 立方晶格顶点有一种原子, 晶格中心有另一种原子.

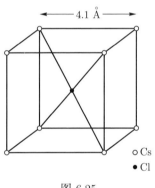

图 6.25

还要说说硫化锌 ZnS 类型的晶格. 它可由 §46 描述的金刚石晶格得出, 将不同的原子 (Zn 和 S) 置于两个互相穿透的面心布拉维格的格点上 (图 6.23 中的黑色和白色圆圈). 每个 Zn 原子被四个处于四面体顶点的 S 原子包围, 反之亦然. 原子在立方晶格中的位置由坐标给出: $Zn(0,0,0)$ 和 $S\left(\dfrac{1}{4}, \dfrac{1}{4}, \dfrac{1}{4}\right)$.

上述晶格的特性是, 在它里面不能再分出单独的原子群——化合物分子来. 整块晶体好像是一个巨大的分子.

电子在这种晶格中这样分布: 与自由的中性原子中的情况相比较, 平均而言, 环绕一些原子核的电子更多一些, 环绕另一些原子核的电子更少一些. 将这样的晶格描述为由离子组成很合适, 因此常称之为离子晶格. 例如, NaCl 的晶格由正离子 Na^+ 和负离子 Cl^- 组成.

也存在这样的化合物晶格, 其中单个分子可以区分为一群特别密排列的原子; 这样的晶格特别包括多种有机晶体. 但是将晶体分为原子晶体和分子晶体很大程度上是有条件的, 并且它们之间可能有各种中间情况.

这方面的一个典型例子是 CdI_2 的晶格, 它有一种分层结构. 在每一层 Cd 原子的两面各有一层离得很近的 I 原子. 这种 "三重" 层结构相互间的距离要大得多. 虽然后一点表明这种物质由分子组成, 但不能在每层中分辨出单个分子.

§48 晶面

研究晶体时, 常常必须考虑各种穿过晶格的平面. 这些平面可能是晶体的自然边界, 也可能是具有确定物理性质的平面; 例如, 如果用刀切一块晶体, 通常是沿晶体中某个有特殊性质的平面裂开. 最后, 借助 X 射线方法进行结构分析也必须考察晶格中各种平面.

显然, 只有穿过晶体原子 (即晶格格点) 的平面才具有某种物理意义. 我们要研究的正是这些平面; 它们叫晶面.

§43 中已说过, 研究晶体要用坐标系 (一般情况下是斜交坐标系), 它的坐标轴以某种方式与布拉维格晶胞的边长相联系, 并且各个坐标以这些边长 a, b, c (一般不相等) 为单位度量. 这些坐标用字母 x、y、z 表示. 布拉维格座的坐标由整数 (或半整数, 这不影响下面的讨论) 给出.

平面方程的普遍形式为

$$lx + my + nz = k$$

(不论直角坐标系中还是斜交坐标系中都是如此). 若 l, m, n, k 是整数, 那么这个等式, 作为含三个未知量的方程, 有无穷多个整数解. 换句话说, 这个平面含无穷多个格点, 因此是一个晶面.

容易看出数 l, m, n 的意义. 在方程中令 $y = z = 0$, 我们得到 $x = k/l$; 这是平面与 x 轴交点的坐标. 类似地, 我们求出, 平面与 y 轴和 z 轴相交于 k/m 和 k/n. 于是我们得到结论, 平面从三个轴截下的线段的长度之比为

$$\frac{1}{l} : \frac{1}{m} : \frac{1}{n},$$

即它们与数 l, m, n 成反比. 我们还记得, 前面说过, 这些长度是以 a, b, c 为单位度量的, 在通常的单位下, 这些长度之比为

$$\frac{a}{l} : \frac{b}{m} : \frac{c}{n}.$$

于是我们看到, 数 l, m, n 决定了平面的方向, 即平面相对于晶格的轴的取向; 数 k 与平面的方向无关, 由平面到坐标原点的距离决定. 给 k 不同的整数值, 在确定的 l, m, n 值下, 我们得到一组平行的晶面. 我们对晶面感兴趣的是它的方向, 不是它在晶格中的绝对位置. 在这个意义上, 晶面由 l, m, n 三个数的数组完全确定. 这时, 还可以把这些数除以它们的最大公约数; 显然, 这不改变平面方向. 这样定出的 l, m, n 叫做晶面指数, 将它们写在圆括弧中, 写成 (lmn) 的形式.

作为例子, 我们考虑立方晶格中的几个平面.

垂直于 x 轴的平面 (图 6.26) 与三个轴相交于 $1, \infty, \infty$; 它们的倒数是 $1, 0, 0$, 于是平面的指标为 (100). 类似地, 垂直于 y 轴和 z 轴的平面的指标为 (010) 和 (001). 这些平面合起来隔出一个立方体形状的物体, 因此常常把这些平面叫做立方体平面.

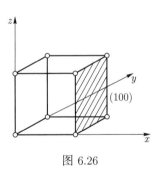

图 6.26

平行于 z 轴的对角面在 x 轴和 y 轴上截取相等的线段 (图 6.27a). 因此它的指标是 (110). 这种对角面叫做菱形十二面体平面, 这个名称来自这类平面隔出的十二面体 (图 6.27b).

立方体的对角面 (图 6.28a) 在所有三个轴上截出相等的线段, 因此它的

指标是 (111). 这种平面叫八面体平面, 名称来自这些平面构成的正八面体, 其界面是三角形. (图 6.28b 中画的八面体, 是连接立方体六个界面的中心得到的.)

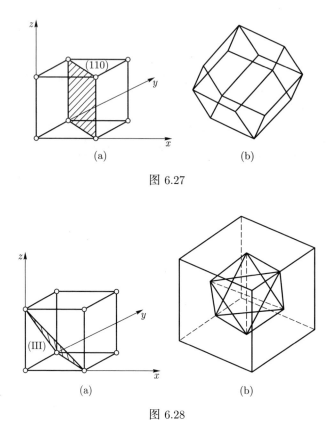

图 6.27

图 6.28

§49 晶体的自然边界

一块天然晶体的边界面平面, 永远穿过它晶格上的原子. 因此它们是晶面. 晶体不同边界面的方向和它们相互的夹角和晶体的晶格结构相联系, 因此是每种物质的特性.

考虑晶体随便两个边界面, 指标为 (lmn) 和 $(l'm'n')$. 我们用 A, B, C 和 A', B', C' 表示这两个平面从坐标轴上截下的线段. 按照上节的讨论, 这些截

段 (用通常单位测量) 之比为

$$A : B : C = \frac{a}{l} : \frac{b}{m} : \frac{c}{n}, \quad A' : B' : C' = \frac{a}{l'} : \frac{b}{m'} : \frac{c}{n'}.$$

前式除以后式, 得到

$$\frac{A}{A'} : \frac{B}{B'} : \frac{C}{C'} = \frac{l'}{l} : \frac{m'}{m} : \frac{n'}{n}.$$

乘上 l, m, n 的最小公倍数后, 上式右边转换为三个整数之比.

于是我们看到, 晶体的任何界面在轴上截距之比永远是整数比. 这个法则叫有理指数定律.

离子晶体的界面表面必定含有不同符号的离子. 只包含一种符号离子的晶面不能是晶体的界面. 这使许多情况下不同物质结晶时的一些特性能够得到解释.

例如, 考虑 NaCl 晶体, 它的晶格画在图 6.24 中. 图上可以看到, Na$^+$ 离子和 Cl$^-$ 离子处于这个晶格的 (100) 平面和 (111) 平面中. 我们看到, (111) 面是对角面 (在图上用虚线表示), 它穿过同一类离子; 因此这个平面不能成为晶体的边界面, 所以, 岩盐不能结晶为八面体. 但是 (001) 面 (在图 6.24 上是立方体的边界面) 包含两种符号的离子, 这种面在两个方向的每一个方向上交替出现; 所以 NaCl 可以结晶为立方体.

晶体的外边界的特性像它的一切宏观性质一样与它所属的晶类有关. 因此, 研究天然晶体的形状原则上有可能确定它的对称性所属类别. 在实践中, 由于晶体生长过程中某种偶然因素造成的晶体形状不规则可能使实现这一点变得困难. 用某种溶剂蚀刻晶体边界面人工生成新表面能得到这方面进一步的信息.

第 7 章　热

§50　温度

自然界中存在的一切物体, 其组成粒子都无休止地运动. 这种运动普遍存在: 分子运动, 分子里的原子也运动. 这种运动的特色是, 它总是具有某种程度的无规性.

这种运动叫热运动. 它是热和热现象的本源.

虽然通常讲的 "热运动" 指的是原子尺度或微观尺度上发生的运动, 但是热运动也是更大的宏观粒子的属性. 这方面一个熟知的例子是所谓布朗运动——悬浮在液体中的小颗粒的无规运动, 这种运动可以通过显微镜观察.

如果使两个物体接触, 二物体中的原子会发生碰撞, 互相传递能量. 于是, 两个物体在接触时, 将能量从一个物体传到另一个; 我们称这时失去能量的物体更热, 得到能量的物体则更冷一些. 这种能量传递一直继续, 直到建立了一种确定状态——热平衡态.

我们用温度这个概念描述物体的冷热程度. 采用物体的任何一种由冷热程度决定的属性原则上可以给出温度的定量定义. 比如, 我们可以简单地用与要测温度的物体处于热平衡的水银柱的体积定义温标. 但是很明显, 这样定义的温标是完全随意的, 不具有任何深刻的物理意义; 用这样定义的温度定量描述任何一种别的热现象都极不方便. 因此, 首要的是必须建立一个有物理意义而不是与某种物质 (比方说水银和装水银的玻璃器皿) 的随便一种性质建立联系的温标.

物理学中使用所谓热力学温标或绝对温标, 它与一切物体的最普遍的热性质有深刻的联系. 我们这里无法给出它的准确定义, 因为为此需要对热现象作理论分析, 这已经超出了本书的范围. 我们将代之以用某些 "次级" 性质描述这个温标.

显然, 温度的物理学定义必须建立在这样的物理量的基础上, 这个物理量描述物体的状态, 对任何两个相互处于热平衡的物体, 温度自动变得相同. 看来, 物体粒子 (分子或原子) 的平移运动的平均动能具有这种值得注意的性质. 如果两个物体的粒子的这个能量平均值相同, 那么, 当这两个物体接触时, 虽然它们的单个粒子会向这个或那个物体传递能量, 但是却不会发生从一个物体到另一物体的能量整体输运.

由于这个原因, 可以取物体内粒子平移运动的平均动能来量度温度. 通常定义温度 T 为这个能量的 $\dfrac{2}{3}$

$$T = \frac{2}{3}\frac{\overline{mv^2}}{2} = \frac{1}{3}\overline{mv^2}.$$

m 是粒子的质量, v 是粒子的速度, 式子上面的横杠表示取平均值 (这个平均值可以理解为同一时刻物体中不同粒子的平均能量, 也可以理解为同一粒子不同时刻的平均能量, 两个定义完全等价).

按照上面的定义, 温度具有能量的量纲, 因此可以与能量用同一单位 (比如尔格) 量度. 但是, 尔格作为温度的量度单位很不方便, 这首先是因为粒子热运动的能量比尔格小得太多. 此外, 把温度直接作为粒子的能量来量度, 实际上很难进行.

由于这些原因, 物理学中采用一个方便的惯用单位作为量度温度的单位, 这个单位叫度. 度的定义是纯净水在一个大气压下的沸点温度和冰点温度之差的百分之一.

决定温度/度包含多少尔格的转换系数叫玻尔兹曼常量, 通常用字母 k 表示; 它等于

$$k = 1.38 \times 10^{-16} \text{ erg/度}.$$

我们看到, 和尔格相比, 度是一个很小的单位. 为进一步说明 1 度的大小, 下面求 1 mol 物质温度变化 1 度时, 粒子动能的总变化是多少. 这由 k 与阿伏伽德罗常量 N_0 相乘得出

$$kN_0 = 1.38 \times 10^{-16} \times 6.02 \times 10^{23} \text{ erg} = 8.31 \text{ J}.$$

我们还可以求度与电子伏的转换系数, 电子伏是原子物理学中常用的能量单位:

$$1 \text{ eV} = 1.60 \times 10^{-12} \text{ erg} = \frac{1.60 \times 10^{-12}}{1.38 \times 10^{-16}} \text{ 度} = 11600 \text{ 度}.$$

以后我们总是用字母 T 表示温度, 量度单位为度. 若以尔格为单位, 则温度等于 kT, 于是上面给出的温度定义应当改写为下面的形式

$$kT = \frac{1}{3}\overline{mv^2}.$$

因为动能是一个正物理量, 因此温度 T 也是正的. 但是要强调, 不要把温度恒为正看成一条自然定律; 它仅是温度定义本身的一个结论.

我们前面讲过这样定义的温标叫绝对温标. 在这种温标的零度下, 热运动完全停止. 从这个所谓绝对零度算起的绝对温标也叫开尔文温标, 这个温标中的度数用 K 表示.

除开尔文温标外, 实际中还广泛使用另一种温标, 在这种温标中, 温度从水的冰点算起, 约定冰点的温度等于零度. 这种温标叫做摄氏温标, 摄氏温标的度数用 °C 表示.

为了把一种温标的温度转换到另一种温标, 必须知道水的冰点等于绝对温度多少度. 根据现代的测量结果, 这个温度为 273.15 K. 换句话说, 按照摄氏温标, 绝对零度的温度为 −273.15 °C.

下面我们用字母 T 表示绝对温度, 如果用到摄氏温标的温度, 则用字母 t 表示. 显然, $T = t + 273.15°$.

人们常说某个实验是在室温下做的, 意思是实验是在 20 °C (即大约 293 K) 的温度下做的. 注意到下面这点是有用处的: 若用电子伏为单位量度, 这个温度大约是 1/40 eV.

可以用出现在温度定义里的 $\overline{v^2}$ 这个量的平方根描述粒子热运动的速度; 这个平方根通常就简单叫热速度, 用 v_T 表示:

$$v_T = \sqrt{\overline{v^2}} = \sqrt{\frac{3kT}{m}}.$$

这个式子依据式中质量的大小决定了原子、分子或布朗粒子的热速度. 用于分子时将式子形式作些修改会更方便. 将根号下的表示式乘以和除以阿伏伽德罗常量, 并注意乘积 mN_0 是物质的分子量 μ,

$$v_T = \sqrt{\frac{3N_0kT}{\mu}} = 15.8 \times 10^3 \sqrt{\frac{T}{\mu}} \frac{\text{cm}}{\text{s}}.$$

于是, 室温下氢分子 (H_2, $\mu = 2$) 的热速度等于 $1.9 \times 10^5 \dfrac{\text{cm}}{\text{s}}$, 即大约 $2 \dfrac{\text{km}}{\text{s}}$.

我们看到, 热速度与温度的平方根成正比, 与粒子质量的平方根成反比. 后一关系使分子的热运动非常剧烈, 作布朗运动的微观粒子的热运动仍较显著, 大质量物体的热运动则完全难以觉察.

再次回到前面给出的温度定义. 必须强调, 这个定义完全建立在经典力学基础上. 它断言的温度与粒子的热运动能量之间的定量关系只有当粒子的热运动可以用经典力学描述时才成立. 人们看到, 随着温度降低粒子的能量减小, 经典力学适用的条件迟早不再成立, 经典力学必须由量子力学代替. 粒子的质量越小, 粒子的运动受作用在粒子上力的制约程度越高, 这种情况发生得越早. 气体分子的平移运动实际上与自由粒子的运动相同, 这种运动总可以当经典运动处理. 分子内原子运动的特征则是在一个 "势阱" 中某一平衡位置附近的小振动; 经典力学很早就开始不适用于这种运动 (我们将在 §57 和 §58 回到这个问题).

前面我们提到, 绝对零度温度下不再有热运动. 但是, 这个结论并不意味着物体内粒子停止了一切运动. 按照量子力学, 粒子运动任何时候也不会完全停止. 即使在绝对零度下分子内的原子必定还作某种振动, 或原子保持在固体晶格格点周围振动. 这种运动叫做零点振动, 它是一种量子现象, 这种运动的能量大小是一个物体量子本性的量度. 比较粒子的热运动能量与它们的零点运动能量可以作为经典力学对它们适用性的判据: 如果粒子热运动能量与零点能相比足够大, 经典力学便适于描述这种粒子的热运动.

"零点运动" 最突出的实例是最轻的粒子电子在原子内的运动, 甚至在绝对零度温度下它也完全维持了这种运动. 电子在原子内的运动具有纯量子本性. 由于这种运动的能量比较高, 物体的温度对它影响很小. 只是温度很高 (好几千度的数量级) 时, 原子的热运动才对它的电子壳层产生显著影响.

§51　压强

气体 (或液体) 由于自身粒子的热运动对盛放它的容器器壁施加一个压强. 气体分子与容器壁碰撞传给器壁若干动量, 单位时间里物体动量的变化确定了作用在物体上的力.

气体 (或液体) 作用在单位面积容器壁上的力给出压强的大小, 我们用字母 p 表示压强. 压强的量纲是力的量纲除以面积的量纲. 它可以表示为各种不同形式:

$$[p] = \frac{\text{dyn}}{\text{cm}^2} = \frac{\text{erg}}{\text{cm}^3} = \frac{\text{g}}{\text{cm} \cdot \text{s}^2}.$$

特别是, 我们注意到压强的量纲与单位体积内能量的量纲相同.

CGS 单位制内量度压强的单位是 1 dyn/cm², 即 1 dyn 的力作用在 1 cm² 面积上. 但是, 这个单位太小了. 比它大 10^6 倍的单位叫巴 (bar),

$$1 \text{ bar} = 10^6 \text{ dyn/cm}^2 = 10 \text{ N/m}^2.$$

在 1 cm² 面积上作用 1 kgf 的压强叫做 1 个工程大气压 (at):

$$1 \text{ at} = 1 \text{ kgf/cm}^2 = 0.981 \text{ bar}.$$

与上述定义不同, 1 个标准大气压 (atm) 是指高 760 mm 的汞柱 (在一定的汞密度和标准的重力加速度值下) 对应的大气压强; 它等于

$$1 \text{ atm} = 1.013 \text{ bar} = 1.033 \text{ at}.$$

对应于 1 mm 汞柱的压强是

$$1 \text{ mm 汞柱} = 1.333 \times 10^{-3} \text{ bar}.$$

把物体当作整体研究其性质, 不考虑它的分子结构的详情细节 (物体性质当然与其分子结构有关), 这种性质叫物体的宏观性质. 温度和压强是描述

物体宏观状态的重要物理量. 属于这类的物理量还有物体的体积 (用字母 V 表示). 但是这三个量不独立. 比如, 若有若干气体封闭在某一体积的容器中, 气体有某一温度, 那么, 气体将自动处于某个压强; 改变体积或温度, 从而也改变了气体的压强.

于是, p、V、T 三个量中, 只有两个可以随意给定, 第三个量是前两个的函数. 可以说, 物体的热学性质, 由这三个量中任何两个量完全确定. 一个物体的压强、体积和温度相互的函数关系, 叫做此物体的状态方程, 是描述物体热学性质的重要关系之一.

只有对最简单的物体才能从理论上确定这种函数关系的形式 (见 §53). 实践中必须通过实验测量这种函数关系, 测量结果可以用图表示. 由于讨论的是三个量之间的相互关系, 最完善的表示是以 p、V 和 T 为轴的三维坐标系中的一个曲面. 但是, 由于三维作图在实际上很不方便, 一般只画一张平面图, 图上给出此曲面与平行于某一坐标面的一系列平面相交的曲线族. 于是, 让这个曲面与平行于 p–V 坐标平面 (即垂直于 T 轴) 的一族平面相交, 就得到表示不同温度下压强对体积依赖关系的曲线族. 这族曲线叫等温线. 用类似的方式, 可以构建等压线族 (表示确定 p 值下 V 对 T 的依赖关系) 和等容线族 (确定的 V 值下 p 对 T 的依赖关系).

§50 中说过, 互相接触的物体之间的能量交换将一直继续, 直到它们的温度变成相等建立热平衡为止. 一个物体系的热平衡态定义为这样一个状态: 在此状态下, 系统中不发生任何自发的热过程, 系统的一切部分彼此相对静止, 不作任何宏观运动 (有别于物体内部粒子的微观热运动). 现在我们可以补充: 在平衡态中, 一切相互接触的物体, 不仅温度, 而且它们的压强也必定相同, 否则作用在物体上的总力不为零, 物体将开始运动.

在通常的条件下物体压强为正, 即其方向指向物体试图膨胀的方向. 但是事情并不必然如此, 也可能有负压状态, 在负压态中, 物体似乎被 "拉伸" 了, 因此趋向于收缩. 液体的拉伸状态可以这样实现: 将小心提纯的液体加热后封入厚壁毛细管. 当毛细管冷却时, 若管壁收缩比液体慢, 液体就会只占据毛细管内体积的一部分. 但是, 液体附着在毛细管管壁上, 因此被拉伸到毛细管全部体积中. 另一方法是将液体置于两端开口的玻璃毛细管中, 然后将玻璃管绕其中心线迅速旋转. 液体被离心力拉伸, 当转速达到某一值, 液体最后碎裂, 被甩出毛细管. 用这些方法可得到可观的负压强: 在水中 (室温下) 达到 280 atm, 酒精中达到 40 atm, 苯中达到 160 atm, 等等. 可以认为这些值描述了液体抗拒碎裂的 "牢固性".

§52　物质的聚集态

为了对物体的热学性质作最一般的描述, 我们使用聚集态 (简称物态) 的概念: 气态、液态和固态.

物质在气态变得很稀薄, 它的分子彼此距离相当远, 比分子的固有尺寸大得多. 因此, 气体中分子间相互作用处于次要地位, 大部分时间里分子自由运动, 相互碰撞非常罕见. 在液体中分子比较靠近, 分子间距离与分子的固有尺寸可以相比, 因此不断受到强烈的相互作用, 它们的热运动非常复杂紊乱.

通常条件下液体和气体的密度相差很大, 区分它们毫无困难. 但实际上这两种物态之间并没有原则性的区别, 仅存在定量的差异, 即仅存在密度值和由此而来的分子间相互作用强度的差异. 液态和气态没有原则性区别特别清楚地表现在: 液态和气态间的转变原则上可以完全连续地发生, 我们无法找到一个时间瞬刻, 说此刻这个物态终结, 另一物态开始 (我们将在 §69 详细讨论这点).

液体与所谓非晶固体之间的差别也只是量的差异; 非晶固体包括玻璃、各种树脂等. 液体与非晶固体间没有原则性差异, 这也清楚表现在两种物态的一种可以连续转变到另一种. 这种转变通过简单加热就可以实现. 比如, 固态玻璃加热逐渐变软, 最后完全变为液态; 这个过程是完全渐进的, 不存在特定的 "转变点". 非晶固体的密度与从它得出的液体差别很小. 它们之间的主要差异是黏性的大小, 即流动的难易程度 (我们在 §118 回到这个问题).

气体、液体和非晶固体的共同性质是在它们内部分子分布是无规的. 这使得这些物体各向同性, 即它们的性质在一切方向上相同. 各向同性使这些物体完全不同于各向异性的晶体, 晶体中原子以规则方式排列.

固体中原子的热运动是在某些平衡位置附近的小振动. 晶体中的平衡位置是晶格的格点 (上一章我们对这方面的讨论不完全精确. 那里提到格点时把它当作原子核的位置, 而不是原子核在其附近振动的点). 虽然固体中的热运动比气体和液体中的更为 "有序" (原子离格点不远), 它在下面的意义上仍是随机的: 不同原子振动的振幅和相位不同, 相互毫无联系.

几乎一切固体都是晶体. 但是只有不多的一些在其全部体积内维持规则的结构构成单块的晶体, 这种晶体叫单晶; 单晶只能在特别的生长条件下生成.

结晶固体通常以多晶体的形式存在, 一切金属都归属这一类. 这类固体由大量微晶或晶粒组成, 大小通常是微观尺寸的数量级. 例如, 金属中微晶尺寸的大小为 10^{-5} 至 10^{-3} cm 的数量级 (主要由金属的生成和加工方法决定).

多晶体内单个微晶的相对位置和取向通常完全无规. 由于这个原因, 在比微晶大很多的尺度上考虑这种材料时, 它是各向同性的. 从以上的讨论得知, 多晶体这种各向同性性质, 与它们真实的分子本性的各向异性 (表现在单个微晶的各向异性中) 相反, 是一种派生性质.

经过某种特殊的生长方法或受各种加工方式的影响, 可以得到这样的多晶材料, 其中微晶的某一晶向占优. 这时我们说这种材料具有某种织构. 比如在金属中, 不同的冷加工方法引起的变形可能产生织构. 这些材料的性质当然是各向异性的.

§53 理想气体

非常稀薄的气体, 分子间实际上没有任何相互作用. 这种气体的热学性质最简单. 可以忽略分子间相互作用的气体, 叫理想气体.

但是, 别以为理想气体的分子之间完全没有相互作用. 相反, 理想气体的分子相互碰撞, 这些碰撞对气体的某些热学性质非常重要. 但是这种碰撞发生得相当稀少, 大部分时间里气体分子像自由粒子一样运动.

我们来推导理想气体的状态方程, 即它的压强、体积和温度之间的关系.

想象气体被封在一个直角平行六面体容器内, 假设器壁是 "理想反射面", 即器壁反射撞上来的分子, 反射角等于入射角, 速度大小不变 (图 7.1 中 v 和 v' 是分子在碰撞前和碰撞后的速度; 它们大小相同, 与器壁成同样大小的角度 α). 作这些假设纯粹是为了简单; 显然, 气体的内部性质既不依赖容器的形状, 也与器壁的属性无关.

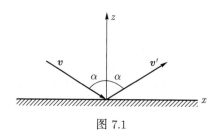

图 7.1

气体作用在容器壁上的压强可以通过确定单位时间里撞击器壁的分子交给器壁的动量来求. 由于碰撞中改变的只是垂直于器壁的速度分量 v_z, 并且只是变号, 于是一次碰撞传递的动量等于 $mv_z - (-mv_z) = 2mv_z$, m 是分子的质量. 分子自由运动时, 穿越相对两壁间距离 (设为 h) 的时间为 h/v_z, 于是它返回前一壁的时间为 $2h/v_z$. 因此, 单位时间里, 每个分子与一面壁总共碰撞 $v_z/2h$ 次, 通过碰撞传给器壁的动量等于 $2mv_z \dfrac{v_z}{2h} = \dfrac{mv_z^2}{h}$. 作用于器壁的总力 F_z 是单位时间里器壁从所有气体分子得到的动量,

$$F_z = \frac{1}{h} \sum mv_z^2,$$

其中符号 $\sum$ 代表对一切分子求和.

若容器内有 N 个分子, 那么上述求和可以写成 N 乘平均值 $\overline{mv_z^2}$ 的形式. 但是因为对于气体一切方向完全等价, 因此 $\overline{mv_x^2} = \overline{mv_y^2} = \overline{mv_z^2}$, 并且, 由于 $v_x^2 + v_y^2 + v_z^2 = v^2$, 有

$$\overline{mv_z^2} = \frac{1}{3}\overline{mv^2}.$$

于是得到

$$F_z = \frac{1}{h}\frac{N}{3}\overline{mv^2}.$$

将 F_z 换成 pS, p 是气体的压强, S 是器壁的面积, 并注意到 hS 是长方体的体积 V, 得

$$pV = \frac{1}{3}N\overline{mv^2} = \frac{2}{3}N\overline{\frac{mv^2}{2}}.$$

但是按照温度的定义, 分子动能的平均值等于 $\frac{3}{2}kT$; 因此最终得到下面的理想气体状态方程:

$$pV = NkT.$$

这个方程具有普适性, 它不含任何由气体本性决定的物理量. 这是忽略分子之间的相互作用, 从而剥夺了气体的 "个性" 的自然结果.

取两种不同的理想气体, 在相同的压强和温度下, 它们占据相同的体积. 这时两种气体的分子数应当相同. 这叫阿伏伽德罗定律. 特别是, 在标准条件下, 即温度为 0 °C、压强为 1 个大气压时, 1 cm³ 任何理想气体含有

$$L = \frac{pV}{kT} = \frac{1.013 \times 10^6 \times 1}{1.38 \times 10^{-16} \times 273} = 2.7 \times 10^{19} \text{ 个分子}$$

(这个数有时叫洛施密特常量).

一团气体中的分子数可写为 $N = \nu N_0$, ν 是气体的物质的量 (单位为摩尔, 单位符号为 mol), N_0 是阿伏伽德罗常量. 于是状态方程可表示为

$$pV = \nu RT,$$

其中 $R = kN_0$ 叫做气体常量. 特别是, 对 1 mol 气体, 有

$$pV = RT.$$

将 k 和 N_0 的数值相乘, 得

$$R = 8.314 \times 10^7 \frac{\text{erg}}{\text{K} \times \text{mol}} = 8.314 \frac{\text{J}}{\text{K} \times \text{mol}},$$

若用卡为能量单位, 则 R 非常近似等于 $2\frac{\text{卡}}{\text{度} \times \text{摩尔}} = 2\frac{\text{cal}}{\text{K} \times \text{mol}}$; 若气体压强用大气压为量度单位, 体积量度单位用升 (liter, 简写为 L), 则

$$R = 0.082 \frac{\text{升} \times \text{大气压}}{\text{度} \times \text{摩尔}} = 0.082 \frac{\text{L} \times \text{atm}}{\text{K} \times \text{mol}}.$$

从这个值容易求得, 压强为 1 个大气压、温度为 0 °C 时, 1 mol 气体体积为

$$V = \frac{RT}{p} = \frac{0.082 \times 273}{1} = 22.4 \text{ L.}$$

恒定温度下, 给定量气体的体积与压强的乘积大小恒定:

$$pV = 常量, \quad 当 T = 常量时.$$

这是著名的玻意耳 – 马略特定律.

从理想气体的状态方程还推得, 处于确定压强下的一团气体, 其体积与气体的绝对温度成正比:

$$\frac{V}{V_0} = \frac{T}{T_0}, \quad 当 p = 常量时.$$

这里 V 和 V_0 是气体温度为 T 和 T_0 时的体积. 同样

$$\frac{p}{p_0} = \frac{T}{T_0}, \quad 当 V = 常量时.$$

这些重要关系式表明, 无须测量分子的速度和能量, 用理想气体的以上性质也能构建绝对温标.

若 T_0 是水的冰点温度, 引进摄氏温标的温度 t 代替气体的绝对温度 $T(T = 273 + t)$, 那么气体体积与温度的上述关系可写为

$$V = V_0 \left(1 + \frac{t}{273} \right), \quad 当 p = 常量时.$$

这叫盖吕萨克定律, 按照这个定律, 气体每加热 1 °C, 其体积增加 0 °C 时体积的 1/273.

推导理想气体的状态方程时, 我们没有假设气体的全部分子都相同. 因此这个方程对由不同理想气体混合得到的气体也成立, 这也是忽视分子相互作用的自然结果. 这时只需将 N 理解为气体分子的总数, 即各种分子数目之和: $N = N_1 + N_2 + \cdots$, 其中 N_i 是第 i 种分子的个数. 将气体状态方程改写为下面的形式:

$$pV = N_1 kT + N_2 kT + \cdots,$$

并注意到, 若整个体积 V 只由第 i 种分子占据, 则压强 p_i 满足关系式 $p_i = N_i kT$, 我们得到结论

$$p = p_1 + p_2 + \cdots,$$

即混合气体的压强等于各个分压强之和, 每个分压强由混合气体的一种成分单独占据全部体积时产生 (道尔顿定律).

§54 外力场中的理想气体

考虑处于外力场、例如重力场中的一团理想气体. 因为这时有外力作用于气体分子, 气体的压强不是处处一样, 而是各点不同.

为简单起见, 研究外场力方向固定的情形, 取力的方向为 z 轴. 考虑两块垂直于 z 轴的单位面积, 分隔距离 $\mathrm{d}z$. 若这两块面积上的气体压强分别为 p 和 $p + \mathrm{d}p$, 那么压强差显然必定等于作用在底为单位面积、高为 $\mathrm{d}z$ 的长方体内气体粒子上的总力. 这个力等于 $Fn\mathrm{d}z$, 其中 n 是分子密度 (单位体积内的分子数), F 是作用于坐标为 z 的点上的一个分子的力. 因此

$$\mathrm{d}p = nF\mathrm{d}z.$$

力 F 与分子的势能 $U(z)$ 的关系为 $F = -\dfrac{\mathrm{d}U}{\mathrm{d}z}$, 于是

$$\mathrm{d}p = -n\mathrm{d}z\frac{\mathrm{d}U}{\mathrm{d}z} = -n\mathrm{d}U.$$

因为假设气体是理想气体, $pV = NkT$. 注意 $N/V = n$, 此式可改写为 $p = nkT$. 假设各点气体温度相同. 于是

$$\mathrm{d}p = kT\mathrm{d}n.$$

令此式与前面得到的表示式 $\mathrm{d}p = -n\mathrm{d}U$ 相等, 得

$$\frac{\mathrm{d}n}{n} = \mathrm{d}(\ln n) = -\frac{\mathrm{d}U}{kT}.$$

由此

$$\ln n = -\frac{U}{kT} + 常量时,$$

最后得到

$$n = n_0 \mathrm{e}^{-\frac{U}{kT}}.$$

其中 n_0 是一常量, 它显然是 $U = 0$ 的点上的分子密度.

得到的公式将气体密度的变化与气体分子的势能相联系, 叫玻尔兹曼公式. 压强与密度只差一个常因子 kT, 因此对压强类似的公式也成立

$$p = p_0 \mathrm{e}^{-\frac{U}{kT}}.$$

地球表面附近的重力场中, 高度 z 处的分子势能为 $U = mgz$, m 是分子的质量. 因此, 若气体的温度与高度无关, 那么高度 z 处的压强与地球表面的压强通过下式联系:

$$p = p_0 \mathrm{e}^{-\frac{mgz}{kT}}.$$

这叫气压公式. 它写成下面的形式用起来更方便:

$$p = p_0 \mathrm{e}^{-\frac{\mu gz}{RT}}.$$

其中 μ 是气体的分子量, R 是气体常量.

这个公式也可用于混合气体. 由于理想气体的分子之间实际上没有相互作用, 各种气体可以分别单独处理, 每种气体的分压强有相似的公式.

气体的分子量越大, 其压强随高度的增加而减小得越快. 因此, 随着高度增加, 大气中包含更多的轻气体成分. 例如, 大气中的氧气含量比氮气含量随高度减小得更快.

但是必须注意, 气压公式对真实大气的适用性非常有限, 因为大气实际上并不处于热平衡, 并且它的温度随高度改变.

如果我们试图把玻尔兹曼公式用于离地球任意距离的大气, 从它可以得出有趣的结论. 离地球表面很远的地方, 粒子势能 U 不能取为 mgz, 而应取

精确值

$$U = -G\frac{Mm}{r},$$

其中 G 是引力常量, M 是地球的质量, r 是到地心的距离 (见 §22). 把这个能量代入玻尔兹曼公式, 得到以下的气体密度表示式:

$$n = n_\infty \mathrm{e}^{\frac{GMm}{kTr}},$$

式中用 n_∞ 表示 $U = 0$ 的地方 (即离地球无穷远处) 的气体密度. 令 r 等于地球半径 R, 得到地球表面大气密度 n_E 与距离无穷远处大气密度 n_∞ 的关系

$$n_\infty = n_\mathrm{E}\mathrm{e}^{-\frac{GMm}{RkT}}.$$

按照上式, 与地球距离无穷远处的大气密度不为零. 但是, 这个结论是荒谬的, 因为大气源自地球, 有限量的气体不可能布满一个无穷体积, 使其密度处处不为零. 我们之所以得到这个结论, 是因为我们暗中假设了大气处于热平衡态, 而事实上不存在这样的热平衡态. 但是, 这个结果表明, 引力场不能将气体维系在平衡态, 因此大气将不断逃逸到太空. 对于地球的情况, 这种逃逸极其缓慢, 在地球存在的全部时间里, 地球没有丢失它的大气的大部分. 但是, 对月球, 情况就大不一样了. 它的重力场弱得多, 大气丢失得非常快, 结果现在月球上已经没有大气了.

§55 麦克斯韦分布

热速度 v_T 是粒子热运动的某种平均属性. 在实际中, 不同的分子以不同的速度运动, 我们可以提出分子如何按速度分布的问题: 在物体全部分子中 (平均而言) 具有某一特定速度的分子有多少?

下面对处于热平衡的理想气体求解这个问题. 为此, 考虑均匀重力场中一个气体柱, 首先考查分子关于一个速度分量即铅直分量 v_z 的分布. 令

$$nf(v_z)\mathrm{d}v_z$$

表示单位体积气体中这个速度分量处于 v_z 和 $v_z + dv_z$ 之间的无穷小区间中的分子数, 其中 n 是此体积中分子总数, 于是函数 $f(v_z)$ 决定了速度为特定值 v_z 的分子所占份额.

我们考虑高度为 z、厚度为 dz 的一层无穷薄的气体中速度在 dv_z 区间内的分子. 这一层的体积也是 dz (若气体柱的底面为单位面积), 因此考虑的分子数等于

$$n(z)f(v_z)dv_z dz,$$

其中 $n(z)$ 是高度 z 处的气体密度. 这些分子像自由粒子一样运动 (这里可以忽略理想气体内的碰撞), 随着时间流逝, 它们迁移到另一高度 z', 厚度变成 dz', 速度在某个 v_z' 与 $v_z' + dv_z'$ 之间的区间内. 由于分子的数目不变, 我们有

$$n(z)f(v_z)dv_z dz = n(z')f(v_z')dv_z' dz'.$$

在重力场中运动时速度的水平分量 (v_x, v_y) 保持不变, v_z 的变化由能量守恒定律决定, 能量守恒给出

$$\frac{mv_z^2}{2} + mgz = \frac{mv_z'^2}{2} + mgz'.$$

在给定的常数值 z 和 z' 下对上式求微分, 我们得到处于 z 和 z' 高度上的分子铅直速度所占区间 dv_z 和 dv_z' 的关系

$$v_z dv_z = v_z' dv_z',$$

两层的厚度 dz 和 dz' 通过下面的关系式相联系

$$\frac{dz}{v_z} = \frac{dz'}{v_z'};$$

它简单地表示: 在高度 z 上分子穿过薄层 dz 所用的时间 $dt = dz/v_z$ 里高度 z' 上分子走过的距离 $dz' = v_z' dt$. 将上面二式逐项相乘, 得

$$dv_z dz = dv_z' dz'.$$

因此, 在上述的分子数恒定的条件里, 等式两边的微分互相约去, 得

$$n(z)f(v_z) = n(z')f(v_z'),$$

但是由气压公式有

$$\frac{n(z)}{n(z')} = e^{\frac{-mgh}{kT}},$$

其中 $h = z - z'$ 是高度差, 于是

$$f(v_z') = f(v_z)e^{\frac{-mgh}{kT}}.$$

所以, 将 $\frac{mv_z^2}{2}$ 换为

$$\frac{mv_z'^2}{2} = \frac{mv_z^2}{2} + mgh$$

时, 所求的分布函数必须乘 $e^{\frac{-mgh}{kT}}$. 具有这种性质的函数只有指数函数

$$f(v_z) = 常量 \times e^{-\frac{mv_z^2}{2kT}}.$$

(注意, 这个公式里不出现重力加速度. 理当如此, 因为气体分子速度分布的产生机制来自分子间碰撞, 并不依赖外场. 前面的推导中场只起辅助作用, 引入这个场后可将速度分布与已知的玻尔兹曼公式联系起来.)

我们得到了分子关于一个速度分量的平衡分布. 显然, 同时具有确定的全部三个速度分量值的分子在全体分子中占的份额, 应由分别具有每个速度分量确定值的分子所占份额相乘得出. 换句话说, 完整的分布函数是

$$f(v_x, v_y, v_z) = 常量 \times e^{-\frac{mv_x^2}{2kT}} e^{-\frac{mv_y^2}{2kT}} e^{-\frac{mv_z^2}{2kT}}.$$

将指数相加, 并注意 $v_x^2 + v_y^2 + v_z^2 = v^2$ 是速度大小的平方, 最终得到

$$f = 常量 \times e^{-\frac{mv^2}{2kT}}.$$

于是, 气体中速度分量在 v_x, v_y, v_z 与 $v_x + dv_x, v_y + dv_y, v_z + dv_z$ 之间区间里的分子数目 dN 为

$$dN = 常量 \times e^{-\frac{mv^2}{2kT}} dv_x dv_y dv_z.$$

常量系数由下述条件决定: 一切可能的速度值的分子总数等于气体中分子数目 N; 常系数值暂不给出. 这个公式叫麦克斯韦分布公式.

　　注意这个公式与空间有外力场时的玻尔兹曼密度分布公式相似: 两种情形下都出现一个指数函数形式的因子

$$\mathrm{e}^{-\frac{\varepsilon}{kT}},$$

ε 是分子的能量: 在速度分布情况下为动能 $\dfrac{mv^2}{2}$, 在有外力场的空间分布的情形是势能 $U(x,y,z)$. 这个指数函数因子叫玻尔兹曼因子.

　　给出速度的三个分量 v_x, v_y, v_z 不仅确定了速度的大小, 还确定了速度的方向. 但是分子关于速度方向的分布就是均匀分布, 平均而言, 一切方向上的分子数相同. (这从麦克斯韦分布中只出现速度的绝对值 v 可以看出, 但也可预先得知. 若关于速度方向的分布是非均匀的, 那么气体中就存在某一方向占优势的分子运动. 这意味着气体不是静止的, 而是向某个方向流动.)

　　可以改写麦克斯韦公式, 直接回答气体分子如何随速度绝对值大小分布的问题而不论按速度方向如何分布. 为此, 必须求和使 $v^2 = v_x^2 + v_y^2 + v_z^2$ 为同一值的不同速度分量值 v_x、v_y、v_z 的分子总数. 这通过下面的几何模拟容易做到. 引入一坐标系, 将 v_x、v_y、v_z 之值沿坐标轴标出, 那么乘积 $\mathrm{d}v_x \mathrm{d}v_y \mathrm{d}v_z$ 是一个以 $\mathrm{d}v_x$、$\mathrm{d}v_y$、$\mathrm{d}v_z$ 为边长的无穷小长方体的体积. 我们必须对离原点同一距离的一切体积元求和 (显然 v 是这个坐标系中 "径矢" 之长). 这些体积元占满半径为 v 和 $v + \mathrm{d}v$ 的两个无限接近的球面之间的球壳. 球壳的体积等于球面面积 $4\pi v^2$ 乘以壳的厚度 $\mathrm{d}v$.

　　于是, 将麦克斯韦分布公式中的乘积 $\mathrm{d}v_x \mathrm{d}v_y \mathrm{d}v_z$ 换为 $4\pi v^2 \mathrm{d}v$, 我们就得到速度值在 v 和 $v + \mathrm{d}v$ 之间的分子数:

$$\mathrm{d}N = \text{常量} \times \mathrm{e}^{-\frac{mv^2}{2kT}} v^2 \mathrm{d}v.$$

此式中 $\mathrm{d}v$ 前的表示式是单位速度值区间内的分子数. 它作为 v 的函数的形式见图 7.2. $v = 0$ 时它为 0, 在某一值 v_0 上它到达最大, 速度进一步增大时它很快变到零. 曲线的极大值对应于 $v_0 = \sqrt{2kT/m}$, 比 §50 定义的热速度 v_T 小一些.

　　因为不同分子的速度不同, 故决定平均性质时重要的是搞清楚对什么量求平均. 比如, 速度值一次方的平均值 $\bar{v}$ 就不同于热速度 $v_T = \sqrt{\overline{v^2}}$ (常称它

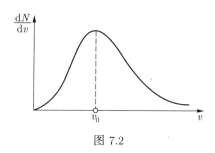

图 7.2

为方均根速度, 以强调它的来源). 用麦克斯韦分布可证明 $\bar{v} = 0.92v_T$.

我们这里给出的麦克斯韦分布是对单原子气体推导的, 但是实际上它可以从更一般的理论论证演绎得到, 是一个普适的结果. 它对一切物体中分子和原子的热运动都成立. 但应强调指出, 麦克斯韦分布建立在经典力学基础上, 因此它的正确性受到量子效应的限制, 像一般情况下经典力学对热运动的适用性受限制一样.

对热运动中速度分布的实验研究可以用分子束以不同的方法进行. 分子束这样得到: 分子从在特种电炉中加热的某种物质射出, 射到一个抽成真空的容器中. 容器抽真空的程度达到使分子在其中运动时几乎不发生碰撞.

这些方法中的一种基于机械选速器的方法描述如下. 在被抽空的容器里, 有两个圆盘绕同一轴转动 (图 7.3). 两个圆盘距离为 l, 每个圆盘沿径向开一缝, 两条缝成一角度 α. 从电炉 F 射出的分子束, 穿过膜片 D 到达圆盘. 一个速度为 v 的分子穿过第一个圆盘上的缝, 将在时间 $t = l/v$ 后到达第二个圆盘. 这段时间里, 圆盘转过一个角度 $\Omega t = \Omega l/v$, Ω 是圆盘的转动角速度. 于是只有那些速度满足 $\Omega l/v = \alpha$ 的分子穿过第二个圆盘上的缝, 在屏幕 S 上留下踪迹. 改变圆盘的转速, 测量屏幕上淀积物质的密度, 可以求出不同速度的粒子所占比率.

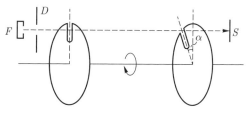

图 7.3

麦克斯韦分布的实验验证, 也可依靠观察分子束在重力场中的偏转完成. 参看图 7.4. 在炉 1 中加热并从一条狭缝射出的铯原子, 进入一抽空容器. 重力使膜片 2 和 3 选出的一个狭窄分子束向下偏转, 由探测器 4 收集. 探测器的形式是一根炽热的水平细钨丝, 可以置放在仪器轴下方不同距离 h 上 (打到钨丝上的铯原子, 离开时成为正离子, 被带负电的金属板收集). 原子偏转的距离 h 取决于它的速度 v (实验中, 对路程长约 2 m 的分子束, 偏转为十分之几毫米). 测量不同偏转距离 h 上原子束的强度, 便知道束中原子按速度的分布.

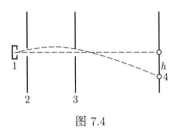

图 7.4

§56　功和热量

物体膨胀时推动它周围的物体, 即对它们做功.

例如, 研究圆柱形容器中活塞下面的气体. 若气体膨胀, 使活塞运动一个无穷小距离 dh, 它对活塞做功 $dA = Fdh$, F 是气体作用在活塞上的力. 但是按照压强的定义 $F = pS$, p 是气体的压强, S 是活塞的面积, 因此 $dA = pSdh$. 注意, Sdh 是气体体积的增加 dV, 最后得到

$$dA = pdV.$$

这个简单而重要的式子决定物体体积有无穷小变化时做的功. 我们看到, 这个功只依赖物体的压强和物体体积的总变化, 与物体的形状无关. (为避免产生误解, 必须指出, 这个结论不适用于固体. 见 §101.)

物体膨胀时 $(dV > 0)$ 功 dA 为正, 这时物体对周围的介质做功. 相反, 物体被压缩时 $(dV < 0)$ 周围物体对此物体做功; 按照我们对 dA 的定义, 这种

情况对应于负功.

用图示方法将一过程表示为 p, V 坐标系中一条曲线, 可以给这个过程中做的功一个直观的几何解释. 例如, 气体膨胀时其压强变化用图 7.5 中曲线 1–2 表示. 体积增大 dV, 气体做的功等于 pdV, 即图中涂斜线的无穷窄矩形的面积. 气体从体积 V_1 膨胀到 V_2 做的总功由元功 dA 之和给出, 即图中曲线和两条竖直边界之间的面积 $12V_2V_1$. 于是, 图中的面积给出物体在所考虑的过程中做的功.

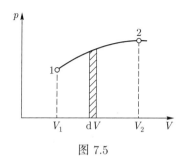

图 7.5

人们常常要和循环过程打交道, 所谓循环过程就是过程终了时物体返回初始状态. 例如, 令气体发生图 7.6 上封闭曲线 $1a2b1$ 代表的过程. 在 $1a2$ 段气体膨胀做功, 做的功由曲线 $1a2$ 下的面积表示. 在 $2b1$ 段气体被压缩, 于是做负功, 其大小等于曲线 $2b1$ 下的面积. 因此, 气体做的总功等于这两块面积之差, 即图中闭合曲线内涂斜线的面积.

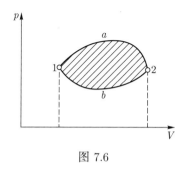

图 7.6

物体从某一体积 V_1 膨胀到体积 V_2 做的总功 A, 当此过程在恒压下发生时功的表示式特别简单. 显然, 这时有

$$A = p(V_2 - V_1).$$

我们再求理想气体等温膨胀做的功. 对 1 mol 气体, 压强 $p = RT/V$; 因此

$$\mathrm{d}A = p\mathrm{d}V = \frac{RT}{V}\mathrm{d}V = RT\mathrm{d}\ln V,$$

因为温度 T 保持不变, 上式可写为 $\mathrm{d}A = \mathrm{d}(RT\ln V)$. 由此可得, 功 A 等于量 $RT\ln V$ 在过程终了时和起始时之差值, 即

$$A = RT\ln\frac{V_2}{V_1}.$$

若物体未从外界获得任何能量, 那么它膨胀做功消耗自己的内能, 物体的内能用字母 E 表示, 它包括物质原子热运动的动能和原子相互作用的势能.

但是, 物体内能在某过程中的变化一般并不与它做的功相同. 问题在于, 物体还可以通过直接从别的物体输送而不是做机械功得到 (或失去) 能量. 通过这种方式得到的能量叫做物体得到的热量; 我们规定, 如果物体获得热量这个量为正, 若失去热量则为负.

于是, 物体内能的无穷小变化由两部分相加而得: 获得热量引起的内能增加 (我们用 $\mathrm{d}Q$ 表示) 和物体做功 $\mathrm{d}A$ 引起的内能减少. 因此我们有

$$\mathrm{d}E = \mathrm{d}Q - p\mathrm{d}V.$$

这个重要的关系式表示了热过程中的能量守恒定律, 因此叫热力学第一定律.

必须强调, 功和热量不仅由物体的初态和末态决定, 还与物体状态变化的路径有关. 由于这个原因, 我们不能说 "一个物体含有的热量", 不能将过程的热效应视为这个量在末态与初态之值的差. 这种说法毫无意义, 这在考虑循环过程时得到特别直观的显示. 这时物体回到初态, 但是物体获得 (或失去) 的总热量并不为零.

只有内能 E 才是所谓的态函数: 在每个确定状态, 物体有确定的能量. 因此物体能量在一个过程中的总变化是仅依赖于末态与初态的物理量 (即这两个状态的能量之差 $E_2 - E_1$). 将这个变化分为热量和功的分法不是唯一的, 依

赖于初态到末态的路径. 特别是, 在循环过程中, 能量总变化为零, 但物体吸收的热量 Q 和物体做的功 A 却不为零, 它们的关系是 $Q = A$.

在热学度量中, 直到不久前仍使用一个特殊的能量单位作为热量的单位, 即卡 (卡路里, 符号为 cal), 其定义为 1 克水温度升高 1 °C 所需的热量. 然而这个定义不精确, 因为水的热容本身就和温度有某种程度的关系. 结果, 卡有不同的定义, 它们的大小有些差别. 卡与焦耳的关系近似为

$$1 \text{ cal} = 4.18 \text{ J}.$$

若物体吸收热量 $\mathrm{d}Q$ 后温度升高 $\mathrm{d}T$, 比值

$$C = \frac{\mathrm{d}Q}{\mathrm{d}T}$$

叫做此物体的热容. 但是, 这个定义本身是不够的, 因为加热物体的热量不仅由温度变化决定, 也与进行加热的其他条件有关; 还必须说明除温度外物体别的性质发生了什么变化. 由于这种非单值性, 热容可以有不同定义.

物理学中用得最多的是所谓定容热容 C_V 和定压热容 C_P, 它们是物体在体积保持不变或压强保持不变的条件下加热的热容.

若体积保持不变, 那么 $\mathrm{d}V = 0$, 于是 $\mathrm{d}Q = \mathrm{d}E$, 即全部热量用来增加物体的内能. 因此我们有

$$C_V = \left(\frac{\mathrm{d}E}{\mathrm{d}T}\right)_V.$$

导数括号外的下标 V 表示求微商在固定的 V 值下进行. 这样标示是必须的, 因为物体的能量一般不只是由温度决定, 还与描述物体状态的其他物理量有关, 求微商的结果取决于假设这些量中哪些不变.

如果加热时压强保持不变, 那么热量不只用来增加内能, 还用来做功. 这时热量的大小可以写成

$$\mathrm{d}Q = \mathrm{d}E + p\mathrm{d}V = \mathrm{d}(E + pV),$$

因为 $p = $ 常量. 我们看到, 热量大小等于下面这个量

$$W = E + pV$$

的变化. 这个量叫做热函数或焓; 它和能量一样, 是物体状态的确定函数. 定压热容可以通过对它求微商得出

$$C_P = \left(\frac{\mathrm{d}W}{\mathrm{d}T}\right)_P.$$

定压热容 C_P 永远大于定容热容 C_V:

$$C_P > C_V.$$

乍看之下, 也许以为这个不等式与物体在等压条件下加热膨胀必定做功有关. 但是事情并非如此, 这个不等式既适用于加热时膨胀的物体, 同样也适用于 (不多的几种) 加热时体积反而缩小的物体. 实际上, 它是热力学的一条普遍原理的结论, 综述如下.

使物体离开热平衡态的外部作用, 会在物体内引发一个倾向于减弱这个作用的效果的过程. 比如, 加热物体引发吸收热量的过程; 相反, 冷却物体引发释放热量的过程. 这个原理叫做勒夏特列 (Le Chatelier) 原理.

想象一物体与外部介质处于平衡, 从外界接受若干热量, 在此过程中它体积不变, 温度上升 $(\Delta T)_V$. 这样加热的结果会改变物体的压强, 破坏平衡条件 (按照平衡条件物体的压强必须等于周围介质的压强). 根据勒夏特列原理, 恢复平衡 (这将恢复到原来的压强) 必将伴随有某种冷却. 换句话说, 传给物体同样的热量, 定压下物体温度的改变 $(\Delta T)_P$ 小于定容下物体温度的改变 $(\Delta T)_V$. 这意味着, 为发生同样的温度变化定压情形需要得到比定容情形更多的热量.

后面我们将多次应用勒夏特列原理, 以判定当另一物理量变化时一个物理量变化的方向.

§57 气体的热容

由于我们假设理想气体的分子之间没有相互作用, 故气体体积改变时分子间平均距离的变化不影响气体的内能. 换句话说, 理想气体的内能只是温度的函数, 而不是体积或压强的函数. 由此可得, 气体的热容 $C_V = \dfrac{\mathrm{d}W}{\mathrm{d}T}$ 也只与

温度有关.

热容 $C_P = \dfrac{\mathrm{d}W}{\mathrm{d}T}$ 的情况也相同, 而且气体这两种热容间有非常简单的关系.

1 摩尔 (mol) 气体的热容叫摩尔热容 (用小写字母 c 表示). 由状态方程 $pV = RT$ 可得, 1 mol 气体的焓与内能有以下的关系:

$$W = E + pV = E + RT.$$

将上式对温度求微商, 得

$$c_P = c_V + R,$$

气体的两种摩尔热容之差 $c_P - c_V$ 等于气体常量 $R = 8.3 \dfrac{\mathrm{J}}{\mathrm{K} \times \mathrm{mol}} = 2 \dfrac{\mathrm{cal}}{\mathrm{K} \times \mathrm{mol}}$.

单原子气体 (如惰性气体) 的热容很容易求. 这时气体的内能简单为粒子平移运动的动能之和. 因为按照温度的定义, 粒子的平均动能等于 $\dfrac{3}{2}kT$, 于是 1 mol 气体的内能

$$E = \frac{3}{2}N_0 kT = \frac{3}{2}RT.$$

因此摩尔热容

$$c_V = \frac{3}{2}R = 12.5 \frac{\mathrm{J}}{\mathrm{K} \times \mathrm{mol}}, \quad c_P = \frac{5}{2}R = 20.8 \frac{\mathrm{J}}{\mathrm{K} \times \mathrm{mol}}$$

我们注意到, 这些值与温度没有关系.

下面会看到, 在许多过程里, 两个摩尔热容 c_P 和 c_V 之比是气体的重要特征, 通常用 γ 表示它:

$$\gamma = \frac{c_P}{c_V}.$$

对单原子气体

$$\gamma = \frac{5}{3} = 1.67.$$

多原子气体的热容比单原子气体复杂得多. 它们的内能由分子平动和转动的动能以及在分子内振动的原子的能量相加而得. 这三种运动形式每一种都对气体的热容作出一定贡献.

回到 §50 给出的温度定义. 分子的平移运动有三个自由度, 可以认为, 每一自由度的平均动能为 $\frac{kT}{2}$. 按照经典力学, 分子的一切自由度都有这一结果, 不论这一自由度属平动还是转动或是分子内原子的振动. 我们还知道, 振动中势能的平均值等于动能的平均值. 于是按照经典力学, 分子内原子的每个振动自由度的热势能也是 $\frac{kT}{2}$. 结果, 一切气体都有恒定的、不随温度变的热容, 完全由分子的自由度数目决定 (即由分子内的原子数目决定).

不过, 在实际情况中只是在温度足够高时分子中原子的振动才对热容有影响. 其原因是这种运动不仅在低温下, 而且在温度相当高时也保持 “零点振动” 特性; 原因在于这些零点振动的能量又比较大. “零点能” 按其本性与温度无关, 因此谈不上对热容有贡献. 比如, 在双原子气体 (氮、氧、氢等) 里, 只有温度达到几千度的数量级时原子在分子内的振动才被完全计入运动. 在较低的温度上, 它们对热容的贡献迅速减小, 室温下实际减到零.

分子转动的零点能很小. 因此从很低的温度开始, 经典力学就适用于这种运动: 对双原子分子, 绝对温度为几度时已适用 (最轻的气体氢例外, 它要求温度达到 80 K 左右经典力学才适用).

于是, 在室温范围内双原子分子的摩尔热容只与分子的平动和转动有关, 很接近它 (基于经典力学) 的理论值

$$c_V = \frac{5}{2}R = 20.8 \frac{\text{J}}{\text{K} \times \text{mol}}, \quad c_P = \frac{7}{2}R = 29.1 \frac{\text{J}}{\text{K} \times \text{mol}}.$$

两个摩尔热容之比 $\gamma = \frac{7}{5} = 1.4$.

注意, 在 “量子” 领域热转动和热振动的平均能量 (因而气体的热容) 不仅依赖温度, 还依赖单个分子的性质 —— 它们的转动惯量和振动频率. (正是由于这个原因, 这些能量与平移运动的能量不同, 不能用来直接定义温度.)

多原子气体的热容的特征更复杂. 多原子分子中的原子可以以不同的零点能作不同类型的振动. 随着温度升高, 这些振动先后一个个 “加入” 热运动, 从而增大气体的热容. 但是, 也有可能永远达不到让一切振动都加入热运动的地步, 因为高温下分子会解体.

再次提醒读者, 上面全部讨论都是对理想气体进行的. 受到强烈压缩时气体的性质与理想气体的性质会有显著不同, 热容也会改变, 因为分子间的相互作用会对内能有贡献.

§58 凝聚态物体

理想气体的热性质的简单性允许我们为一切气体建立一个普遍的状态方程, 这是因为气体中分子间相互作用不重要. 但是在凝聚态物体中分子间的相互作用却极其重要, 由于这个原因, 凝聚态物体的热性质在很大的程度上因物而异, 建立某种普遍适用的状态方程看来是不可能的.

凝聚态物体与气体相反, 可压缩性很小. 通常用压缩系数描述物质的可压缩性, 其定义为

$$\kappa = -\frac{1}{V}\left(\frac{\mathrm{d}V}{\mathrm{d}p}\right)_T.$$

其中体积对压强的导数是在恒定温度下取的, 也就是说, 它描述了一个等温压缩过程 (这个导数是负值 —— 压强增大, 体积缩小. 前面加负号是为了得到一个正值). 显然, κ 的量纲是压强量纲的倒数.

作为例子, 我们给出在室温和大气压下, 几种液体的压缩系数之值 (单位为 bar^{-1}):

水银	$0.4 \times 10^{-5}\ \mathrm{bar}^{-1}$
水	$4.9 \times 10^{-5}\ \mathrm{bar}^{-1}$
酒精	$7.6 \times 10^{-5}\ \mathrm{bar}^{-1}$
乙醚	$14.5 \times 10^{-5}\ \mathrm{bar}^{-1}$

大部分固体的压缩系数更小:

金刚石	$0.16 \times 10^{-6}\ \mathrm{bar}^{-1}$	铝	$1.4 \times 10^{-6}\ \mathrm{bar}^{-1}$
铁	$0.61 \times 10^{-6}\ \mathrm{bar}^{-1}$	玻璃	$2.7 \times 10^{-6}\ \mathrm{bar}^{-1}$
铜	$0.76 \times 10^{-6}\ \mathrm{bar}^{-1}$	铯	$62 \times 10^{-6}\ \mathrm{bar}^{-1}$

为了比较, 我们来求气体的压缩系数. 根据方程 $V = RT/p$, 等温压缩时气体的体积与压强成反比减小. 将此式代入上面给出的 κ 系数的定义, 求微商, 得

$$\kappa = \frac{1}{p}.$$

压强为 1 bar 时, 气体的压缩系数为 1 bar^{-1}.

另一个用来描述凝聚态物体热性质的量是热膨胀系数, 定义为

$$\alpha = \frac{1}{V}\left(\frac{\mathrm{d}V}{\mathrm{d}T}\right)_p;$$

微商括号外的下标 p 表明在恒压下对物体加热.

大部分物体加热时膨胀 (系数 α 为正). 这很自然, 因为增强的热运动使分子离得更开. 但是这条规则也有例外. 例如, 在 0 °C 到 4 °C 这段温度区间里, 水加热时体积减小. 液氦在温度低于 2.19 K 时受热也收缩 (所谓氦 II, 见 §74).

作为例子, 我们给出某些液体的热膨胀系数 (室温下):

水银 1.8×10^{-4} K^{-1}

水 2.1×10^{-4} K^{-1}

酒精 10.8×10^{-4} K^{-1}

乙醚 16.3×10^{-4} K^{-1}

(为了比较, 我们回顾一下气体的热膨胀系数: 将 $V = RT/p$ 代入 α 的定义, 得 $\alpha = 1/T$; 当 $T = 293$ K, $\alpha = 3.4 \times 10^{-3}$ K^{-1}.)

固体的热膨胀系数更小

铁 3.5×10^{-5} K^{-1}

铜 5.0×10^{-5} K^{-1}

玻璃 $2.4 \times 10^{-5} \sim 3.0 \times 10^{-5}$ K^{-1}

殷钢 (一种合金, 其中含铁 64%, 镍 36%) 和熔融石英的热膨胀系数特别小 (殷钢的 $\alpha = 3 \times 10^{-6}$, 熔融石英 1.2×10^{-6}). 这些材料广泛用于制作仪器部件, 我们希望温度变化时仪器的大小尺寸不变.

§45 中曾指出, 晶体 (非立方晶系的) 不同方向上的热膨胀不同. 差异可以很大. 例如, 锌晶体的热膨胀中, 六边形的轴方向上线尺寸的增长是垂直于轴的方向上的 4.5 倍.

凝聚态物体的热容同气体的热容一样通常随温度升高增大.

固体的热容与原子围绕它们的平衡位置作小热振动的能量有关系. 温度升高时这个热容趋于一个极限, 对应于可以用经典力学处理原子振动的情况. 由于原子的运动完全是振动, 它的三个自由度每一个必定对应于平均能量 kT: 其中 $\dfrac{kT}{2}$ 来自平均动能, $\dfrac{kT}{2}$ 来自平均势能 (见上节). 于是固体中每个原子总的平均能量是 $3kT$.

不过, 一种化合物不论多复杂也到达不了这个极限, 因为在此之前物质已经熔化或分解. 通常温度下, 许多元素的热容可以到达此极限值, 1 mol 固体元素的热容大约等于

$$c = 3R = 25\frac{\text{J}}{\text{K} \times \text{mol}} = 6\frac{\text{cal}}{\text{K} \times \text{mol}},$$

有时将这个式子叫杜隆–珀蒂定律.

在讨论固体的热容时, 我们有意不提定压热容与定容热容之间的区别. 通常实验测得的热容是定压热容. 不过固体中, c_P 和 c_V 之间差别一般非常小 (比如, 铁中的 $\gamma = \dfrac{c_P}{c_V} = 1.02$). 这与固体的热膨胀系数小有关.

原因是, 对任何物体, 存在一个将其两个热容之差 $c_P - c_V$ 与其热膨胀系数 α 和压缩系数 κ 联系在一起的普遍关系:

$$c_P - c_V = \frac{T\alpha^2}{\rho\kappa}.$$

(其中 ρ 是物质密度, c_P 和 c_V 是比热, 即 1 g 物质的热容). 我们看到, 比热之差 $c_P - c_V$ 与热膨胀系数 α 的平方成正比.

固体的热容随温度降低而减小, 在绝对零度下趋于零. 这是一条著名的普遍定理 (叫能斯特定理) 的推论. 按照能斯特定理, 温度足够低时, 描述凝聚态物体性质的一切量不再与温度有关系.

特别是, 接近绝对零度时物体的能量和焓不再依赖于温度; 而比热 c_P 和 c_V 是这些量对温度的导数, 因此也趋于零.

由能斯特定理还推得, 当 $T \to 0$ 时热膨胀系数也趋于零, 因为物体体积不再依赖于温度.

第 8 章　热过程

§59　绝热过程

现在我们来研究一些简单的热过程.

气体向真空中膨胀是一个很简单的过程: 气体起初处于容器的一部分之内, 被一隔板与容器的其他部分隔开. 在隔板上开一孔, 于是气体充满整个容器. 因为气体这样膨胀时不做任何功, 它的能量保持不变: 气体膨胀前的能量 E_1 等于膨胀后的能量 E_2:

$$E_1 = E_2.$$

我们知道, 对理想气体, 能量只和温度有关; 因此, 从能量守恒可以推出, 理想气体向真空膨胀时温度也不变. 但性质与理想气体相去很远的气体, 向真空膨胀时温度变化.

另外一种气体膨胀过程叫绝热过程, 它与气体向真空中膨胀的过程很不一样. 绝热过程非常重要, 我们要详细研究它.

绝热过程的特征是, 气体在过程的全部时间里受到与气体自身的压强相等的外压强作用. 绝热过程的另一条件是整个过程期间与外界介质热绝缘, 不从外界获得也不向外界放出热量.

最简单的情况是, 想象一个带活塞的热绝缘圆筒形容器, 里面装着气体, 这些气体作绝热膨胀 (或压缩). 活塞充分缓慢地向外移动, 气体跟在活塞后面膨胀, 每一时刻的压强对应于该时刻气体所占的体积. "充分缓慢" 的意思是活塞移动如此之慢, 使得气体能够成功建立对应于活塞瞬时位置的热平衡. 反之, 若活塞向外移动太快, 气体跟不上它, 活塞下就会出现一个减压区, 留存的气体将膨胀到这个区域 (类似地, 若活塞向内运动太快, 活塞下产生一个升压区); 这样的过程不是绝热过程.

从实际观点看, 这个缓慢移动条件很容易满足. 分析表明, 只有当活塞运动速度达到与气体中的声速可比时, 这个条件才被破坏. 于是在实践中, 实现绝热膨胀首先是满足热绝缘, 它要求过程 "充分快", 使得气体在过程经历的时间里来不及与外界介质交换热量. 显然, 这个条件同上面说的 "充分缓慢" 条件完全不矛盾; 它依赖于容器热绝缘的精密程度, 可以说它仅是次要的特征, 与过程的本质特性没有关系. 由于这个原因, 物理学中认为, 绝热过程首先是要满足 "充分缓慢" 条件, 这个条件是基本的. 我们将在 §62 回头讨论这个条件的作用.

绝热过程中我们已不能断言气体的内能保持不变, 因为气体膨胀时要做功 (或被压缩时要对气体做功). 在关系式 $dQ = dE + pdV$ 中, 对应于热绝缘条件令热量 dQ 等于零, 我们得到绝热过程的普遍方程. 于是, 绝热过程中物体状态的无穷小变化由下面的方程描述:

$$dE + pdV = 0.$$

我们将这个方程应用于理想气体的绝热膨胀 (或压缩). 为了简单, 设所有物理量都是 1 mol 气体的.

理想气体的能量只是温度的函数, 其导数 $\dfrac{dE}{dT}$ 是比热 c_V; 因此在绝热过程方程中可以将 dE 换为 $c_V dT$:

$$c_V dT + pdV = 0.$$

将 $p = RT/V$ 代入, 并将整个式子除以 T, 得到下面的关系:

$$c_V \frac{dT}{T} + R\frac{dV}{V} = 0.$$

进一步假设气体的热容在我们感兴趣的温度范围里是常量 (对单原子气体永远正确, 对双原子气体这也在很宽的温度区间内成立). 于是上面得到的关系可改写为

$$d(c_V \ln T + R \ln V) = 0,$$

由此

$$c_V \ln T + R \ln V = 常量,$$

或写成指数形式,

$$T^{c_V} V^R = 常量.$$

最后, 由于理想气体有 $c_P - c_V = R$, 取上式的 $1/c_V$ 次方, 得

$$TV^{\gamma-1} = 常量,$$

其中 $\gamma = \dfrac{c_P}{c_V}$.

我们看到, 绝热过程中, 理想气体的温度和体积变化的方式是使 $TV^{\gamma-1}$ 保持不变. 由于 γ 总是大于 1, $\gamma - 1 > 0$, 因此绝热膨胀总是伴随气体的冷却, 绝热压缩总是伴随气体的加热.

将上式与公式 $pV = RT$ 联立, 可推出绝热过程中温度和压强之间类似的关系:

$$Tp^{-\frac{\gamma-1}{\gamma}} = 常量,$$

及压强与体积之间的关系

$$pV^\gamma = 常量,$$

此式叫泊松绝热方程.

气体等温膨胀时, 压强的减小与体积 V 的一次方成反比. 绝热膨胀时, 我们看到, 压强的减小与 V 的 γ 次方成反比, 减小得更快 (因为总有 $\gamma > 1$). 如果在 $p\text{-}V$ 图上用两条曲线——等温线和绝热线 (它们都通过气体初态 p_0, V_0) 表示这两个过程, 绝热线比等温线更陡峭 (图 8.1).

这个性质可以用另一种方式表述. 考虑体积变化作为压强的函数 (即将图 8.1 转 90°), 并用压缩系数 $\kappa = -\dfrac{1}{V} \dfrac{\mathrm{d}V}{\mathrm{d}p}$ (见 §58, 那里我们考虑的是等温情形) 描述这一函数关系. 容易看到, 气体的绝热压缩系数小于其等温压缩系数

$$\kappa_{绝热} < \kappa_{等温}.$$

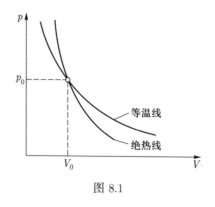

图 8.1

这个不等式在这里是对气体推出的, 实际上它对一切物体都成立. 它是勒夏特列原理的一个推论.

相反, 气体中绝热过程的另一性质 —— 气体被压缩时变热则不是任何物体被绝热压缩时的普适性质. 这也可从勒夏特列原理看出. 如果压缩一个物体而不传给它任何热量 (热量本身影响物体的温度), 那么物体的温度的变化将抗拒压缩. 大多数物体加热时膨胀, 这意味着它们的温度在绝热压缩时升高 (反之, 绝热膨胀时温度降低). 但是从上面的讨论很清楚, 如果物体加热时体积缩小, 那么对它绝热压缩将带来物体的冷却.

§60 焦耳–汤姆孙过程

下面这个过程很重要: 一种气体或液体从一个压强值平稳地过渡到另一压强值时不与周围介质交换热量. 过程平稳的意思是, 整个过渡过程中这两个压强保持不变.

这样的过渡过程一般伴随有气体 (或液体) 以某一非零运动速度流动. 不过, 这个速度可以人为地控制得很小, 办法是让气体经过一个障碍物从一压强过渡到另一压强, 这个障碍物对流动有很大的摩擦 (比方, 一块多孔隔板或一个小孔可以起这个作用).

热绝缘的气体, 在不获得任何可观速度的条件下, 从一个压强到另一压强的平稳过渡, 叫做*焦耳–汤姆孙过程*.

焦耳–汤姆孙过程可以直观图示如下: 处于圆筒形容器中的气体, 穿越多孔隔板 P (图 8.2a, b) 去到隔板的另一边, 隔板两边压强由两个活塞 1 和 2 保持不变, 靠这两个活塞维持所需的压强 p_1 和 p_2.

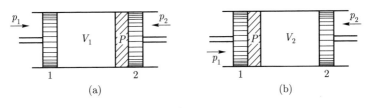

图 8.2

起初, 气体占据活塞 1 与隔板 P 之间的体积 V_1 (图 8.2a). 现在向内移动活塞 1, 向外移动活塞 2, 整个过程中保持作用在活塞上的压强 p_1 和 p_2 不变. 气体以低速穿过多孔隔板后, 最后占据隔板与活塞 2 之间的体积 V_2, 压强为 p_2 (图 8.2b).

既然在这个过程中与周围介质不发生热交换, 活塞做的功必定等于气体内能的变化. 由于气体的压强在过程中保持不变, 因此气体从体积 V_1 流出时, 活塞 1 做的功简单等于乘积 p_1V_1. 穿过隔板的气体对活塞 2 做功. 于是活塞对气体做的总功等于 $p_1V_1 - p_2V_2$, 前已指出, 这个功必定等于气体内能的增加:

$$p_1V_1 - p_2V_2 = E_2 - E_1,$$

其中 E_1 和 E_2 是确定量气体在初态和末态的内能. 因此

$$E_1 + p_1V_1 = E_2 + p_2V_2,$$

或

$$W_1 = W_2$$

其中 $W = E + pV$ 是焓.

于是, 在焦耳–汤姆孙过程中气体的焓保持不变.

理想气体的能量和焓都只与温度有关. 于是从焓相等推得温度相等. 换句话说, 如果是理想气体, 那么发生焦耳–汤姆孙过程后温度不变.

对于实际气体, 焦耳–汤姆孙过程中温度会变, 而且变化可能相当大. 例如, 空气在室温下从压强 200 atm 膨胀到 1 atm, 将冷却大约 40 K.

在足够高的温度下, 一切气体在焦耳–汤姆孙过程中膨胀时都变热, 而在较低的温度 (及不太大的压强) 下, 则在焦耳–汤姆孙过程中膨胀时变冷. 因此存在一个温度 (反转点), 从这一点开始, 焦耳–汤姆孙过程中的温度变化改变符号. 反转点所在的位置与压强有关, 对不同的气体不同. 例如, 空气在室温下在焦耳–汤姆孙过程中变冷; 而为了在氢气中发生这一效应, 必须先把氢冷却到 200 K 以下, 在氦中则必须冷却到 40 K.

焦耳–汤姆孙过程中的温度变化在气体液化技术中得到广泛应用. 这时一般用一个狭窄的开孔 (所谓节流阀) 降低气体的速度, 整个过程叫节流过程.

§61 定常流动

在焦耳–汤姆孙过程中, 气体从一个压强平稳过渡到另一压强, 并人为地依靠摩擦将流动速度减到很小. 但是, 研究此过程得出的结果, 很容易推广到任何以非零速度流动的热绝缘气体 (或液体) 定常流动的情形.

它们之间的差异仅仅在于, 这时已不能忽略气体流动的动能. 对气体做的功增加气体的能量, 不过现在气体的能量不仅包括内能, 还包括气体整体运动的动能.

换句话说, 气体或液体的定常流动满足下述关系

$$\frac{Mv^2}{2} + E + pV = 常量,$$

或

$$\frac{Mv^2}{2} + W = 常量,$$

其中 W 和 M 是确定量物质的焓和质量, v 是流动速度. 上面的方程表明, 对确定质量的物质, 量 $\frac{Mv^2}{2} + W$ 相同, 不论这团物质在定常流中何处.

在必须考虑重力场势能的情形 (液体流动; 气体的重量太小, 实质上不起

作用), 可以类似地写出

$$\frac{Mv^2}{2} + Mgz + E + pV = 常量,$$

其中 z 是液流中一给定点的高度.

假设流动不伴随任何明显的摩擦, 不论是流动物体自身内部的摩擦, 还是来自某种外部障碍的摩擦 (这种情况在某种意义上与焦耳–汤姆孙过程相反, 焦耳–汤姆孙过程中摩擦起重要作用). 在这些条件下, 可以认为不仅流动整体与外部介质热绝缘 (我们一开始就这样约定), 而且运动中物质每一部分相互也热绝缘. 存在明显的摩擦时事情不是这样, 因为流动中摩擦会产生热. 换句话说, 可以认为在运动过程中, 物质每一部分都绝热膨胀 (或压缩).

我们来研究, 在这些条件下气体如何从存储它的容器 (它在容器中的压强 p 不等于大气压 p_0) 中流出. 如果是通过一个足够小的孔流出, 那么可以认为, 容器内气体运动速度为零. 气流外喷的速度由下式决定

$$W + \frac{v^2}{2} = W_0$$

(我们假设质量 M 等于 1 g, 于是 W 和 W_0 分别是容器内和喷流中 1 g 气体的焓). 如果气体是理想气体, 热容与温度无关, 从公式 $C_P = \dfrac{\mathrm{d}W}{\mathrm{d}T}$ 或 $\mathrm{d}W = C_P \mathrm{d}T$ (见 §56) 推得 $W_0 - W = C_P(T_0 - T)$, 于是

$$v^2 = 2C_P(T_0 - T).$$

最后, 喷出的喷流的温度 T_0 可以通过 §59 得到的气体绝热膨胀方程用容器中气体的温度表示. 根据绝热膨胀方程, 乘积 $Tp^{-\frac{\gamma-1}{\gamma}}$ 保持不变:

$$T_0 = T \left(\frac{p_0}{p} \right)^{\frac{\gamma-1}{\gamma}}.$$

最终我们得到下面的决定气体喷出速度的公式:

$$v^2 = 2C_P T \left[1 - \left(\frac{p_0}{p} \right)^{\frac{\gamma-1}{\gamma}} \right].$$

由于液体的压缩系数很小, 液体流动通常不伴随体积的任何明显变化. 换句话说, 可以认为流动的液体不可压缩, 密度不变.

这种液体的 (无摩擦) 定常流动的方程特别简单. 这时由于液体不可压缩 $dV = 0$, 普遍的绝热过程方程 $(dE + pdV = 0)$ 化简为 $dE = 0$. 换句话说, 能量 E 保持不变, 因此可以把它从方程

$$\frac{Mv^2}{2} + E + pV + Mgz = 常量$$

的左边删去. 将删除 E 后的上式除以质量 M, 并注意 M/V 是液体的密度 ρ, 最后得到, 不可压缩液体的热绝缘无摩擦定常流动中下述物理量守恒:

$$\frac{v^2}{2} + \frac{p}{\rho} + gz = 常量.$$

这叫伯努利方程.

作为一个例子, 我们来研究液体在一根变截面管中的流动, 为简单起见, 假设管子是水平放置的, 于是重力对液体运动没有影响, 伯努利方程给出

$$\frac{v^2}{2} + \frac{p}{\rho} = \frac{v_0^2}{2} + \frac{p_0}{\rho},$$

其中 v_0 和 v 是管子任意两个截面上的流速, p_0 和 p 是对应的压强. 如果这两个截面面积为 S_0 和 S, 那么单位时间流过两个截面的液体体积为 $v_0 S_0$ 和 vS, 由于假设液体不可压缩, $vS = v_0 S_0$, 或

$$v = v_0 \frac{S_0}{S},$$

即不可压缩液体在任意截面上的速度与截面面积成反比. 将 v 的这个表示式代入伯努利方程, 得到压强与截面面积的关系

$$p = p_0 + \frac{\rho}{2}(v_0^2 - v^2) = p_0 + \frac{\rho v_0^2}{2}\left(1 - \frac{S_0^2}{S^2}\right).$$

我们看到, 管子宽处的压强, 比管子狭窄处的压强大.

现在我们用伯努利方程求通过一个小孔从容器喷出的喷流的速度. 因为开孔的面积比容器截面面积小得多, 可以忽略容器中液面下降的速度. 还考虑到, 容器中液体表面压强与喷流中的压强相同, 等于大气压, 于是从伯努利方程得到

$$\frac{v^2}{2} + gz_1 = gz_2,$$

其中 v 是流出的喷流的速度, z_1 和 z_2 是容器中液面和液体流出地点的高度; 由此得到

$$v = \sqrt{2gh},$$

其中 $h = z_2 - z_1$. 这个公式叫做托里拆利公式, 它表明, 液体从一小孔流出的速度, 与一物体从高度 h 落下的速度相同, h 即容器中液面在孔之上的高度.

§62 热过程的不可逆性

遵循力学定律发生的实物运动 (也称机械运动) 具有以下性质: 不论哪种运动都存在逆运动, 即发生在空间相同点上、速度与原来的正运动速度大小相同但方向相反的运动. 例如, 在重力场中与水平面成一角度抛射一物体; 它将描绘一条确定的轨道, 落到地面某个地方. 如果从这个地方按物体下落的角度以同样的速度抛射物体, 那么在可以忽略空气摩擦的条件下, 此物体将描绘同一轨道, 只是方向相反, 落到原来的出发点.

机械运动的这种可逆性可以换一种方式表述: 它们相对于过去和未来的互换、即相对于时间变号为对称. 机械运动这种对称性可直接从运动方程本身推出; 实际上, 时间反号使速度也反号, 但运动方程中加速度的符号不变.

热现象情况完全不同. 若发生了某一热过程, 那么一般不可能发生它的逆过程 (即以相反顺序经历同样这些热状态的过程). 也就是说, 一般而言, 热过程不可逆.

比如, 让两个不同温度的物体接触, 较热物体将把热量传递给较冷物体, 它的逆过程 (热量从较冷物体自发地直接传给较热物体) 从来不会发生.

§59 提到的气体向真空膨胀的过程也是不可逆过程. 气体通过隔板的小孔散布到隔板两侧, 若无外界干预, 绝不会自发地重新集中到容器的原来半边内.

普遍地说, 一切不受外界作用的物体系统都趋于热平衡态, 在这个状态里, 各个物体相对静止, 具有相同的温度和压强. 到达这一状态后, 系统不会自动离开此状态. 换句话说, 一切伴随发生趋向于热平衡过程的热现象都是不

可逆的.

例如, 一切伴随有运动物体间摩擦的过程是不可逆过程. 摩擦使运动逐渐减慢 (并使动能转化为热), 趋向一个无运动的平衡态. 特别是由于这个原因, 焦耳–汤姆孙过程是不可逆的, 因为这个过程里气体以很大的摩擦通过障碍物.

在某种程度上, 自然界发生的一切热过程都不可逆. 不过, 有些情况下不可逆的程度很低, 使得可以足够精确地认为这个过程可逆.

从前面的讨论可以看出, 为了达到可逆性, 必须尽可能消除系统中一切通向热平衡的过程. 例如, 必须没有热从较热物体到较冷物体的直接传递, 物体运动必须无摩擦.

高度可逆 (理想情况下完全可逆) 过程的一个例子, 是 §59 描述的气体的绝热膨胀或压缩. 热绝缘条件排除了与周围介质的直接热交换. 活塞运动 "充分缓慢" 则保证了没有气体向真空膨胀的不可逆过程 (一个向外运动太快的活塞后面会发生这种过程); "充分缓慢" 条件的意义正在这里. 无疑, 即使如此, 实际情况里也残留着一些不可逆性 (装气体的容器热绝缘不完善、活塞运动时的摩擦等).

"缓慢" 是可逆过程的一个普遍特征: 这种过程必须如此之慢, 使它涉及的物体在每一时刻都能处于与该时刻的外部条件对应的平衡态 (在气体膨胀的例子中, 气体必须能够跟上活塞, 并且在全部体积内保持均匀). 完全的可逆性只有无限缓慢的理想场合才能达到; 单单由于这一原因, 就使一切以有限大小速度进行的过程不能是完全可逆的过程.

我们已经说过, 一个已处于热平衡的物体系统中若无外界干扰不会发生任何过程. 这个情况可以有另一说法: 不能用处于热平衡的物体做任何功, 因为做功需要有机械运动, 需要把能量转换为物体的动能.

这个极其重要的结论, 即不能从处于热平衡的物体的能量得到功, 叫做热力学第二定律. 我们周围有大量处于接近平衡状态的热能贮藏. 一部能够仅仅依靠处于热平衡的物体的能量工作的发动机, 实际上将成为一种独特的 "永动机". 热力学第二定律排除了构建这种所谓第二类永动机的可能性, 就像热力

学第一定律 (能量守恒定律) 排除第一类永动机的可能性一样 (第一类永动机可以什么都不用, 无需外部能源就做功).

§63 卡诺循环

这样一来, 就只能依靠相互间不处于热平衡的物体系统做功了.

我们想象这样一个系统, 它只含有不同的温度的两个物体. 如果我们让两个物体简单接触, 那么热量将从热物体传到冷物体, 此过程中不做任何功. 热量从热物体传到冷物体是不可逆过程, 这个例子表明了一条普遍规则: 不可逆过程妨碍做功.

如果我们想从手头这两个物体获得尽可能大的功, 我们必须使过程尽可能接近可逆: 避开一切不可逆过程, 只用那些能够同等程度地在两个方向 (正向和逆向) 上进行的过程.

回到我们的二物体系统, 设两个物体的温度分别为 T_1 和 T_2 $(T_2 > T_1)$; 并约定称较热物体为热源, 较冷物体为冷却器. 由于不允许这两个物体直接交换热量, 那么一开始便很清楚, 为了做功, 必须用另一辅助物, 我们称之为工作介质. 我们可以想象此物是一个带活塞的圆柱形容器, 活塞下装有气体.

我们把工作介质中发生的过程画在 p-V 图上 (图 8.3). 设起始时气体温度为 T_2, 其状态用图中的 A 点表示. 现在让工作介质接触热源, 使气体膨胀; 这时气体从热源获得若干热量, 全部时间保持在热源温度 T_2 (假设热源中总热量的量很大, 传给气体少许热量不改变它的温度). 于是气体发生可逆的等温膨胀, 因为热量只在同样温度的两个物体之间传递. 图 8.3 中这个过程用等温线 AB 表示.

下一步挪动工作介质使之离开热源, 与热源热绝缘, 并进一步膨胀, 这次是绝热膨胀. 气体边膨胀边冷却, 直到气体温度下降到冷却器温度 T_1 为止. 这一过程在图中用绝热线 BC 表示, 它比等温线 AB 陡峭, 因为绝热膨胀中, 压强下降比等温膨胀中快.

现在让工作介质接触冷却器, 气体在温度 T_1 下被等温压缩, 从而将若干

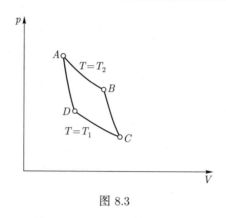

图 8.3

热量传给冷却器. 最后, 将工作介质从冷却器移开, 绝热压缩气体, 回到初态 (为此, 必须恰当选择 D 点, 即等温压缩过程 CD 最后到达的体积).

　　这样, 工作介质经历了一个循环, 回到原来的状态, 但是在此过程中还做了一定数量的功, 由图中曲线四边形 $ABCD$ 的面积表示. 这个功是这样做出来的: 上面那条等温线上, 工作介质从热源得到的热量, 多于下面的等温线上工作介质交给冷却器的热量. 循环过程的每一步都可逆, 因此做的功是可能最大的功 (对于从热源得到的确定热量).

　　上面描述的过程叫卡诺循环. 它表明, 原则上, 用两个不同温度的物体, 可以以可逆的方式做功. 这个功是可能最大的功, 与工作介质的性质无关.

　　做的功与从热源得到的能量大小之比叫热机的效率, 用字母 η 表示. 由上可知, 工作在确定的热源温度和冷却器温度的任何热机中, 卡诺循环的效率是最高的. 可以证明, 它等于

$$\eta_{\max} = \frac{T_2 - T_1}{T_2}.$$

　　于是, 即使一部热机以完全可逆的方式在理想的极限情况下运作, 它的效率也低于 1; 热源取出的能量, 有 T_1/T_2 部分被毫无价值地转化为热, 交给了冷却器. 温度 T_2 越高 (在确定的 T_1 下), 这一部分越小. 温度 T_1 通常是周围空气的温度, 是无法降低的. 因此, 要减小被无效浪费掉的能量份额, 技术追求的目标是让热机在尽可能高的温度 T_2 下工作.

　　由于热机中不可避免地发生的不可逆过程, 真实热机的效率永远小于等

于 $\eta_{\max}$. 热源温度相同、冷却器温度也相同的真实热机与理想热机的效率之比 $\eta/\eta_{\max}$, 可以用来表征一部热机接近理想热机的完善程度. 换句话说, 它是热机做的功与如果热机以可逆方式在给定条件下工作能获得的最大功的比值.

§64 不可逆性的本质

一切热现象最终归结为物体内原子和分子的机械运动. 因此, 乍看之下, 热过程的不可逆性与一切机械运动可逆似乎矛盾. 实际上, 这个矛盾仅仅是表面的.

让一物体在另一物体上滑动. 由于摩擦此运动将逐渐减慢; 最后到达热平衡状态, 运动停下来. 这时运动物体的动能转化为热, 即转化为两个物体的分子无序运动的动能. 显然, 能量转化为热可以通过无数种方法实现: 物体整体运动的动能可以在多个分子之间以多种方式分配. 换句话说, 与大量能量集中为有序运动 (物体整体运动) 动能的状态相比, 没有宏观运动的平衡态实现的方式多得不可胜计.

于是, 从非平衡态过渡到平衡态是从一个只能以较少方式实现的态过渡到一个能够以多得没法比的方式实现的态. 显然, 最概然的物态是能够以最多的方式实现的态 —— 就是热平衡态. 因此, 如果一个孤立系统 (即封闭系统) 在某一时刻不处于平衡态, 那么它随后的行为几乎肯定是向一个能够以非常多的方式实现的态过渡, 即趋于平衡.

反之, 一个封闭系统到达平衡态之后, 极不可能自发离开这个状态.

因此, 热过程的不可逆性具有概率本性. 严格地说, 物体从平衡态过渡到非平衡态并不是绝对不可能, 只是概率比从非平衡态过渡到平衡态小得多罢了. 热过程的不可逆性, 归根结底是由组成物体的分子数目非常之大引起的.

从气体向真空中膨胀的例子已经可以看到物体自动离开平衡态的概率多么小. 容器被隔板分成体积相等的两半, 设气体起初处于半边容器中. 打开隔板上的小孔, 气体将均匀散布到容器的两部分. 没有外力干预, 气体反过来重新回到容器起初的一半永远不会发生. 其原因容易通过简单计算说明. 每个气体分子运动, 平均而言, 在容器两部分消磨相同的时间; 可以说, 发现这个分子处于容器某半边的概率等于 1/2. 如果气体是理想气体, 气体分子互相独立运动. 给定的两个分子同时在容器的某半边的概率是 $\frac{1}{2} \times \frac{1}{2} = \frac{1}{2^2}$; 全部 N 个气体分子都在容器半边的概率等于 2^{-N}. 对比较少量的气体, 比方说, 含 10^{20} 个分子的气体, 这个概率已经非常小了: $2^{-10^{20}} \approx 10^{-3 \times 10^{19}}$. 也就是说, 在用 $10^{3 \times 10^{19}}$ 这个庞大数字表征的时间里大约可以观察到一次这样的事件. 至于这个数字后面的单位是秒还是年已经无所谓了, 因为不论是秒还是年, 甚至地球迄今的寿命, 与这个时间间隔相比都同样很小.

计算表明, 1 erg 热量从温度为 0 °C 的物体自动流到温度 1 °C 的另一物体的概率也是这个小得出奇的数 ($10^{-3 \times 10^{19}}$).

从上面这些例子清楚看到, 热过程可观地自发逆转实质上纯粹是一种不切实际的空想; 它的概率如此之小, 事实上可以认为热过程不可逆是一条原理.

不可逆性的概率本质表现在自然界中存在着自发偏离平衡的情况, 虽然这种偏离很小而且时间很短. 这种偏离叫涨落. 由于涨落, 一个处于平衡的物体的不同小区域中的密度和温度不是保持严格的恒定, 而是发生一些微小波动. 例如, 1 mg 在室温下处于平衡的水的温度, 有数量级为 10^{-3} 度的波动. 还存在一些现象, 涨落在其中起重要作用.

§65 熵

物体的热状态的一个定量特征是可以实现这个态的微观方式的个数, 它描述了这个态进入其他一些态的趋向. 这个数叫做这个态的统计权重, 用字母 Γ 表示. 一个物体如任其自然将趋向于进入统计权重更大的态.

但是, 通常不是用数 Γ 本身, 而是用它的对数并乘以玻尔兹曼常量 k. 这样定义的物理量

$$S = k \ln \Gamma$$

叫做物体的熵.

若系统由比如两个物体组成, 那么系统状态的个数, 显然等于每个物体单独能实现的状态个数 Γ_1 和 Γ_2 之积: $\Gamma = \Gamma_1\Gamma_2$. 于是

$$S = k \ln \Gamma = k \ln \Gamma_1 + k \ln \Gamma_2 = S_1 + S_2.$$

我们看到, 一个复杂系统的熵等于它各部分的熵之和 (正是为了得到这一性质, 我们才在熵的定义中使用对数).

决定热过程的方向的定律可以表述为熵增加定律: 封闭系统内发生的一切热过程使系统的熵增加; 封闭系统的熵在热平衡态达到极大值. 这是热力学第二定律更精确的定量表述. 这个定律是克劳修斯发现的, 玻尔兹曼给出了它的分子动理论解释.

反过来, 可以说, 使封闭系统的熵增加的一切过程是不可逆过程; 熵增加得越多, 不可逆程度越高. 完全可逆过程的理想情形对应于封闭系统的熵保持不变的情形.

统计物理学给出了熵的精确定义, 即 "实现物体的热状态所需的微观方法的个数" 的准确含义. 只有在这之后, 才有可能实际计算不同物体的熵, 并确定它与其他热学量的关系.

更深刻的理论分析允许我们推出一个关系, 这个关系是熵概念的热力学应用的基础. 它将物体状态作无穷小可逆变化时物体的熵的改变 $\mathrm{d}S$ 与物体在这个过程中得到的热量 $\mathrm{d}Q$ 联系起来 (这里说的当然是非封闭系统中的物体, 因此过程的可逆性并不要求它的熵保持恒定). 这个关系的形式是

$$\mathrm{d}S = \frac{\mathrm{d}Q}{T},$$

T 是物体的温度.

$\mathrm{d}S$ 和 $\mathrm{d}Q$ 之间存在联系是非常自然的. 传给物体热量使物体原子的热运动增强, 增大了它们在不同微观运动态上分布的随机性, 因而统计权重增加. 同样自然的是, 给定的热量对物体热状态变化的影响同这个热量与物体的总内能的相对大小有关, 它随物体温度增高而减小.

特别是, 关系式 $\mathrm{d}Q = T\mathrm{d}S$ 导致 §63 已经给出的卡诺循环效率的表示式. 我们看到, 这个过程有三个物体参与: 热源、冷却器和工作介质. 后者在一个循

环末了回到出发状态, 于是它的熵也回到原来的值. 过程可逆的条件——要求系统的总熵值不变——因此归结为冷却器的熵 S_1 与热源的熵 S_2 之和保持不变. 设冷却器在循环中获得少量的热量 ΔQ_1, 而热源交出热量 ΔQ_2. 于是

$$\Delta S_1 + \Delta S_2 = \frac{\Delta Q_1}{T_1} - \frac{\Delta Q_2}{T_2} = 0,$$

由此得 $\Delta Q_1 = \dfrac{T_1}{T_2} \Delta Q_2$. 循环中做的功 $A = \Delta Q_2 - \Delta Q_1$, 因此效率

$$\eta = \frac{A}{\Delta Q_2} = 1 - \frac{T_1}{T_2}.$$

第 9 章   相变

§66   物质的相

液体蒸发或固体熔化属于物理学中称为相变的一类过程. 这类过程的特征是它们是突变. 例如, 冰被加热时, 它的热状态先渐变, 温度到达 0 °C 后, 冰突然开始熔化为液体水, 水与冰有完全不同的性质.

相互间发生相变的物质的状态称为物质的相. 在这个意义上, 物质的各种聚集态 (简称物态, 即气态、液态和固态) 是物质的不同相. 例如, 冰、液体水和水蒸气是水的几种相. 但是, 相的概念比聚集态的概念使用得更广泛些; 我们会看到, 一种聚集态中可以有不同的相.

必须强调, 在说固态是物质的一种不同于液相的特殊的相时, 我们所指的仅仅是结晶的固态. 非晶固体加热变成液体是逐渐软化的过程, 没有任何突变 (这在 §52 已经讲过), 因此非晶固态不是物质的一种特别的相. 于是, 固态玻璃和液态玻璃不是不同的相.

给定压强下从一相到另一相的转变总是发生在一个固定温度. 例如, 在一个大气压下, 冰在 0 °C 开始熔化, 继续加热时温度不变, 直到全部冰变成水. 在这个过程里冰和水同时存在, 互相接触.

这展示了相变温度的另一侧面: 它是两个相发生热平衡的温度. 没有外界干预 (包括外部热量供应), 两相可以在这个温度下无限期共存. 相反, 在高于或低于相变温度的温度下, 只能存在两相之一. 比如, 一个大气压下, 温度低于 0 °C 时只能存在冰, 高于 0 °C 时只能存在液体水.

改变压强, 也改变了发生相变的温度. 即, 发生相变的温度和压强有严格确定的关系. 这个函数关系可以画成以压强 p 和温度 T 为坐标轴的相图 (或物态图) 上的一条曲线.

为明确起见, 我们讨论一个相变例子: 液体和它的蒸气间的相变. 相变曲线 (本例中叫蒸发曲线) 规定了液体与其蒸气能够平衡共存的条件. 这条曲线将平面分成两部分, 一部分对应一个相的单相状态, 另一部分对应于另一相的单相状态 (图 9.1). 本例中, 因为确定压强下高温对应蒸气, 低温对应液体, 因此曲线右边的区域对应气相, 左边区域对应液相. 曲线自身上的点如上所述表示两相共存状态.

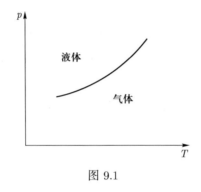

图 9.1

相图不仅可以画在 p-T 平面上, 还可以画在别的坐标系中: p-V, 或 T-V, 这里 V 是给定量物质的体积. 我们取 V 为比体积, 即单位质量的物质所占有的体积 (这时 $1/V$ 是物质的密度).

我们看 V-T 平面内的相图. 设气体的比体积和温度对应于图 9.2 上一点 a. 对气体作等温压缩, 代表气体状态的点沿平行 V 轴的直线向左移动. 在某一确定压强下, 它对应于比体积 V_g (点 A), 开始凝为液体. 进一步压缩这个

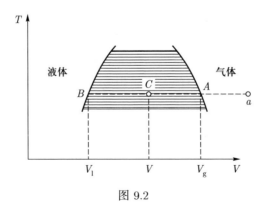

图 9.2

系统, 液体的量增加, 气体的量减少, 最后, 到达某点 B, 物质全部变成液体, 比体积为 V_l.

从液体形成的气体的比体积 V_g 和从气体形成的液体的比体积 V_l 是相变发生的温度的函数. 用适当的曲线表示这两个函数, 我们得到图 9.2 的相图. 图上涂阴影部分的右边和左边的区域对应于气相和液相, 两条曲线之间涂阴影的区域为两相共存区. 把这部分图涂成阴影的水平线有确切的意义: 穿过此区域内一点 C 的水平线与曲线的交点 A 和 B, 决定了共存于 C 点的液体和蒸气的比体积.

线段 AB 上不同的点显然对应于同一种液体和蒸气不同相对份额的平衡. 设在某点 C, 蒸气和液体的相对份额为 x 和 $1 - x$. 于是质量为 1 克的系统的总体积为

$$V = xV_g + (1 - x)V_l,$$

由此

$$x = \frac{V - V_l}{V_g - V_l}, \quad 1 - x = \frac{V_g - V}{V_g - V_l}.$$

两个量之比

$$\frac{x}{1 - x} = \frac{V - V_l}{V_g - V} = \frac{BC}{AC}.$$

我们看到, 蒸气和液体的量与线段 AC 和 BC 的长度成反比, A、B 两点对应于纯蒸气和纯液体 (这个关系叫做杠杆定则).

纵坐标轴为压强而非温度的相图, 外观与图 9.2 完全相似. 我们看到, 这些图不像 p–T 平面的图. 分开为两相的区域在 p–T 图里压缩为一条线, 而在 V–T 图或 V–p 图里却占了一个区域. 之所以有这样的差异, 是由于根据一切热平衡的普遍条件, 处于平衡的物相必定有相同的温度和压强, 但它们的比体积不同.

下表列出一些物质的熔点和沸点 (1 个大气压下):

物质	熔点/°C	沸点/°C
氦 (同位素 ^{3}He)	—	−270.0(3.2 K)
氦 (同位素 ^{4}He)	—	−268.9(4.2 K)
氢	−259.2(14 K)	−252.8(20.4 K)
氧	−219	−183
乙醇	−117	78.5
乙醚	−116	34.5
汞	−38.9	356.6
铅	327	1750
铝	660	2330
NaCl	804	1413
银	961	2193
铜	1083	2582
铁	1535	2800
石英	1728	2230
铂	1769	4000
钨	3380	6000

自然界存在的一切物质中, 氦的液化温度最低 (氦的凝固点将在 §72 中谈到). 一切化学元素中, 钨的熔点和沸点最高.

§67　克劳修斯 – 克拉珀龙方程

物质从一相变到另一相总是要释放或吸收若干热量, 叫潜热或相变热. 液体变为气体的情形下叫汽化热, 固体变为液体的情形下叫熔化热.

因为相变在恒定压强下发生, 从相 1 变到相 2 的相变热 q_{12} 等于物质在这两相的焓 W_1 和 W_2 之差 (见 §56):

$$q_{12} = W_2 - W_1.$$

显然, $q_{12} = -q_{21}$, 即, 若某一相变过程吸收热量, 则相反的相变释放热量.

熔化和蒸发时吸收热量. 它们是一条普遍规则的特殊情况, 根据这条规则, 加热引起的相变总是伴随着热量的吸收. 这条规则也是勒夏特列原理的推论: 加热将引发伴随有吸热的过程, 像是要对抗外界作用似的.

用同一原理可以将 p-T 平面内相平衡曲线的方向与相变中的体积变化相联系.

例如, 考虑液体和蒸气组成的平衡系统, 想象它被压缩, 这使它内部压强上升. 这时系统内应该发生减小工作物质体积的过程, 以减弱压缩的效应. 为此, 蒸气必须凝结, 因为蒸气变为液体时体积总是减小. 这意味着, 从平衡曲线向上走 (图 9.3), 我们必定进入液相区. 另一方面, 这时液体是低温相 (即存在于较低温度下的相). 考虑这一切, 我们得到的结论是, 液–气平衡曲线必定像图 9.3a 中那样, 而不是图 9.3b 中那样: 发生相变的温度必定随压强增大而升高.

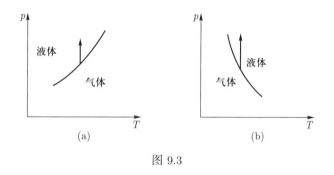

图 9.3

显然, 只要向 "高温" 相的相变增大体积, 转变温度与压强总是有这种关系. 因为绝大多数情况下物体体积在熔化时增大, 熔点一般随着压强增大而升高. 但是, 某几种物质 (如冰、生铁和铋) 熔化时体积变小. 这些物质的熔点随压强增大而降低.

所有这些定性结果都可在联系相平衡曲线的斜率与相变时的相变热和体积变化的公式中得到定量表示.

为推导这个公式, 我们想象用某些量的物质作一个很 "窄" 的卡诺循环, 循环中这些物质在某一压强 p 下从相 2 变到相 1、又在压强 $p + \mathrm{d}p$ 下从相 1

逆向变到相 2 是等温过程. 这些相变在 p–V 相图 (图 9.4) 上用线段 ab 和 cd 表示. 两条侧边 bc 和 da, 严格说来, 应当取绝热线线段, 但是在无限窄循环极限下, 这个差异不重要, 它不影响我们感兴趣的循环面积 (即循环过程中做的功); 显然这个功简单地等于 $(V_2 - V_1)\mathrm{d}p$. 另一方面, 这个功又等于等温线 cd 上耗费的热量 q_{12} 乘卡诺循环的效率. 量 q_{12} 不是别的, 正是从相 1 到相 2 的转变热, 而效率则等于比值 $\mathrm{d}T/T$, $\mathrm{d}T$ 是两条等温线的温差. 于是

$$(V_2 - V_1)\mathrm{d}p = q_{12}\frac{\mathrm{d}T}{T}.$$

由此

$$\frac{\mathrm{d}p}{\mathrm{d}T} = \frac{q_{12}}{T(V_2 - V_1)}.$$

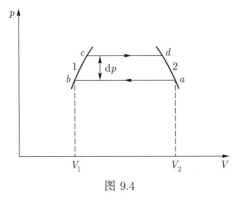

图 9.4

这个公式决定了相平衡曲线 $p = p(T)$ 的斜率, 叫做克劳修斯–克拉珀龙方程. 它也可写成以下形式

$$\frac{\mathrm{d}T}{\mathrm{d}p} = \frac{T(V_2 - V_1)}{q_{12}},$$

这里把转变温度看成压强的函数. 这些公式里, 两相的体积 V_1、V_2 和热量 q_{12} 均属于同样数量 (例如 1 g 或 1 mol) 的物质.

注意微商 $\mathrm{d}p/\mathrm{d}T$ 反比于体积差 $(V_2 - V_1)$. 因为蒸发时体积变化大, 熔化时体积变化小, 所以熔化曲线比蒸发曲线陡得多. 比如, 要将水的沸点降低 1 °C, 将压强减小 27 mm 汞柱已经足够; 而要使冰的熔点有同样变化, 要求压强增大 130 个大气压.

§68 蒸发

与液体处于平衡的蒸气称为饱和蒸气, 它的压强叫饱和蒸气压. 可以认为, 液体 – 蒸气平衡曲线 (图 9.1) 表示饱和蒸气压对温度的函数关系.

饱和蒸气压永远随温度升高而增大. 上面我们看到, 此关系的这一特点与蒸发时物质的体积增大有关. 这种体积增大通常非常大. 比如, 在 100 °C, 水蒸气的体积比水的体积大 1600 倍; 液态氧在 −183 °C 沸腾, 体积增大约 300 倍.

在足够低的温度下, 饱和蒸气的密度变得如此之小, 使它的性质像是理想气体. 在这样的条件下, 可以得到蒸气压对温度依赖关系的简单公式.

为此, 用克劳修斯 – 克拉珀龙公式

$$\frac{\mathrm{d}p}{\mathrm{d}T} = \frac{q}{T(V_\mathrm{g} - V_\mathrm{l})},$$

其中 q 是 1 mol 液体的蒸发热, V_g 和 V_l 是蒸气和液体的摩尔体积. 因为 V_g 比 V_l 大得多, 后者可以忽略. 1 mol 气体的体积 $V_\mathrm{g} = RT/p$, 因此得

$$\frac{\mathrm{d}p}{\mathrm{d}T} = \frac{pq}{RT^2},$$

或

$$\frac{1}{p}\frac{\mathrm{d}p}{\mathrm{d}T} = \frac{\mathrm{d}\ln p}{\mathrm{d}T} = \frac{q}{RT^2}.$$

虽然蒸发热与温度有关, 但是常常可以认为它在很宽的温度范围内实际上不变 (例如, 水的蒸发热在 0 °C 到 100 °C 区间里总共下降 10%). 这时可将得到的公式改写为以下形式

$$\frac{\mathrm{d}\ln p}{\mathrm{d}T} = -\frac{\mathrm{d}}{\mathrm{d}T}\left(\frac{q}{RT}\right),$$

由此得到

$$\ln p = 常量 - \frac{q}{RT},$$

最后

$$p = ce^{-\frac{q}{RT}},$$

其中 c 是常系数. 按照这个公式, 饱和蒸气压随着温度升高按指数定律迅速增长.

这种指数函数关系的起源可以这样直观理解: 液体中的分子靠内聚力聚在一起; 要克服这种力, 将一个分子从液体中移到蒸气中, 必须做一定的功. 我们可以说, 液体中分子的势能小于蒸气中分子的势能, 其差值等于每个分子的蒸发热. 若 q 是摩尔蒸发热, 那么每个分子在液体中和蒸气中的势能差就是 q/N_0, N_0 是阿伏伽德罗常量.

现在我们可以用玻尔兹曼公式 (§54) 证明, 分子的势能增大 q/N_0 将使气体密度减小到液体密度的一个比率

$$e^{-\frac{q}{N_0 kT}} = e^{-\frac{q}{RT}}.$$

蒸气压与上式成正比.

下表给出几种物质在一个大气压下的蒸发热和熔化热之值:

物质	$q_{蒸发}/(\mathrm{J/mol})$	$q_{熔化}/(\mathrm{J/mol})$
氦	80	—
水	40 500	5980
氧	6800	442
乙醇	39 000	4800
乙醚	59 000	7500
汞	28 000	2350

[注意, 从远离临界点处蒸发热之值 (§69), 可以估计分子间相互作用的范德瓦尔斯力的大小. §39 已经提到, 正是这种力使物质凝聚在一起. 因此, 将 $q_{蒸发}$ 除以阿伏伽德罗常量, 给出每个分子的蒸发热, 就得到一个量, 它是范德瓦尔斯相互作用曲线上极小值深度的量度. 对氦用这个方法得到的这个深度大约是百分之一电子伏, 对表中列出的其他液体, 它在十分之一电子伏到十分之几电子伏之间.]

通常条件下, 液体表面上除自己的蒸气外, 还有外部气体——空气. 这对

相平衡影响很小: 蒸发继续进行, 直到蒸气的分压强等于液体温度下的饱和蒸气压.

但是, 大气的存在对蒸发过程有很大的影响. 取决于给定温度下的饱和蒸气压是小于还是大于液面上的总压强, 蒸发过程的图像完全不同.

若饱和蒸气压小于液面上的总压强, 液体从表面蒸发比较慢. 的确, 直接在液面上的蒸气分压几乎立刻变得等于饱和蒸气压, 然而这些饱和蒸气只是缓慢地 (通过扩散) 向周围空间转移, 只有在它们随空气移走后, 新的部分液体才又蒸发. 自然, 用人工方法从液体表面吹走蒸气会加快蒸发速度.

当饱和蒸气压到达或稍微超过周围大气的气压时, 过程的特性发生变化 —— 液体发生猛烈的沸腾. 它的特征是在容器表面大量生成气泡, 液体蒸发到气泡里, 使气泡长大, 然后脱离容器表面, 穿过液体上升, 与液体搅和在一起. 这时一股蒸气流便穿过液体的自由表面散入周围介质中.

依据将在后面解释的理由 (见 §99), 液体转变为蒸气一般不能依靠在纯净液体内部自发产生蒸气气泡而发生. 气相的生成中心是早已存在于容器壁上或在容器壁上生成 (或在液体中悬浮的粒子上生成) 的别种气体的小气泡, 它们在加热时被驱离液体. 在到达沸点 (沸点的饱和蒸气压等于外部气压) 之前, 周围液体的压强阻止这些气泡长大.

通过预先对液体和容器壁细心净化和去气, 可以做到它们实际上不含蒸气生成中心 (这种中心在沸腾过程中也会耗净). 这导致液体过热, 在温度高于沸点时仍然为液体. 反之, 要避免过热现象, 保证沸腾发生, 必须在液体容器中加入各种人造的蒸气生成中心源 —— 多孔物体、玻璃毛细管碎片等.

过热液体 (即在问题考虑的压强下, 其温度本应让它以气态存在的液体) 是所谓亚稳态的一个例子. 亚稳态是稳定性有限的状态. 虽然它们 (在采取适当的预防措施后) 能够存在或长或短的一段时间, 但是这种平衡比较容易被破坏, 让物质转入另一稳定状态. 比如, 在过热液体中加蒸气生成中心, 过热液体立刻沸腾.

逆过程 —— 蒸气的凝结也会发生类似现象. 这时, 在蒸气不接触液体的情形下, 实现相变要求蒸气中存在凝结中心, 通常外来的小杂质起这个作用

(这将在 §99 中进一步谈到). 同理也可能有过冷 (或过饱和) 蒸气, 这是在所讨论的温度下气压超过饱和蒸气压的蒸气状态. 这种状态可以这样到达, 比方, 通过绝热膨胀冷却已细心净化过的饱和蒸气.

§69　临界点

随着温度升高, 饱和蒸气压迅速增大; 蒸气的密度同时增大, 趋近液体的密度. 在某一温度下, 蒸气的密度变得等于液体的密度, 蒸气和液体没有差别. 换句话说, p–T 相图上液体和气体的平衡曲线在某点 (图 9.5 中的 K 点) 终止. 这一点叫临界点; 它的坐标决定了物质的临界温度 T_c 和临界压强 p_c.

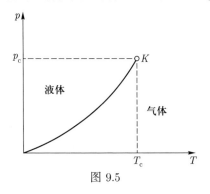

图 9.5

在 V–T 图上 (类似地在 V–p 图上) 对临界点的趋近, 表现在温度升高时液体和蒸气的比体积的接近, 亦即图 9.2 上涂阴影区域的两条边界曲线的靠近. 在 $T = T_c$, 两条曲线接上, 本质上我们仅有一条光滑曲线, 它在 K 点有极大值 (图 9.6). K 点就是临界点, 它的坐标是临界温度 T_c 和临界比体积 V_c.

随着液体和气体性质的接近, 它们之间的相变热 q 减小. 在临界点这个热量变为零.

临界点的存在清楚表明, 物质的液态和气态之间没有原则性的差异. 实际上, 考虑密度相差很大的任意两个态 (图 9.6 上的 a 和 b), 我们把密度大的态 (b) 叫液态, 把密度小的态 (a) 叫气态. 在恒温下压缩气体 a, 我们能够穿过物质两相共存的区间, 把它变为液态 b. 但是同样两个态 a 和 b 之间的过渡也可以用别的方法进行, 在减小体积的同时, 先升高然后降低温度, 在 V–T 平面

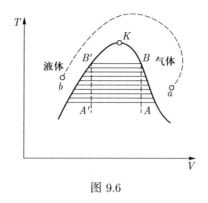

图 9.6

内沿虚线表示的路径从上面绕过临界点 (图 9.6). 这时任何地方都不发生状态跃变, 物质保持均匀, 我们不能说在某处物质不再是气体, 变成了液体.

从 V–T 平面上的图容易求出加热包含一定数量液体 (液体表面上还有蒸气) 的封闭容器 (例如一根密封的管子) 时会发生什么事. 因为物体的总体积不变, 这相当于沿 V–T 平面内一条纵向直线向上移动. 若管子的体积超过对应于给定数量物质的临界体积, 这条纵向直线位于临界点之右 (图 9.6 上的 AB), 随着加热进行, 液体的量减少, 直到全部物质变成蒸气 (B 点); 液体与蒸气间的新月形界面在管子的下端消失. 反之, 若管子的体积小于临界体积 (A' 点), 那么加热时蒸气凝结, 直到全部物质变成液体 (B' 点); 这时新月面在管子的上端消失. 最后, 若管子体积等于临界体积, 新月界面将消失在管内某处, 并且刚好在临界温度 T_c 下发生.

下表给出一些物质的临界绝对温度 T_c、临界压强 p_c 和临界密度 ρ_c 之值.

物质	T_c/K	p_c/atm	$\rho_c/(\mathrm{g \cdot cm^{-3}})$
水	647.2	218.5	0.324
酒精	516.6	63.1	0.28
乙醚	467.0	35.5	0.26
CO_2	304.2	73.0	0.46
氧	154.4	49.7	0.43
氢	33.2	12.8	0.031
氦 (同位素 ^{4}He)	5.25	2.26	0.069
氦 (同位素 ^{3}He)	3.33	1.15	0.041

我们在 §52 已说过, 固体 (晶体) 与液体和气体有原则性不同, 它是各向异性的. 因此液体与晶体之间不能以连续方式过渡, 而液体与气体的过渡则是可能的. 根据一个物体有没有定性的各向异性特征, 我们总能判定此物体属于晶相与液相两个相的哪一相. 因此熔化过程不能存在临界点.

§70　范德瓦尔斯方程

随着气体密度增大, 它的性质越来越偏离理想气体的性质, 最终凝结为液体. 这些现象与复杂的分子相互作用有关, 还没有方法能够定量考虑这种相互作用从理论出发构建物质的精确状态方程. 但是, 能够构建一个考虑了分子相互作用的基本定性特征的状态方程.

我们在 §39 已经描述过分子间相互作用的特征. 在小距离上, 分子之间的排斥迅速增强, 粗略地说, 这意味着分子似乎占据某一确定体积, 不可能超越该体积进一步压缩气体. 分子间相互作用的另一基本性质是, 在大距离上互相吸引; 这种吸引非常重要, 正是它使气体凝结为液体.

首先, 让我们在 (1 mol 物质的) 状态方程中考虑气体有限的可压缩性. 为此, 必须将理想气体方程 $p = RT/V$ 中的 V 换成 $V - b$, 其中 b 是某个正的常量, 它考虑了分子的有限大小. 方程

$$p = \frac{RT}{V - b}$$

表明, 体积不能小于 b, 因为当 $V = b$ 时压强变为无穷大.

再考虑分子之间的吸引. 这种吸引必定使气体压强减小, 因为对靠近容器壁的每个分子, 其他的分子会对它作用一个力, 这个力的方向朝向容器内部. 粗略近似下, 这个力与单位体积内的分子数即气体的密度成正比. 另一方面, 压强本身也与单位体积内的分子数成正比. 因此由分子相互吸引引起的压强的总减少量, 应与气体密度的平方成正比, 即与气体体积的平方成反比. 与此对应, 从上面压强的关系式减掉形式为 a/V^2 的一项, 其中 a 是某个描述分子吸引力的新常量. 于是得到方程

$$p = \frac{RT}{V-b} - \frac{a}{V^2},$$

或

$$\left(p + \frac{a}{V^2}\right)(V - b) = RT.$$

这个方程叫范德瓦尔斯方程. 对于很稀薄的气体 (体积 V 很大), 量 a 和 b 可以忽略, 就回到理想气体的状态方程. 下面将看到, 这个方程也正确描述了相反的极限情形高压缩下发生的现象.

为了研究范德瓦尔斯方程描述的气体的行为, 我们考虑这个方程决定的等温线, 即确定温度 T 下 p 与 V 的函数关系. 为此我们将方程改写为以下形式

$$V^3 - \left(b + \frac{RT}{p}\right)V^2 + \frac{a}{p}V - \frac{ab}{p} = 0.$$

在确定的 p 和 T 值下, 这是未知量 V 的三次方程.

我们知道, 三次方程有三个根, 它们或者全是实数, 或者其中有一个实根 (另外两个复共轭根). 不言而喻, 体积只有为实数 (并且还必须为正) 才有物理意义. 在现在的情形下, 方程不能有负根 (当压强为正时), 因为若 V 为负, 则方程中所有各项均为负, 相加之和不能为零. 因此我们看到, 对应于确定的温度和压强, 范德瓦尔斯方程或者给出三个不同的体积, 或者给出一个体积值.

后一种情况永远发生在足够高的温度下. 对应的等温线与理想气体等温线的差别, 仅在于形状的某些改变, 但仍保持为单调下降曲线 (图 9.7 上的曲线 1 和 2; 曲线上的数字增大对应于温度降低). 温度更低, 等温线出现极大值和极小值 (曲线 4、5、6); 这时, 每条等温线有这样一个压强范围, 在这个范围里, 曲线给出三个不同的 V 值 (等温线与水平线的三个交点).

图 9.8 绘出一条这样的等温线; 我们来说明, 它的不同区段有什么意义. ge 段和 ca 段, 压强与体积的关系属正常类型: 体积减小时压强增大. ec 段对应于不自然的情况, 物质被压缩导致压强减小. 容易看出, 这样的状态在自然界中不能实现. 实际上, 想象一团具有这种性质的物质, 并假设它的某一小块偶然被压缩, 比如是 §64 提到的涨落的结果. 于是它的压强减小, 亦即变得比

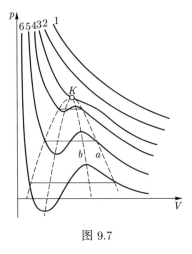

图 9.7

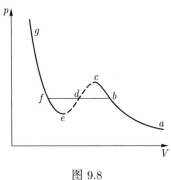

图 9.8

周围介质的压强小. 这又将引起进一步的收缩等等, 即这一小块继续更快地收缩. 这意味着, 所考虑物质的这些状态完全不稳定, 因此现实中不可能实现.

等温线上存在显然不能实现的区段 ec 表明, 随着体积逐渐变化, 物质不能永远保持为均匀介质; 在某些点必定发生状态不连续跃变, 物质分成两个相. 换句话说, 真实的等温线呈曲折线 $abfg$ 的形状. 它的 ab 部分对应物质的气态, fg 部分对应物质的液态. 水平直线段 bf 则对应于两相共存状态 —— 气态转变为液体, 这在确定温度下在某一恒定压强下发生 (可以证明, 线段 bf 的位置必定使面积 bcd 等于面积 def).

至于等温线的曲线段 bc 和 ef, 它们对应亚稳态 —— 过冷蒸气和过热液体 (§68). 现在我们看到存在有确定边界 (由点 c 和 e 表示), 超越这个边界,过冷蒸气或过热液体不能存在.

随着温度升高, 等温线中的直线段缩短, 在临界温度它缩成一点 (图 9.7 中的 K 点). 穿过这点的等温线 3 将等温线分为两类: 单调变化的等温线 1、2 与有极小值和极大值的等温线 4、5、6. 在后一类等温线上物质必然分成两种相.

将每条等温线中的直线段的起点和终点连接成一条曲线 (图 9.7 中的 a), 便得到 p-V 图上液相和气相的相平衡曲线. 这条曲线的极大值 K 是临界点. 连接与图 9.8 上的 c 和 e 相似的点, 我们得到一条曲线 (图 9.7 中的曲线 b), 它构成一道边界, 在边界之内物质不分成两相不能存在, 即使以亚稳态形式存在也不可能.

在临界点, 水平直线段与范德瓦尔斯等温线的三个交点汇为一点. 因此在临界点等温线的切线为水平方向, 即压强对体积 (在恒定温度下) 的导数为零

$$\left(\frac{\mathrm{d}p}{\mathrm{d}V}\right)_T = 0.$$

这个量的倒数是物质的压缩率; 因此, 在临界点物质的压缩率变为无穷大.

等温线对应于过热液体的一段, 一部分有可能位于横坐标轴之下, 如图 9.7 中的等温线 6. 这一段对应于被 "拉伸" 的液体的亚稳态, 我们在 §51 末已讨论过.

§71 对应态定律

体积、温度和压强的临界值可以与范德瓦尔斯方程中的参量 a 和 b 联系起来.

带着这个目标, 我们注意到, 当 $T = T_\mathrm{c}$ 和 $p = p_\mathrm{c}$ 时, 范德瓦尔斯方程

$$V^3 - \left(b + \frac{RT_\mathrm{c}}{p_\mathrm{c}}\right)V^2 + \frac{a}{p_\mathrm{c}}V - \frac{ab}{p_\mathrm{c}} = 0$$

全部三个根相同, 等于临界体积 V_c. 因此上述方程必定完全等同于方程

$$(V - V_\mathrm{c})^3 = V^3 - 3V^2 V_\mathrm{c} + 3V V_\mathrm{c}^2 - V_\mathrm{c}^3 = 0.$$

比较两个方程中 V 的各次幂的系数, 得到下面三个等式:

$$b + \frac{RT_c}{p_c} = 3V_c, \quad \frac{a}{p_c} = 3V_c^2, \quad \frac{ab}{p_c} = V_c^3.$$

将这三个等式看作关于未知量 V_c、p_c 和 T_c 的方程, 很易解出

$$V_c = 3b, \quad p_c = \frac{a}{27b^2}, \quad T_c = \frac{8a}{27bR}.$$

借助这些关系式, 可以对范德瓦尔斯方程作以下的有趣变换. 在这个方程中, 将三个变量 p、T、V 换成它们与临界值之比

$$p^* = \frac{p}{p_c}, \quad T^* = \frac{T}{T_c}, \quad V^* = \frac{V}{V_c}$$

(这些比值叫约化压强、约化温度和约化体积). 简单变换后容易看出, 范德瓦尔斯方程变成下面的形式:

$$\left(p^* + \frac{3}{V^{*2}} \right) (3V^* - 1) = 8T^*.$$

我们对这个方程的精确形式并不特别感兴趣. 值得注意的是, 式中不出现由气体本性决定的常量 a 和 b. 换句话说, 若是用临界值作为量度气体体积、压强和温度的单位, 那么对所有的物质, 状态方程变得相同. 这个原理叫对应态定律.

如果这个定律适用于状态方程, 那么它也适用于一切与状态方程有关系的现象, 包括气液相变. 比方, 饱和蒸气压对温度的依赖关系, 若写成约化量之间关系

$$\frac{p}{p_c} = f\left(\frac{T}{T_c} \right)$$

的形式, 它必定是一普适关系.

对蒸发热 q 可以作类似的结论. 这时必须考虑蒸发热与某个同量纲 (能量/摩尔) 量的无量纲比值, 可以取这个量为 RT_c. 根据对应态定律, 比值 q/RT_c 作为约化温度的函数

$$\frac{q}{RT_c} = F\left(\frac{T}{T_c} \right)$$

必定对一切物质相同. 我们要指出, 当温度比临界温度低很多时, 这个函数趋于一个常数极限, 大约等于 10 (按照实验数据).

应当强调, 对应态定律只有近似意义; 可是, 借助于它可以得到完全适合于进行粗略估算的一些结果.

虽然我们是从范德瓦尔斯方程推出对应态定律的, 但是对应态定律比范德瓦尔斯方程有些更为精确, 这是因为, 对应态定律与状态方程的具体形式没有关系, 它只是这个方程中只含有 a 和 b 两个常量这个事实的一个结果. 别的带两个参量的状态方程也会得出对应态定律.

§72　三 相 点

我们已经知道, 两相平衡只能发生在温度与压强有某一完全确定关系的情形; 这种关系在 p-T 平面上表现为一条确定的曲线. 显然, 同一物质的三个相已不能同时沿一条曲线相互处于平衡; 这样的平衡只能在 p-T 图上一个确定的点上, 即在完全确定的压强和完全确定的温度上才有可能. 这个点是三相中每两相的平衡曲线的交点. 三相的平衡点叫三相点. 例如, 对水而言, 冰、水蒸气和液态水只可能在 4.62 mm 汞柱压强和 +0.01 °C 的温度下才同时存在.

既然三相已只能在一点处于平衡, 四相或更多的相一般不能同时相互处于平衡.

三相点对应于完全确定的温度值这一事实, 使它们特别适合选作温标的标准点. 复现它们不存在由于要维持完全确定的压强 (例如如同选冰在一个大气压下的熔点或任何一个两相平衡点为温标标准点时所要求的) 带来的困难. 现代采用的绝对温度的定义就建立在这样选择的基础上: 取水的三相点的温度精确等于 273.16 K. 不过, 应当说明, 在现在的测量温度和压强的精度下, 无法区分这个定义与取冰的熔点为 273.15 K 的定义.

图 9.9 中画的是总共有固、液、气三相的物质相图的示意图. 这三相在图中对应于用固、液、气标明的区域, 它们的分界线是相应两相的平衡曲线. 我

们这样画熔化曲线的方向, 使它对应于通常发生的物体熔化时膨胀的情况 (见 §67). 对于熔化时收缩的少数情形, 曲线向相反的方向倾斜.

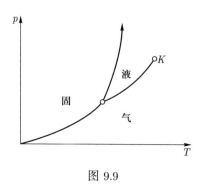

图 9.9

从相图明显看到, 物体加热时不一定要经过液态才能变成气体. 压强低于三相点时加热固体直接把它变成蒸气, 这种相变叫升华. 例如, 干冰 (固体二氧化碳) 在大气压下升华, 因为它的三相点对应的压强是 5.1 个大气压 (温度是 −56.6 °C).

液–气平衡曲线终止于临界点 (图 9.9 上的 K 点). 液相与固相之间的相变, 则不可能存在临界点 (§69 中曾说过). 因此熔化曲线不能简单终止, 而应无限延续.

固体与气体的平衡曲线通过坐标原点, 即, 在绝对温度零度下, 物质在任何压强都是固体. 这是通常的基于经典力学的温度概念的必然结论. 按照这个概念, 在绝对温度零度下原子的动能变为零, 即一切原子都静止. 这时一个物体的平衡态是这样的: 它的原子排列对应于原子间的最小相互作用能. 这种排列的性质有别于一切别的排列, 它必定具有某种程度的秩序, 即, 它是某种空间格子. 这意味着, 物质在绝对温度零度下必定是结晶体.

但是, 自然界中存在这条规则的一个例外: 氦被压缩液化后, 在一切温度下直至绝对零度保持为液体. 图 9.10 是氦 (同位素 ^{4}He) 的相图 (此图上虚线的意义将在 §74 说明). 我们看到, 蒸发曲线和它下面的熔化曲线不在任何地方相交, 即没有三相点. 熔化曲线与纵坐标轴相交于 $p = 25$ 大气压, 这意味着, 为了将氦凝固, 不仅要降低氦的温度, 同时还要将压强升高到不小于 25 个大气压.

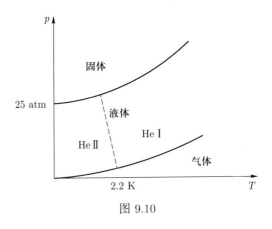

图 9.10

从前面所述很清楚, 氦的这种行为从经典概念的观点看是无法解释的. 它实际上与量子现象相联系. 我们在 §50 已经指出, 按照量子力学, 即使到达绝对零度, 原子运动也不会完全停止. 与此相联系, 上面得出的在这个温度下物质必定凝固的结论也不正确. 物质的量子性质在低温下会得到更大程度显现, 因为这时它们不会被原子的热运动掩盖. 除氦之外, 一切物质在它们的量子效应充分显现之前都已凝固. 唯有氦来得及成为一种 "量子液体" 无须凝固. 这种液体的其他值得注意的性质, 将在 §124 讨论.

§73 晶型

固态区域通常并非总共只有一相. 不同压强和温度下, 物质可以处于不同的结晶态. 每种结晶态有自己独特的结构. 这些不同结晶态也是物质不同的相, 我们称之为晶型, 物质具有多种晶型的性质, 叫多晶型性.

多晶型性极为常见. 几乎一切物质, 不论是元素还是化合物, 都具有多种晶型 (对元素的情形, 不同晶型也叫同素异形体). 熟知的例子有碳的各种晶型 (石墨和金刚石)、硫的不同晶型 (分别形成正交晶体和单斜晶体) 和硅的不同晶型 (不同矿物 —— 石英、鳞石英、白硅石) 等.

像一切物相一样, 不同晶型只能沿 p–T 图中某些曲线与另一晶型处于平衡, 从一种晶型变为另一晶型 (或所谓同素异构转变) 伴随有热量的吸收和释放. 例如, 从所谓 α 铁 (具有体心立方格子) 到 γ 铁 (面心立方格子) 的转变, 在一个大气压下在温度 910 °C 时发生, 伴随着吸收大约 1600 J/mol 热量.

作为一个例子, 图 9.11 显示的是硫的相图示意图. 字母 R 和 M 表示两个固相稳定存在的区域, 两相分别是菱形晶格 (通常的黄色硫) 和单斜晶格. 我们看到, 这个图中有三个三相点.

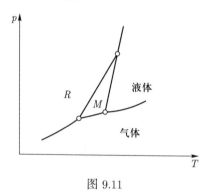

图 9.11

图 9.12 是水的相图. 图上冰的五种晶型分别用罗马数字 Ⅰ 、Ⅱ 、Ⅲ 、Ⅴ 、Ⅵ 标示. 普通的冰对应区域 Ⅰ; 其他晶型只有在成千个大气压的压强下才能得到. 水蒸气区域对应的压强如此之低, 难以在这个图上画出.

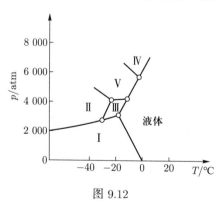

图 9.12

不同晶型之间的相变的一个特征是容易产生亚稳态. 蒸气过冷或液体过热只有在采取必需的措施之后才有可能; 相反, 在固态中相变的延后发生和晶型在 "禁止存在" 条件下的存在几乎成了惯例. 这好理解, 因为原子在晶体中的密集排列以及它们的热运动限于小振动使得难以重新排列晶格, 从一种晶型变成另一种晶型. 升高温度会加强热运动加快这种重新排列晶格的过程.

我们在此指出, 固体的多晶结构本身在某种意义上是亚稳的 (与单晶结构相比). 因此, 加热由小结晶体构成的物体时其结晶状态会变强, 它的一个晶体会通过吞并其他晶体长大 (这个现象叫重结晶). 物体的非晶态有可能是亚稳态; 例如, 自发结晶是老旧的玻璃变得一片雾蒙蒙的原因.

晶型间的转变 (同素异构转变) 情况, 若转变前的旧相中已存在有新相的细屑, 它们起着新相胚胎的作用, 将使转变容易发生. 这方面的一个熟知的例子是普通的白锡 (四方晶系结构) 变为灰锡 (一种具有立方晶格的晶型). 在大气压下, 这两种晶型在 18 °C 保持平衡, 高于这个温度白锡稳定; 低于这个温度灰锡稳定. 但事实上白锡在严寒中也能存在, 但是只要它里面掉进一点点灰锡, 它就降解为一堆灰色粉末.

低温下重排晶格的困难可能导致一些在任何条件下一般都不是稳定相的晶型存在; 这些晶型一般不在表示物质稳定结构的相图上出现. 例如, 钢的淬火过程中, 就观察到这种情况. 碳在 γ 铁 (所谓奥氏体) 中的固溶体只是在 700 °C — 900 °C 的温度 (取决于碳的含量) 下稳定, 在更低的温度下应当分解. 但是奥氏体快速冷却 (淬火) 时却不这样, 而是生成具有新相的针状晶体 —— 具有四方晶格的固溶体 (俗称马氏体), 它的硬度特别大. 这种 "居间" 相永远是亚稳的, 缓慢加热到 250 °C — 300 °C (钢的回火) 时分解.

图 9.13 是碳的相图 (它的气态区域压强如此之低, 在我们采用的比例尺下这个图中看不见). 从图中看到, 在通常的压强和温度下, 稳定的晶型是石墨. 但实际上在通常条件下, 石墨和金刚石二者都作为完全稳定的晶体存在. 这是由于两种晶体的结构有很大的不同, 从一种变为另一种, 需要实质性的重新排列 (比方说, 金刚石的密度是石墨密度的 1.5 倍). 继续加热到高温, 金刚石转变为石墨: 当温度超过 1700 K 时, 金刚石迅速碎成石墨粉末 (加热应在真空中进行以防燃烧). 从图中看到, 石墨变成金刚石的逆过程只在很高的压强下发生. 金刚石的稳定区域大约高于 10 000 个大气压. 为了让这个过程以足够高的速度发生, 还必须有高温. 事实上这个过程发生在压强为 50 000 ~ 100 000

个大气压及温度为 1500 K ~ 3000 K 的区域内, 并且还需要金属催化剂. 在压强为大约 130 000 个大气压和温度高于 3300 K 时, 观察到石墨自发转变为金刚石; 显然, 这时我们已经进入超出了石墨的稳定区乃至亚稳区的边界区域, 即石墨完全不稳定的区域.

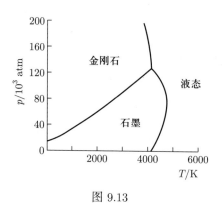

图 9.13

§74　第二类相变

前面说过, 在晶体内不能以连续方式发生具有不同对称性的两相之间的相变, 而在液体和气体内这样的相变是可能的. 物体在每个状态具有某种对称性, 由此我们总能判定它属于哪一相.

不同晶型间的转变通常通过相变实现, 在相变中, 晶格发生跃变重新排列, 物体状态也发生跃变. 但是除这种跃变外, 还可能发生另一类型的与对称性变化有关的转变.

这种转变的实际例子在物体的晶体结构细节方面比较复杂. 因此, 为阐明这种转变的实质. 我们考虑一个虚构的例子.

想象一个物体它在低温下结晶为四方晶系晶体, 即它具有这样的晶格: 晶胞是长方体, 底面是边长为 a 的正方形, 高为 c, c 大于 a. 设 a 与 c 差很小, 即此晶体虽然属四方晶系, 但晶格已接近立方晶系. 再想象, 在热膨胀过程中, 棱长 a 的增大比高 c 增长快. 于是, 随着温度升高, 长方体元的所有各条棱的长度越来越接近, 在某一温度下它们变成一样长; 进一步加热物体, 全部三条棱以同样的速度增长, 三条棱长短保持相同. 显然, 等式 $a = c$ 一成立, 晶格的对称性就立刻变了, 从四方晶系变为立方晶系; 实际上我们得到了物质的另一种晶型.

这个例子的特色在于, 物体状态并未发生任何跃变. 原子在晶体中的排列是连续变化的. 但是, 只要原子一离开它在立方晶型晶格中的对称位置 (当温度反过来降低时), 不论这种移动多小, 已足以使晶格的对称性发生跃变. 此前晶胞的三棱长度相同, 是立方晶格; 但只要长度 a 和 c 之间有任何小差别, 晶格就变成四方晶格.

以这种方式发生的从一种晶型到另一种晶型的转变叫做第二类相变, 它不同于被称为第一类相变的通常相变[①].

第二类相变时物体的状态连续变化, 在这个意义上第二类相变是连续的. 但是, 必须强调, 对称性在相变点无疑发生跃变, 因此总可以判定物体属两相中哪一相. 不过, 虽然在第一类相变点是两个不同状态的物体处于平衡, 在第二类相变点两个相的状态却相同.

第二类相变中没有状态跃变导致描述物体热状态的物理量 (如物体的体积、内能、焓等) 没有任何跃变. 从而在这种相变中, 不伴随任何热量释出或吸收.

在转变点这些量对温度的依赖关系特性发生突变. 比如, 上述例子里很明显, 仅仅发生晶格体积的总变化而晶体保持立方对称性时与加热伴随有晶格变形——底面边长与高的变化不同时 (四方对称性下会发生这种情况), 晶体的热膨胀是不一样的. 也很显然, 在这些不同的条件下要使物体受到同等程度的加热需要的热量不同.

这意味着, 在第二类相变的相变点, 物体的热性质对温度的导数发生跃变, 这包括物体的热膨胀系数 $\left(\dfrac{dV}{dT}\right)_P$, 物体的热容 $C_P = \left(\dfrac{dW}{dT}\right)_P$ 等.

出现在热学测量中的第二类相变的基本特性正是这些跃变. 图 9.14 中是

[①] 上述例子并非完全虚构. 类似变化发生在钛酸钡的晶格中. 在室温下, 钛酸钡的晶格是四方晶格, a 与 c 之值相差 1%. 增高温度, 长度 a 增大, 而 c 减小, 在 120 °C 发生向立方晶型的转变. 但在这个真实情况里, a 与 c 之值在转变点还是发生了不大的跃变, 因此这个相变属第一类.

第二类相变的相变点附近热容随温度变化的典型特性: 热容的逐步增大被一个陡然下降打断, 然后又重新开始增大.

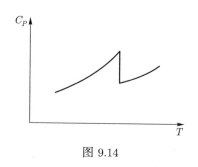

图 9.14

第二类相变时, 物体的热学量对压强的导数也发生跃变, 比方, 物体的压缩率 $\left(\dfrac{\mathrm{d}V}{\mathrm{d}p}\right)_T$ 就是跃变的.

重新回到上面讨论的虚构例子. 让我们注意发生这种相变时对称性变化的特性: 立方晶型的晶格除了具有四方晶型的全部对称性元素外, 还具有一些别的对称性元素. 在这个意义上可以说, 这时相变发生在对称性不同的两相之间, 一相的对称性比另一相高. 实际上, 这是属于所有第二类相变的普遍性质.

这个情况已为存在第二类相变的可能性预设定了限制 (事实上不是唯一的限制). 比如, 在立方晶系和六角晶系的晶体之间不能发生第二类相变: 我们无法说这两种对称性哪一种比另一种高 (立方晶系有四阶轴, 六角晶系没有; 可是前者没有六阶轴).

还可指出, 晶体与液体间不能发生第二类相变.

在第二类相变点, 热容跃变的方向与对称性变化的方向有关: 由对称性低的相变到对称性更高的相热容减小. 在多数情形下, 更对称的相是高温相, 于是热容的跃变如图 9.14 所示. 但是, 相的这一温度先后序列并非必然. 比如, 罗谢尔盐 [NaK(C$_4$H$_4$O$_6$)·4H$_2$O)] 有两个第二类相变点 (在 -18 °C 和 -23 °C), 两点之间为单斜晶系晶体, 在此温度范围外, 罗谢尔盐生成正交晶系晶体. 显然, 升温时穿过温度高的相变点的相变与对称性增大相联系, 而穿过温度较低的相变点的相变与对称性减小相联系.

前面说过, 通常的相变往往伴随有过热或过冷现象, 这时一个相继续存在

(作为亚稳相) 于本应是另一相稳定存在的条件之下. 这种现象的实质在于必须存在 "生长中心", 新相只能在这个中心上生长. 显然, 第二类相变中不会有这类现象, 因为从一相变到另一相是以连续方式顷刻间整个完成. 这在上面举的例子中看得很清楚, 那里的转变只不过是热膨胀过程中原子排列特性的改变.

第二类相变不限于不同晶型之间的转变. 但是它总是与物体连续改变状态时出现某种新的特性有关. 这可以是与物质的磁性有关的某种新对称性, 可以是出现所谓超导电性 —— 电阻消失.

最后, 温度大约为 2.2 K 时, 液氦中会发生非常独特的第二类相变. 在这个相变中, 液氦仍保持为液体, 但获得了根本性的新性质 (见 §124). 氦的相图 (图 9.10) 中的虚线正好将两个相的存在区域分开, 两个相分别叫氦 I 和氦 II.

§75 晶体的有序化

§47 讨论的所有晶体结构有一共性, 每种原子在晶体中处于完全确定的位置, 反过来, 每个格点上必定有一个特定种类的原子. 可以说, 每种原子的数目等于晶格中为这种原子准备好的位置的数目.

但是也存在不具备这一性质的结构, 比如硝酸钠 ($NaNO_3$). 我们不讨论有关它的细节, 只指出, 这种晶体中的 NO_3 基铺成一层层, 每一层中, N 原子位于等边三角形的顶点上, O 原子则环绕 N 原子, 占据位置 a 或 b (图 9.15). NO_3 基这两种取向的可能性意味着, 可以放置 O 原子的位置数目, 是 O 原子个数的两倍.

在足够低的温度下, 氧原子占据完全确定的位置 (事实上情况是: 每一层里, 所有的 NO_3 基有同样的取向, 取向为 a 的层与取向为 b 的层互相交叠). 这样的晶体叫做完全有序晶体.

但是, 温度升高时, 原子的有序排列被打乱: 除了占据正确 ("自身固有") 位置的 NO_3 基, 还出现了 "鸠占鹊巢" 的 (取向不正确的) NO_3 基.

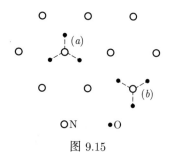

图 9.15

随着 "有序度" 的降低, 即, 随着 "不正确" 取向的 NO_3 所占份额的增加, 终于来到这一时刻 (温度为 275 °C), 这时 "正确" 和 "错误" 取向完全混在一起: 每个 NO_3 基有同样的概率出现在随便哪个位置. 这时称晶体是无序的. 这时所有的 NO_3 层在晶体学上等价, 即晶体的对称性发生了变化 (升高).

　　晶体有序化现象在合金中很常见. 例如, 黄铜 (CuZn 合金) 晶体在低温下为立方晶格, Cu 原子在立方晶胞的顶点, Zn 原子在立方晶胞中心 (图 9.16a). 这种结构对应完全有序晶体. 但是, Cu 原子和 Zn 原子可以改换位置; 在这种意义上我们可以说, 在这种晶体中, 允许每种原子摆放位置的总数, 超过了这种原子的总数. 随着温度升高, 位置 "摆错" 的原子数目增加, 在 450 °C 变得完全无序——在晶格的每个格点可以以相同的概率找到 Cu 原子或 Zn 原子, 于是所有的格点等价 (图 9.16b). 这时晶体的对称性显然变了: 它的布拉维格子从简单立方晶格变成体心立方晶格.

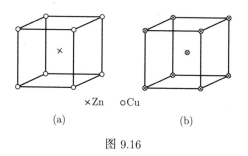

图 9.16

　　在上述二例中, 到无序状态的转变是通过第二类相变发生的. 有序度逐渐减小, 直到某个温度完全消失——这就是相变点.

　　不过, 这种过渡到无序状态的方式并不是普遍规则; 也可以通过寻常的以跃变方式发生的相变来实现. 这时, 晶体中原子的有序组态温度升高时开始仅受到程度不大的破坏, 然后在某一温度, 晶体跃变到无序状态, 两种原子完全混在一起. 例如, 在 Cu_3Au 合金中, 这种跃变在 390 °C 发生. 在这种合金的无序相中, Cu 原子和 Au 原子随机散布在面心立方格子的一切格点上; 而在晶体的有序相, Au 原子占据立方晶胞各个顶点, Cu 原子在立方晶胞各面的中心.

§76　液晶

　　除各向异性的晶态和各向同性的液态外, 物质还能处于一种独特状态, 叫做液晶态. 就其力学性质而言, 处于液晶态的物质像普通的液体: 它们流动, 既有容易流动的 (黏性小), 也有不那么容易流动的 (黏性大). 而这种液体又不同于通常的液体, 它是各向异性的, 这在其光学性质中表现得最明显.

　　在许多复杂的通常具有拉长形状的大分子有机物质中都观察到液晶态. 它并不罕见; 大约每二百种复杂的有机物中有一种生成液晶.

　　液晶态的物理本性如下: 在通常的液体中, 分子的相互位置和取向完全随机; 换句话说, 液体分子在热运动中作随机的平移和转动. 但在液晶中, 虽然分子在空间的位置总体而言无序, 它们的相对取向则有序. 换句话说, 随机的仅仅是分子的热平移运动, 而不是它们的转动. 这种结构的最简单的例子, 可以想象一种由杆形分子组成的液体, 这些分子可以以任何方式相对运动, 只要它们仍然保持平行. 分子平移运动不受阻碍这一性能引发了这种物质的液体性质 —— 流动性. 分子的有规则取向, 则使物质各向异性. 很显然, 这种物质在杆形分子长度方向上的性质完全不同于它在别的方向上的性质.

　　通常, 处于液晶态的物质不是一块单晶, 而是一团多晶, 由大量相对取向各式各样的滴状液晶组成. 因此, 通常液晶物质看起来像浑浊的液体: 之所以这样, 是因为光在各个不同小滴间界面上的无规散射. 在某些情形下, 依靠强电场或强磁场, 可以让所有小滴具有同一取向, 这时就得到几近清澈的液态 "单晶".

　　如果将液晶置于某种不会与之发生混合的液体中, 那么单个液晶滴有时为球状, 有时为椭球状, 一些情形下甚至可以观察到奇形怪状的多面体, 它们的棱和角被强烈地拉圆了.

　　以液晶态存在的物质也有通常的固态晶相和各向同性的液相. 这些相的产生顺序如下: 低温下物质为固态晶体; 升高温度, 物质变为液晶态; 进一步升温——变为通常的液体. 许多物质甚至生成不仅一个, 而是两个或更多的不同液晶晶型. 与一切相变一样, 在完全确定的温度下发生不同液晶相之间的相互转变或者转变为其他相, 并伴随有热量的放出或吸收.

第 10 章　溶液

§77　溶度

溶液是两种或多种物质的混合物, 溶液里各种物质在分子层次上交混在一起. 混合物中各种物质的相对含量可以在或宽或窄的范围内改变. 如果混合物中一种物质的含量超过其他物质, 则称此物质为溶剂, 其他物质为溶质.

溶液的成分由浓度描述, 浓度给出混合物中各个成分的数量关系. 浓度可以用不同的方法定义. 从物理学观点看, 物质的量浓度最说明问题 —— 它是各种分子数目之比 (或各种分子的物质的量之比, 这是一回事). 我们也可以用重量浓度、体积浓度 (溶解在确定体积溶剂中的物质的量) 等.

溶解过程伴随有热量的释放或吸收. 这个热量的大小不仅由溶质的多少决定, 还同溶剂的量有关.

溶解热通常定义为 1 mol 物质溶解在非常大量的溶剂中释放或吸收的热量, 这里溶剂的量非常大是指大到进一步稀释溶液已不会引起热效应. 比如, 硫酸 (H_2SO_4) 在水中的溶解热是 $+75\,000$ J (正号表示放热); 氯化铵 (NH_4Cl) 的溶解热是 $-16\,500$ J (负号表示吸热).

两种物质相互的可溶性通常有明确的界限: 给定数量的溶剂里, 只能溶解不超过某一限量的溶质. 已包含最大数量溶质的溶液叫饱和溶液. 对饱和溶液进一步添加溶质, 这些物质不再溶解了; 因此可以说, 饱和溶液是与纯溶质处于热平衡的溶液.

饱和溶液的浓度描述给定的物质溶解在此种溶剂中的能力; 它也被简单地叫做这种物质的溶度.

溶度一般依赖于温度. 勒夏特列原理使得能够将这种依赖关系与溶解热的符号联系起来.

若溶解伴随有热量吸收 (例如氯化铵溶在水中), 并设我们有这种饱和溶液, 它与未溶化的氯化铵处于平衡. 加热这个系统, 它退出平衡态, 系统内必定开始发生一个过程, 减弱使系统退出平衡的外界作用 (加热). 在现在的情形下这就意味着, 氯化铵在水中的溶度增大, 使它溶化更多, 伴随着吸收热量.

于是, 若溶化伴随吸热, 则温度升高时溶度增大. 反之, 若溶化时放热, 升高温度使溶度减小.

气体溶于液体中通常伴随着体积的急剧减小: 溶液的体积远小于原来的溶剂体积与溶化的气体体积之和 (比如, 1 mol 氯化铵在室温和大气压下溶于大量的水中, 液体的体积总共才增加 40 cm^3, 而 1 mol 气体体积就有 22 400 cm^3). 于是由勒夏特列原理推得, 气体在液体中的溶度 (在给定温度下) 随液面上方气体压强增大而增加.

对气体的弱溶液 (弱溶液或稀溶液一般用来称呼溶质分子数量远小于溶剂分子数量的溶液), 容易得到气体溶度对压强的依赖关系的特征.

为此, 我们利用以下事实: 热平衡 (这时是气体与它的饱和溶液间的平衡) 按其分子本性来说, 是一种动平衡. 这意味着, 达到平衡后气体分子从气体进入溶液又返回, 但是单位时间从气体进入溶液的分子数等于同一时间离开溶液的分子数. 进入溶液的气体分子数, 正比于单位时间内气体分子与液面的碰撞次数, 而碰撞次数 (给定温度下) 又正比于气体密度, 即与压强成正比. 类似地, 离开溶液的气体分子数目正比于溶液的浓度. 于是从这两个数相等得出, 饱和溶液的浓度即气体的溶度正比于溶液上的气体压强 (亨利定律).

应当指出, 这个定律仅对稀溶液成立 (在别的情形下, 上面的讨论不适用: 由于溶液中气体分子之间的相互作用, 不能再认为离开溶液的分子数目简单地与溶液浓度成正比). 因此, 亨利定律适用于在水中溶度低的气体, 比如氧和氮, 但是不适用于二氧化碳或氨气这些很好地溶于水的气体.

在绝大多数情形下, 气体溶到水中伴随有热量释放 —— 这是分子从气体 (分子间相互作用弱的介质) 进入液体 (它们在这里受到溶剂分子的强烈吸引) 的完全自然的结果. 由于这个原因, 在给定压强下气体在液体中的溶度随温度升高而减小.

§78 液体的混合物

非常稀薄的物质稀薄到它们的分子间没有什么相互作用时可以自由地互相混合. 在这个意义上可以说, 一切气体能够以任何比例混合.

但是液体混合则会发生各种各样的情况. 有些液体能以任何比例混合, 例如酒精和水. 但是另一些液体的情况则相反, 相互的可溶性受限制, 受限制的程度各不相同. 比如, 水和煤油实际上几乎完全不互溶; 在室温下, 醚在水中的溶度 (按重量计) 不超过 8%, 等等.

液体的相互可溶性可以用坐标图方便地表示, 坐标横轴代表混合物的浓度 c (例如, 重量百分比), 纵轴表示温度 (或压强, 若我们感兴趣的是给定温度下溶度与压强的关系).

图 10.1 是水和苯酚 (C_6H_5OH) 的混合物的溶度图. 一条纵轴对应于水占 0% 即纯苯酚, 另一条纵轴对应纯水.

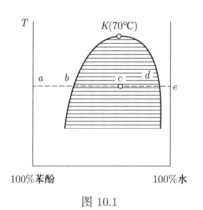

图 10.1

未涂阴影区域内所有各点对应于两种成分的均匀混合物, 涂阴影区域的边界曲线, 则决定两种成分溶混性的极限. 比如, 在对应于水平直线 ae 的温度下, b 点给出水在苯酚中的极限溶度, d 点给出苯酚在水中的极限溶度. 若是将水和苯酚以对应于阴影区内某点 c 的比例混合, 那么液体将分成上下两层, 密度大的一层在下, 密度小的一层在上. 这两层平衡共存的液体是两个不同的相. 一个是水在苯酚中的饱和溶液 (由 b 点表示), 另一个是苯酚在水中的

饱和溶液 (d 点). 容易证明 (与前面 §66 对液体和蒸气相图的讨论完全相似), 两相物质的多少仍由杠杆定则决定, 与直线段 cb 和 cd 的长度成反比.

若两种液体的互溶度随着温度升高而增大, 那么就会到达这样的时刻, 这时它们的混溶变得没有限制. 例如, 苯酚和水就会发生这种情况. 当温度高于 70 °C 时, 两种液体可以以任何比例混溶. 这个极限温度叫做混溶的临界温度, 相图上对应的点 K (图 10.1) 叫混溶的临界点; 其性质在许多方面与液–气平衡的临界点相似.

也存在这样的情形: 临界点不是在限制两种液体混溶性区域的上极限, 而是在其下极限. 比方, 水和三乙基胺 [N(C$_2$H$_5$)$_3$] 在低于某一临界温度的温度下能够以任意比例混合 (图 10.2). 最后, 在某些场合存在两个临界温度, 上临界温度和下临界温度, 在两个温度之间, 两种液体的互溶度受限制. 比如, 水和尼古丁 (烟碱) 会发生这种情况 (图 10.3).

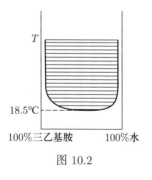

图 10.2

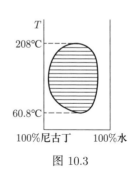

图 10.3

§79　固溶体

有些物质能够生成互混晶体, 即既含这种物质的原子、又含别种物质原子的晶体. 这种混杂晶体叫做固溶体. 生成固溶体的能力在金属中特别常见 (合金).

我们将混杂晶体说成是固溶体, 指的是其成分可以在或宽或窄的范围里改变. 这使它们不同于晶体, 晶体作为一种 "化合物", 其成分必须完全确定. 虽然固溶体的晶体结构与它的这种或那种成分的结构直接相关, 但化合物则有自己特有的结构.

绝大多数固溶体属于所谓替代型. 得到这种固溶体的方法, 是将一种物质的晶格中的某些原子换成别种物质的原子. 自然, 要使这样的替换成为可能, 引进物质的原子的大小必须与溶剂原子的尺寸大致相同. 特别是, 多数金属合金均属于替代型固溶体. 甚至存在合金两种成分的互溶度不受限制的情形 (例如铜和金的合金); 为出现这种情况, 显然两种成分的晶格必须是同一类型.

替代型固溶体不仅可以由元素构成, 还可以由化合物构成. 后一情形下的这种现象叫做同形性. 在这种混杂晶体中, 一种化合物的原子换成组成另一种化合物的原子.

为了构成固溶体, 两种化合物完全不必在化学上相似. 但是, 两种物质的分子结构必须是同一类型. 因此, 除了化学上相似的同形物质 (比如 $ZnSO_4$ 和 $MgSO_4$) 外, 我们还会遇到一些同形物质对偶, 从化学观点看它们一点也不相似: 如 $BaSO_4$ 和 $KMnO_4$, PbS 和 $NaBr$, 等等.

要得到同形性, 除了分子结构应是同一类型外, 晶格也必须是同一类型, 并且尺寸大小相近. 尺寸大小的作用可以从化合物 KCl、KBr、KI 的例子看出, 它们都有同样类型的晶格 (NaCl 型), 但是相邻原子之间的距离不同 (各自为 3.14 Å、3.29 Å 和 3.52 Å). KCl 晶格和 KBr 晶格的大小差异不大, 允许它们构成任何成分比例的固溶体, 但是 KCl 与 KI 之间差很多, 使它们的互溶性受限制. 尺寸差异更大将完全排除同形性.

另一种类型的固溶体是填隙型固溶体. 在这类晶体中, 溶质的原子穿插到溶剂原子之间, 稍稍加大后者之间的距离. 换句话说, 它们占据了纯溶剂的晶格中未被占据的位置. 自然, 这类固溶体在溶质原子尺寸比溶剂原子小很多时得到.

填隙型固溶体由氢、氮和碳在某些金属中构成. 例如, 碳在高温下能溶化在所谓 γ 铁中, γ 铁是铁的一种晶型, 具有面心立方结构. 生成的固溶体称为奥氏体, 碳原子占据立方晶胞各棱中点位置, 位于这些晶胞的顶点和面心上的铁原子之间; 这时大约有 10% 的这种位置被占据.

§80　渗透压

　　若两种不同浓度的溶液被一块多孔壁隔开, 不论溶剂还是溶质, 都会穿越这块壁, 直到两边的液体完全混合. 不过, 也存在这样的壁, 它们有选择穿透的能力, 即允许某些物质但不允许另一些物质穿过. 这样的壁叫做半透壁. 属于半透壁的有: 动植物身上的膜、胶体薄膜、用多孔黏土或多孔陶瓷制成的壁, 其上的小微孔用铁氰化铜 $[Cu_2Fe(CN)_6]$ 薄膜遮挡, 等等. 所有这些物件都让水穿过通行, 而禁止溶在水中的物质通过. 溶剂穿越这种壁的现象叫渗透.

　　将两个容器用半透壁隔开 (图 10.4 中的 P), 一个容器盛有某种溶液 (比方说, 糖的水溶液), 另一个盛纯水. 我们将看到, 水开始穿越半透壁进入盛溶液的容器里. 溶液似乎在把溶剂拉向自己. 这样继续下去, 直到水面与溶液面有一定的高度差.

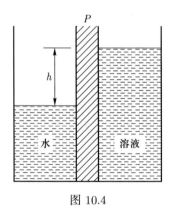

图 10.4

　　这时两个容器中压强不同. 盛溶液的容器里有过剩的压强, 等于此容器内高出的液柱的流体静压强. 这个过剩的压强叫做溶液的渗透压.

　　不难理解这个现象的起源. 因为只有水能穿越半透壁, 两个容器中液体平衡并不要求壁两侧的总压强相等. 不严谨地说, 盛纯水的容器内的压强等于溶液压强中由水分子产生的部分压强时, 达到平衡. 这时盛溶液容器内的总压强超过另一容器内的压强, 超出的量可以认为是糖分子引起的 —— 这就是溶液的渗透压.

　　如果溶液稀, 那么溶质分子一般互相远离, 彼此之间只有很弱的相互作用

(虽然它们肯定还同溶剂分子相互作用). 可以说在这一点上稀溶液中溶质分子的行为与理想气体的分子相似. 由此自然得出稀溶液性质与理想气体性质的许多相似之处.

我们知道, 理想气体的压强由公式 $p = NkT/V$ 给出. 稀溶液的渗透压 p_{osm} 也由相似的公式表示

$$p_{\text{osm}} = \frac{nkT}{V},$$

其中 V 是溶液的体积, n 是溶液中的溶质分子数 (范托夫公式).

我们强调, 稀溶液的渗透压 (对给定的体积和温度) 仅由溶质粒子的数目决定, 与溶质的本性完全没关系 (也与溶剂的本性无关), 这同理想气体的压强与气体性质无关相似. 作为一个例子, 我们指出, 浓度为 0.1 mol/L 的溶液, 渗透压等于 2.24 个大气压. 海水的渗透压大约是 2.7 个大气压.

若我们有几种溶质同时溶解在一种溶剂中生成的稀溶液, 那么按照上面的讨论, 这种溶液的渗透压由所有溶解的溶质粒子的总数决定. 换句话说, 它等于单种溶质的 "分" 渗透压之和 (与气体的道尔顿定律相似). 当溶解伴随着发生分子解体为几部分 (离解) 时, 要考虑这种情况. 分子离解现象会在 §89—§90 谈到. 这时溶液的渗透压不仅由溶质的总量决定, 还与溶质分子发生离解的程度有关.

稀溶液与理想气体之间的相似, 后面还要补充讨论. 比方, 决定溶质分子在重力场中随高度分布的公式与气压公式 (§54) 相似. 用悬浮在液体中的某种物质的微小颗粒组成的乳胶代替通常的溶液, 可以特别明显地观察这个现象. 因为这些颗粒的质量比单个分子的质量大许多倍, 从气压公式可以看到, 它们的浓度随高度的变化急剧得多, 因此容易直接观察 (当然, 根据阿基米德原理, 这时必须在气压公式中将乳胶粒子的质量 m 减去它排开的液体质量 m_0).

§81 拉乌尔定律

我们知道在确定压强下有一个确定温度 (沸点), 在此温度下液体变为蒸气. 现在假设有一种不挥发的物质 (即溶液气化时它不变成蒸气) 溶解在液体

中 (例如糖的水溶液). 人们发现, 在相同的压强下这种溶液的沸点不同于纯溶剂的沸点.

从勒夏特列原理容易推出有物体溶解时沸点会升高. 我们考虑糖的水溶液, 它与蒸气处于平衡. 在溶液里再加些糖, 溶液的浓度增大, 系统不再处于平衡. 于是系统中必定会启动一个过程, 试图减弱外界的作用, 即减小浓度. 为此, 沸点必须升高, 使若干蒸气凝结成水.

溶液沸点升高, 在 p–T 图中表示为溶液的蒸发曲线 (图 10.5 中的曲线 2) 位于纯溶剂的蒸发曲线 1 右边的某个地方. 但是从图显然可见, 曲线 2 同时还位于曲线 1 之下, 这意味着, 溶剂在溶液表面上的饱和蒸气压小于同一温度下纯溶剂的饱和蒸气压. 溶解时饱和蒸气压的减小 δp 和沸点的升高 δT, 在图上用两条曲线之间的纵线和横线表示.

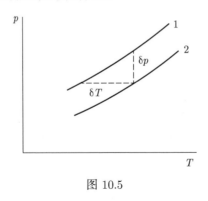

图 10.5

若溶液是稀溶液 (下面我们都这样假设), 这些量可以算出.

回到图 10.4 画的隔着一块半透壁的纯水与溶液间的平衡. 想象全部仪器被封在一个封闭空间里, 空间充满了饱和水蒸气. 由于重力场中气体压强随高度减小, 按前面的讨论, 筒中水面上的蒸气压将大于溶液面上的蒸气压. 压强差 δp 显然等于高度为 h 的蒸气柱的重量:

$$\delta p = \rho_{\mathrm{v}} g h$$

ρ_{v} 是蒸气的密度. 另一方面, 高度 h 由溶液的渗透压 p_{osm} 决定: 筒中液柱的重量正好与 p_{osm} 平衡. 从渗透压公式得到下面的关系

$$\rho_1 gh = p_{\text{osm}} = \frac{nkT}{V_1},$$

这里我们令 n 为每单位质量溶液中的溶质分子数目. 于是 V_1 是液体的比体积, 即 $V_1 = 1/\rho_1$. 于是, 将 $gh = nkT$ 代入 δp 的表示式, 得

$$\delta p = \rho_v nkT = \frac{nkT}{V_v},$$

最后, 把蒸气看作理想气体, 其比体积 $V_v = NkT/p$, 其中 N 是每单位质量蒸气或每单位质量水 (这是一回事) 中的分子总数. 最后得到结果

$$\frac{\delta p}{p} = \frac{n}{N}.$$

这就是要求的公式: 蒸气压的相对降低等于溶液的分子浓度 —— 溶质分子数与溶剂分子数之比 (或者, 它们的物质的量之比, 这是一回事). 这个结论称为拉乌尔定律. 我们看到, 溶液上蒸气压的改变与溶剂和溶质的特性无关; 重要的仅是它们的分子数.

我们感兴趣的另一物理量沸点温度的升高 δT 没有这个性质. δT 不难求出, 注意小量 δp 和 δT 通过关系式

$$\delta p = \frac{\mathrm{d}p}{\mathrm{d}T}\delta T$$

联系. 应用克拉珀龙 – 克劳修斯公式

$$\frac{\mathrm{d}p}{\mathrm{d}T} = \frac{qp}{RT^2}$$

(q 是摩尔蒸发热, 见 §68), 得

$$\delta T = \frac{RT^2}{qp}\delta p.$$

最后, 将 $\delta p/p = n/N$ 代入, 得到

$$\delta T = \frac{RT^2 n}{qN}.$$

溶解也影响液体的凝固点. 绝大多数场合, 已溶解的溶质不变为固相, 即从溶液析出的是纯溶剂. 与讨论蒸发完全相似, 我们可以用勒夏特列原理, 容易得出结论: 溶解使凝固点降低. 还会看到, 凝固点降低的大小 δT 的定量公

式与前面得到的沸点变化公式一致, 这时应当把公式中的 q 理解为溶剂的摩尔熔化热.

凝固点的降低常常用来测定分子量 (冰点下降法). 将一定重量的待研究物质溶解, 测定 δT, 然后用上面的公式可以算出溶解的分子数, 由此得出分子量. 也可以用类似方式从沸点升高求分子量.

§82　液体混合物的沸腾

两种液体的混合物沸腾时, 一般而言, 混合物的两种成分都变成蒸气, 我们必须与液相和气相两相打交道, 每个相都是混合物. 这时发生的现象, 用相图表示最清楚.

相图的一条坐标轴是混合物的浓度 c, 另一坐标轴是温度 T 或压强 p. 为了明确起见, 这里我们考虑给定压强下的 c–T 图.

液体混合物沸腾有不同类型的相图. 我们这里考虑这些物质的相图, 它们在液态下可以任何比例混合.

作为第一类相图的例子, 我们考虑液态氧和液态氮的混合物 (图 10.6). 图上的一根竖直线对应于纯氧, 另一根对应于纯氮. 两根竖直线之间为一切中间浓度.

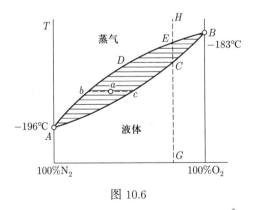

图 10.6

上曲线之上的区域对应高温相状态, 即气体混合物, 下曲线之下的区域对应液体混合物状态. 两条曲线之间涂阴影的区域对应于液体与其蒸气的平衡,处于液–气平衡的状态由通过该状态点的水平横线与图上两根曲线的交点决定. 例如, 一点 a 处于气–液平衡, 其气体成分由 b 点的横坐标决定, 液体成分由 c 点横坐标决定; 气体和液体的相对份额与线段 ab 和 ac 的长度成反比. 上曲线 ADB 叫做蒸气曲线, 下曲线 ACB 叫做液体曲线. 常常把这种形状的状态图称为 "雪茄烟".

令 A 点和 B 点分别代表纯氮和纯氧的沸点. 设有液体混合物, 其成分对应于图 10.6 上的竖直线 GH. 加热此混合物, 状态沿直线 GC 变化, 直到到达 C 点为止. 在这个温度下液体开始沸腾. 但是, 排出的蒸气的成分不同于液体的成分. 排出的蒸气在这个温度下能够与液体处于平衡, 也就是说, 蒸气的浓度由 D 点决定. 于是, 液体排放的蒸气有更多的氮气成分. 与此对应, 液体成分移向氧增大的一侧. 因此, 随着进一步加热, 表示液体状态的点沿曲线 CB 向上移动. 而液体沸腾放出的蒸气, 则由沿曲线 DB 向上移动的点代表.

我们看到, 与纯液体的沸腾不同, 混合物的沸腾不在恒定的温度下发生. 沸腾终止的时刻由发生沸腾的条件决定. 如果从液体沸腾出的蒸气仍然与液体保持接触, 那么液体加蒸气的总成分永远不变. 换句话说, 液体 + 蒸气系统的状态永远由直线 GH 上的点表示. 由此可知, C 点开始发生的沸腾, 将在竖直线 GH 与 "雪茄烟" 的上曲线交点 E 的温度上结束.

但是, 若沸腾发生在一个敞开的容器里, 沸腾产生的蒸气被不断移走, 那么任何时刻只有刚沸腾出的蒸气与液体保持平衡. 最后烧干的那部分液体整个变成了蒸气, 即最后产生的蒸气和烧干的液体必定有同样的成分. 这意味着, 沸腾结束时液体和蒸气的成分相同, 即在纯氧的沸点 B 上结束.

蒸气凝结为液体时发生完全相似的现象.

另一类型的相图出现在, 例如, 三氯甲烷和丙酮混合物的情形 (图 10.7). 它与上述情形不同之处在于两条曲线有一极大点 A 并在此点相切. 此时两曲线之间的区域对应于液体和蒸气的平衡, 曲线之上、之下的区域分别对应气相和液相.

沸腾或凝结以与上述情形相似的方式发生. 例如, 液体在一开敞容器中沸腾, 代表液体和蒸气状态的点沿两条曲线向上移动, 但是现在此过程不是在混

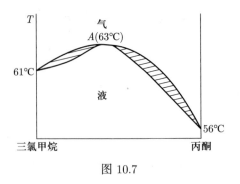

图 10.7

合物的某一纯成分的沸点结束, 而是在两条曲线接触的 A 点结束. 在这点液体与蒸气的成分相同. 因此, 成分与 A 点对应的混合物 (所谓共沸混合物或共组成混合物) 在恒定的温度下被煮干, 就像它是一种纯物质似的.

最后, 也有这样的混合物 (比如丙酮和二硫化碳), 它们的相图与上例的不同是, 曲线不是有极大值, 而是有极小值 (图 10.8).

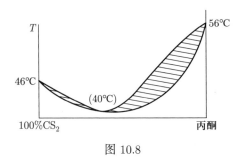

图 10.8

上面描述的现象在实际中得到广泛应用, 用来分离不同混合物的各种成分. 其最简形式 (所谓分馏法) 的想法是, 收集并冷凝从液体混合物中最先沸腾出的那部分蒸气, 然后再次分馏所得到的物质. 例如, 当酒精和水的混合物沸腾时, 产生的蒸气中含有比原来的液体中更多的容易挥发的酒精成分. 冷凝最早产生的那部分蒸气, 并再次让得到的液体沸腾, 可以一次比一次纯度越来越高地将酒精从水中分出. 对图 10.6 的相图的情况, 多次重复以上过程, 原则上可以将混合物的各个成分完全分离. 但对图 10.7 和图 10.8 那种相图, 完全分离是做不到的. 从混合物只能分离出一种共沸混合物和某种纯物质 (取决于原来的混合物的组成). 上面说的水和酒精的混合物属于这种情形, 它在酒精成分按重量占 95.6% 时沸点温度为极小. 不能靠分馏法将酒精进一步提纯.

§83 反凝结

纯物质液–气相变中临界点的存在导致混合物中也存在临界现象. 我们不细究此时这种现象的一切可能的型式, 只研究它们的某些特性.

图 10.6 中的氧氮混合物相图是 1 个大气压的压强下的. 增大压强, 只要压强还未达到两个纯成分中之一的临界压强 (现在的情况下为氮, 其临界压强为 33.5 个大气压. 氧的临界压强是 49.7 个大气压), 相图将维持其特性. 由于在此之后纯氮不能有两相, 那么很清楚, 混合物相图中的 "雪茄烟" 必定会从对应纯氮的纵轴上分离, 变成图 10.9 中的样子. 我们看到, 此时图中出现了一点 K, 在 K 点两个共存相变得完全相同; 这点也叫临界点. 由于临界点的存在, 有可能实现液体和气体的连续过渡, 于是液相与气相之间的区别重新变为有条件的.

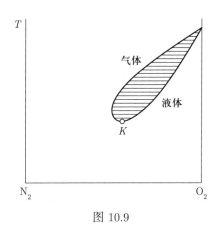

图 10.9

相图中存在临界点时, 气体混合物的凝结可能伴随一些独特现象. 我们将这些现象示于 p–c 图中 (对给定的温度值), 这与通常观察它们的真实条件对应得更好.

图 10.10 是这种相图上临界点 K 附近的部分 (与前面的 c–T 图不同, 现在气相对应的是涂阴影区域之下而不是之上的区域——压强更低的区域).

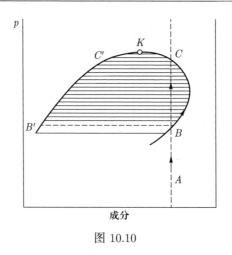

图 10.10

现在来看成分对应于竖直线 AC 的混合物. 等温压缩到达 B 点时, 混合物开始凝结, 生成液相 B'. 进一步增大压强, 液体的量先增加, 然后减少; 到达 C 点后 (此时用点 C' 表示) 液体完全消失. 这种现象叫做反凝结.

§84 液体混合物的凝固

液体与固体混合物的相图, 可以用类似于画液–气相图的方式画出. 我们再次用混合物的浓度 (原子数百分比) 作横坐标, 温度为纵坐标, 在给定压强下绘图.

若两种物质不论在液态还是固态都能以任意比例混合, 那么图的形式与 §82 讨论过的液–气相图完全相似. 比如, 银和金的合金的相图如图 10.11 所示. 曲线之上的区域对应于两种金属的液体混合物, 曲线之下的区域则对应于固体合金. 合金熔化的过程与图 10.6 描述的液体混合物的沸腾相似.

图 10.12 的相图属于完全不同的类型. 它是铋–镉系统的相图, 这个系统的特性是, 它的两种成分根本不形成混晶. 未涂阴影的区域对应于液体混合物. 剩下的所有区域均为分成不同相的区域相. 区域 I 中, 两相是纯镉的固态晶体 (用左纵轴表示) 和熔融的液体 (用曲线 AO 表示). 比如, 在这个区域的某点 d, 水平直线 ef 与坐标轴交点代表的相 (纯镉) 和与曲线 AO 交点代表

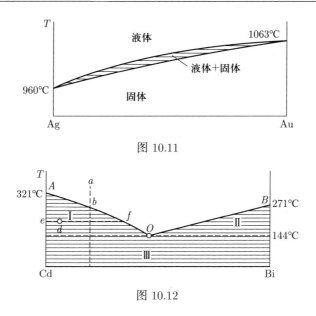

图 10.11

图 10.12

的相 (液体混合物) 处于平衡; 每种相的物质的量与线段 de 和 df 的长度成反比. 类似地, 在区域 II 中, 固相为铋, 它与熔融液体处于平衡, 液态的成分由曲线 OB 决定. 最后, 在区域 III 中, 是镉和铋的固态晶体的混合物.

A 点和 B 点是纯镉和纯铋的熔点. 曲线 AOB 决定两种成分的液体混合物开始凝固的温度.

比如, 研究成分由竖直线 ab 代表的液体混合物的凝固过程. 凝固从这根竖直线与曲线 AO 的交点 b 开始, 镉晶体从液体分出. 随着进一步冷却, 液态混合物中铋含量变得更高, 代表它的点沿曲线 bO 向下移动, 直至到达 O 点. 此后温度保持不变, 直到全部液体凝固为止. 在 O 点的温度下, 从液体析出还留在液体里的镉晶体和全部铋晶体.

O 点叫做低共熔点. 它是三相平衡点, 三相是: 固态镉、固态铋和液体混合物. 在低共熔点析出的晶体混合物由两种成分的非常细小的晶粒组成 (所谓低共熔混合物). 在区域 III 里, O 点右边的低共熔混合物里含有早先析出的较大粒的铋晶体; O 点左边则含有镉晶体.

图 10.13 是对应于图 10.12 的 "冷却曲线" 的典型样式, 它表示某种成分 (对应于竖直线 ab) 的熔融液体缓慢冷却时系统温度与时间的函数关系. 到达

b 点时, 冷却曲线出现一个折点; 由于开始凝固 (伴随着释放热量), 冷却放慢了. 在低共熔点温度上, 出现了 "热停滞"——曲线上出现一个水平平台, 对应于合金在恒定温度下凝固. 记录这些冷却曲线是用热分析方法求相图的基础.

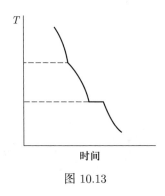

图 10.13

图 10.14 是银-铜系统的相图, 它与上述情况的差别在于, 它的每个固体成分能溶解一定量的另一成分. 因此, 图上有三个单相区: 除了液体混合物区 I 之外, 还有铜溶于银的固溶体区 II 和银溶于铜的固溶体区 III.

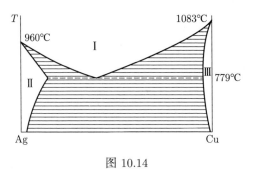

图 10.14

最后, 我们研究铝–钙系统的相图 (图 10.15). 这时, 虽然两种成分并不构成固溶体, 但是有某些化合物存在; 换句话说, 存在某些确定成分的固溶体. 竖直线 BD 对应化合物 $CaAl_2$. B 点是这种化合物的熔点; 曲线 ABC 在这一点有极大值. 另一种化合物 $CaAl_4$ 在熔化开始前已经分解. 因此对应这一化合物的竖直线不抵达液态边界 AB. 所有涂阴影区域都分两相. 这时两个互相处于平衡的相永远由水平直线与图中最靠近的两条竖直线的交点给出. 例如, 区域 I 中液体与化合物 $CaAl_2$ 晶体处于平衡; 区域 II 中液体与 $CaAl_4$ 晶体处于平衡; 区域 Ⅲ 中 Al 晶体与 CaAl$_4$ 晶体处于平衡; 等等.

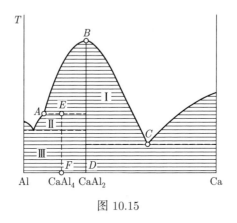

图 10.15

注意, 用热分析方法研究相图, 这件事本身就提供了各种物质存在固体化合物的信息. 存在这种化合物表示为, 熔化曲线上有一极大值 (如图 10.15 上的 B 点) 或折点 (如 A 点).

不同混合物的相图式样繁多, 各不相同. 这里描述的几种是最简单的. 但是, 从这些例子已经可以看到种种特性和类型, 它们也出现在更复杂的相图中.

§85　相律

我们先回忆上一章和本章关于相平衡的性质的一些内容, 为的是对它们加以推广.

由单一物质构成的均匀物体的热状态由两个独立变量温度 T 和压强 p 之值确定. 如果把这个物体与同种物质的另一相结合到一起 (比如把冰加到水中), 这两相不能在一切 p、T 值下共存, 只是在 p、T 满足完全确定的关系 (用 $p\text{-}T$ 图上的一条曲线表示) 时才有两相. 可以说, 与冰平衡对水的状态方程加了一个补充条件, 使独立变量的数目从两个 (p 和 T) 变为一个 (p 或 T).

一种物质的三个相 (如冰、水和水蒸气) 只有在完全确定的 p 值和 T 值下才能够共存, 这是 $p\text{-}T$ 图上的一点, 水与冰的平衡曲线和水与水蒸气的平衡曲线的交点. 可以说, 要再多一相共存就还得加一个补充条件, 结果使独立变量个数减到了零.

由此很清楚, 一种物质的四个相 (例如水、水蒸气以及冰的两种晶型) 一般不能实现相互平衡. 这样的平衡需要满足三个补充条件, 这靠我们能支配的两个变量 p 和 T 无法实现.

现在考虑两种物质构成的物体, 比方说, 液体溶液. 它的状态由三个独立变量决定: 温度 T、压强 p 和浓度 c. 令这种溶液与自己的蒸气 (含相同的两种物质) 处于平衡. 这加了一个补充条件, 描述溶液状态的三个量里, 仅剩两个仍然是任意的. 因此液态溶液与蒸气在任何压强和温度下都能平衡, 但是这时溶液的浓度 (及蒸气的浓度) 值就必须完全确定. 从本章的相图已经看到这些.

若再添由同样的两种物质组成的一相, 那么这又增加了一个补充条件, 总共还剩下一个变量可以任意. 于是, 给定压强, 三相只能在一点共存 —— 在完全确定的温度和浓度下. 这就是上节相图上的低共熔点.

最后, 由两种成分组成的四个相, 只有在所有的量 (压强、温度和浓度) 的确定值才能处于平衡. 五个 (或更多个) 相的平衡根本不可能.

这些结论容易推广到包含任意成分的相的平衡.

若有 n 种成分, 共存相个数为 r. 考虑其中某一相. 它的组成由 $n-1$ 个浓度值确定, 例如 $n-1$ 种成分中每种的量与第 n 种成分的量的比值. 因此相的状态总共由 $n+1$ 个量 (p、T 和 $n-1$ 个浓度) 确定. 另一方面, 这个相与另外 $r-1$ 个相处于平衡, 这对这个相的状态方程加了 $r-1$ 个补充条件. 条件的数目不能超过变量个数, 即 $n+1$ 必定大于等于 $r-1 : n+1 \geqslant r-1$. 由此

$$r \leqslant n+2.$$

于是, 含 n 种物质的混合物, 可以平衡共存的相的数目不多于 $n+2$. 这就是所谓相律.

当共存的相的个数达到最大可能值 $n+2$ 时, 描述系统状态的全部物理量 (p、T 和所有相中各物质的浓度) 必须取完全确定的值. 当 r 个相处于平衡时, 可以任意取值的量有 $(n+1)-(r-1)=n+2-r$ 个.

第 11 章　化学反应

§86　反应热

本章从物理学的视角研究化学反应. 我们关心的是一切化学反应都具有的那些共同性质, 与参加反应的物质的化学特性无关.

一切化学反应都伴随有热量的吸收或释放. 前一种反应叫做吸热反应, 后一种反应叫做放热反应. 显然, 若某个化学反应是吸热反应, 则其逆反应是放热反应, 反之亦然.

普遍说来, 化学反应的热效应由发生反应的条件决定. 因此, 严格地说, 必须按照反应是在恒定压强下发生还是在恒定容积内发生对反应的热效应加以区别. 不过实际上这个差别通常很小.

我们将反应热写在反应方程中放热的一侧, 带一正号, 或写在吸热一侧, 带一负号. 例如, 反应方程

$$C + O_2 = CO_2 + 400 \, \text{kJ}$$

表示, 1 mol 原子碳 (石墨) 燃烧放出 400 kJ 热. 再举两个例子:

$$\frac{1}{2}H_2 + \frac{1}{2}Cl_2 = HCl + 92,$$
$$\frac{1}{2}N_2 + \frac{3}{2}H_2 = NH_3 + 46$$

(这里和后面的所有例子里, 给出的热量都以每摩尔反应物多少千焦耳为单位, 故略去不写).

上面举的例子里, 假设参加反应的一切物质 (除石墨外) 处于气态 (在室温和大气压下). 反应物的聚集态必须标明, 因为反应热与它有关, 而且这一依赖关系可以相当强. 作为一个例子, 我们求从气态的氧气和氢气生成液态水与

水蒸气的热量的差异. 1 mol 分子水的蒸发热 (在 20 °C) 为 44 kJ, 即

$$H_2O(气态) = H_2O(液态) + 44,$$

从氧气和氢气生成水蒸气的反应式是

$$H_2 + \frac{1}{2}O_2 = H_2O(气态) + 240.$$

将上二式相加, 得到生成液体水的反应方程

$$H_2 + \frac{1}{2}O_2 = H_2O(液态) + 284.$$

反应热当然也由反应发生的温度决定. 若已知参加反应的一切物质的比热, 不同温度下反应热之值容易换算, 同我们刚才换算不同物态间的反应热相似. 为此, 必须计算全部参加反应的物质从一个温度变到另一温度所需的热量.

如果几个反应一个个接连发生, 那么从能量守恒定律可知整个一串反应总的热效应等于各个反应热效应之和. 还可得出结论, 如果我们从某种物质出发经过若干中间反应得到另一种物质, 那么总的热量输出与经历哪些中间阶段无关.

特别是, 依靠这一规则我们能够计算一些事实上不会发生的反应的反应热. 例如, 我们来求从碳元素 (石墨) 和氢元素直接生成乙炔气体 ($2C + H_2 = C_2H_2$) 的反应热. 这个反应不能以这样的方式直接发生, 实际上是通过别的方法实现的, 因此无法直接测量它的反应热. 但是, 它可以从已知的 (直接测量的) 碳、氢和乙炔自身的燃烧热计算出来. 各个燃烧热的值由下面的反应式给出:

$$2C + 2O_2 = 2CO_2 + 800,$$

$$H_2 + \frac{1}{2}O_2 = H_2O + 240,$$

$$C_2H_2 + \frac{5}{2}O_2 = 2CO_2 + H_2O + 1300.$$

前两式相加减去第三式, 得

$$2C + H_2 = C_2H_2 - 260.$$

从元素生成化合物的热量与元素的状态有关. 物理学更感兴趣的不是天然形式的元素的生成热, 而是直接来自一个原子的生成热. 它决定了化合物的内能, 与起始物质的状态无关. 举几个例子:

$$2H = H_2 + 435,$$

$$2O = O_2 + 500,$$

$$C_{原子} = C_{石墨} + 720,$$

$$2C_{原子} + 2H = C_2H_2 + 1600.$$

从元素生成化合物的生成热可正可负. 但是由原子生成化合物的生成热永远为正, 否则化合物不稳定, 无法存在.

§87 化学平衡

随着一个化学反应的进行, 原来的物质逐渐减少, 反应产物不断积累. 最后导致一个状态, 在此状态中各种物质的量不再改变. 这个状态叫化学平衡, 它是热平衡的特殊情形.

化学平衡下, 除反应生成的产物外, 一般还剩下若干原来的物质. 当然, 在许多场合, 剩下的量不多, 但是这不改变问题的原则方面.

包含初始物质和最终产物的化学平衡之所以确立, 是由于以下的原因. 比如, 考虑氢气与碘生成碘化氢的反应:

$$H_2 + I_2 = 2HI.$$

除了从 H_2 和 I_2 生成 HI 外, 在这三种物质的混合物中, 还发生 HI 分解为氢和碘的逆过程: 正向反应时总是有逆反应同时发生. 随着 HI 存量的增加和 H_2 及 I_2 存量的减少, 显然正向反应变慢而逆反应加快. 最后到达这样一点, 这时两个方向的反应速率相同: 多少个新的 HI 分子生成, 同时就有多少个 HI 分子分解; 此后所有物质的量都不改变.

因此, 从分子视角看, 化学平衡 (及其他形式的热平衡) 具有动态特征 ——

实质上反应并未停止, 而是正反应和逆反应以同样的速率发生, 相互抵消.

显然, 上例中的反应不论是从氢和碘的混合物出发, 还是从纯 HI 的分解出发, 在平衡态中三种物质的相对含量应当相同. 化学平衡位置与从何处到达平衡无关.

此外, 化学平衡也不依赖反应发生的条件和反应经历的中间阶段. 平衡位置仅仅由处于平衡的各种物质的状态决定, 即由处于平衡的混合物的温度和压强决定.

化学平衡的位置随温度变化移动. 这种移动的方向与反应的热效应紧密相联, 由勒夏特列原理容易确定. 考虑一个放热反应, 比如氮和氢生成氨 ($N_2 + 3H_2 = 2NH_3$), 假设反应已经到达平衡状态. 加热处于平衡的混合物, 混合物必定会发生一个过程使混合物冷却: 必定会有一定量的氨分解, 结果发生热量的吸收. 这意味着, 化学平衡移向氨的量减少的一侧.

于是, 温度升高时放热反应的 “产量” 减少; 吸热反应相反, 温度升高时产量增加.

类似地, 平衡位置对压强的依赖关系与伴随着 (在恒定压强下进行的) 反应发生的体积变化有关. 加高压强会减少使反应物总体积增大的反应的产量, 增大使反应物总体积减小的反应的产量. 后一情况发在生成氨气的反应中, 因为生成的 NH_3 分子的数目, 少于参加反应的 N_2 分子和 H_2 分子的数目, 气体混合物的体积在反应中减小.

§88　质量作用定律

现在我们对化学平衡概念作定量表述. 首先研究气体混合物中的化学反应, 参与反应的物质都处于气态.

作为例子, 我们再次回到生成 HI 的反应. 氢分子 H_2 和碘分子 I_2 碰撞时, 氢和碘发生反应. 因此生成 HI 的反应速率 (即单位时间内生成的 HI 分子的数量) 与发生这种碰撞的次数成正比. 碰撞次数正比于混合物中氢和碘的密度, 即单位体积中它们的分子个数. 而气体的密度正比于它的压强. 因此生成

HI 的反应速率正比于混合物中这些气体的分压强, 等于

$$k_1 p_{H_2} p_{I_2},$$

其中系数 k_1 仅由温度决定. 类似地, HI 分解的反应速率正比于 HI 分子彼此碰撞的次数, 因而正比于混合物中 HI 分压强的平方

$$k_2 p_{HI}^2.$$

平衡时正反应和逆反应速率相同

$$k_1 p_{H_2} p_{I_2} = k_2 p_{HI}^2.$$

令 $k_2/k_1 = K(T)$, 得

$$\frac{p_{H_2} p_{I_2}}{p_{HI}^2} = K(T).$$

此式将处于平衡的全部三种气体的分压强联系起来. 量 $K(T)$ 叫做该反应的平衡常量. 它与参与反应的物质数量多少无关. 上式表示的关系称为质量作用定律.

完全类似地, 可以对任何别的气体之间的反应写出这个定律. 它的普遍形式可以通过以下方式写出.

在反应的化学方程式中, 可以有条件地将所有各项移到方程的一侧, 例如

$$H_2 + I_2 - 2HI = 0.$$

一切反应的普遍形式可以写为

$$\nu_1 A_1 + \nu_2 A_2 + \cdots = 0,$$

其中 $A_1, A_2, \cdots$ 是参加反应的物质的化学符号, $\nu_1, \nu_2, \cdots$ 为正负整数 (比如, 上例中的 $\nu_{H_2} = \nu_{I_2} = 1, \nu_{HI} = -2$). 于是质量作用定律可写为以下形式

$$p_1^{\nu_1} p_2^{\nu_2} \cdots = K(T),$$

其中 $p_1, p_2, \cdots$ 是各种气体的分压强.

改用混合物中各种物质的浓度代替分压强常常更为方便. 第 i 种物质的浓度定义为混合物中它的分子个数 N_i 与分子总数 N 之比 $c_i = N_i/N$ (或它的物质的量与总物质的量之比, 这是一回事). 因为气体混合物总压强 $p = NkT/V$ (V 是混合物的体积), 分压强 $p_i = N_i kT/V$, 于是

$$p_i = c_i p.$$

将这些式子代入质量作用定律方程, 后者便表示为以下形式

$$c_1^{\nu_1} c_2^{\nu_2} \cdots = K(T) p^{-(\nu_1 + \nu_2 + \cdots)},$$

此式建立了混合物中一切物质浓度之间的关系. 它右边的量也叫平衡常量; 不过这时它可能不只是依赖于温度, 也依赖于压强. 只有当求和 $\nu_1 + \nu_2 + \cdots = 0$ 时, 即反应不改变分子总数时 (比如在反应 $H_2 + I_2 = 2HI$ 中), 才与压强无关.

对生成氨气的反应

$$N_2 + 3H_2 = 2NH_3$$

有

$$\frac{c_{N_2} c_{H_2}}{c_{NH_3}^2} = \frac{K(T)}{p^2}.$$

增大压强上式的右边减小, 因此左边一定也减小. 换句话说, 起始物质的平衡浓度减小, 氨的浓度增大, 这与我们前面从勒夏特列原理得到的结果一致. 我们还看到, 此反应的产出必定随温度升高减少. 我们可以说, 这时平衡常量 $K(T)$ 随温度升高而增大.

对于前面的质量作用定律的推导必须作以下说明. 我们在讨论中曾假设反应进程就像化学方程式所表示的那样. 在生成 HI 的反应中实际上的确如此; 但是许多反应, 事实上根本不是照它们的方程式所示的那样进行. (例如, 氨分子生成并非通过一个 N_2 分子与三个 H_2 分子碰撞). 将反应用一个方程表示通常只是对一系列中间步骤的一个总结性的表述, 它注意的仅仅是初始和最终的物质 (这一点本章后面会谈到). 可是, 化学平衡的性质和描述它们的质量作用定律是与反应的真实机制无关的.

为了说明质量作用定律的应用, 下面对氢的离解反应

$$H_2 = 2H$$

这个简单例子作一透彻讨论并确定平衡时能达到的离解度. 令氢原子总数 (包括原子形式的和氢分子 H_2 中的) 为 A. 离解度 x 可定义为原子氢粒子的数目与氢原子总数 A 之比. 于是

$$N_H = Ax, \quad N_{H_2} = \frac{A(1-x)}{2}, \quad N = N_H + N_{H_2} = \frac{A(1+x)}{2}.$$

用这些量表示浓度 c_H 和 c_{H_2}, 代入质量作用定律中, 得

$$\frac{c_{H_2}}{c_H^2} = \frac{1-x^2}{4x^2} = pK.$$

由此

$$x = \frac{1}{\sqrt{1+4pK}},$$

特别是, 上式决定了离解度对压强的依赖关系.

如果气体混合物中能够发生多个不同反应, 那么必须分别对每个反应应用质量作用定律. 比如, 在气体 H_2, O_2, CO, CO_2, H_2O 的混合物中, 能够发生反应

$$2H_2O = 2H_2 + O_2, \quad 2CO + O_2 = 2CO_2.$$

对这两个反应, 我们有

$$\frac{p_{H_2O}^2}{p_{H_2}^2 p_{O_2}} = K_1, \quad \frac{p_{CO}^2 p_{O_2}}{p_{CO_2}^2} = K_2,$$

化学平衡状态由这两个方程联立求解决定. 注意, 在这种混合物中还能发生别的反应, 例如

$$H_2O + CO = CO_2 + H_2;$$

但是这个反应不必考虑, 因为它归结为前面讲过的两个反应之和, 质量作用定律会给出一个方程, 它简单是前面导出的两个方程的乘积.

下面研究除气体外还有固体参加的反应. 固体与气体分子之间的反应, 可以在气体分子碰撞固体表面时发生. 我们考虑单位面积表面上发生的反应. 气体分子与这个表面碰撞的次数, 显然只由气体密度决定, 与固体数量无关. 与此相应, 单位面积固体表面上的反应速率只与分压强成正比, 与固体数量无关. 由此很清楚, 质量作用定律对有固体参加的反应也成立, 这时差别仅在于它的方程只含气体浓度, 完全不考虑固体物质的数量. 固体物质的性质仅仅体现在平衡常量对温度的依赖关系中.

例如, 在石灰石分解放出二氧化碳的反应

$$CaCO_3 = CaO + CO_2$$

中, 只有 CO_2 是气体, (氧化钙仍为固体). 因此质量作用定律简单地给出

$$p_{CO_2} = K(T).$$

这意味着, 在给定温度下平衡时, 石灰石上方的二氧化碳必定有某一确定分压强. 注意这个情况与蒸发相似: 蒸发时物体表面上气体压强也是只由温度决定, 与这种那种物质的多少无关.

若溶液是稀溶液, 质量作用定律也对溶液中物质间的反应成立; 这里我们再次看到 §80 中提过的气体性质与稀溶液性质相似. 对气体反应的质量作用定律的推导, 基于对分子直接碰撞次数的计算. 对溶液中的反应可以作类似计算; 参加反应的分子不在真空中, 而处于某种介质 (溶剂) 中, 这一情况仅仅影响平衡常量对温度和压强的依赖关系. 因此在质量作用定律方程

$$c_1^{\nu_1} c_2^{\nu_2} \cdots = K(p, T)$$

中, K 对温度或压强的依赖关系都是未知的. 这个方程中的浓度 $c_1, c_2, \cdots$ 现在定义为给定数量 (或单位体积) 溶剂中溶质的量.

类似的公式对不仅有溶质参与, 而且溶剂自身也参与的反应也成立, 例如, 发生在糖的水溶液中的蔗糖的水解作用反应:

$$蔗糖 + H_2O = 葡萄糖 + 果糖$$

由于水分子的数量比糖分子多得多 (假设是稀溶液), 水的浓度在反应中实际不变. 因此在质量作用定律的表示式中只需写出溶质的浓度

$$\frac{[蔗糖]}{[葡萄糖][果糖]} = K(T, p)$$

(方括号表示物质的量浓度 —— 每升水中该物质的物质的量).

§89 强电解质

许多物质溶解不是以分子形式而是以分子的带电成分 —— 离子的形式 (带正电的离子叫做正离子, 带负电的叫做负离子) 分布在溶液中, 这样的物质叫强电解质. 对溶解为离子形式的物质, 我们说它们溶解时被离解了, 这个现象叫电离解.

在水溶液中几乎全部盐、某些酸 (例如 HCl、HBr、HI、HNO_3) 和某些碱 (如 NaOH 和 KOH) 为强电解质. 对于盐, 金属是正离子, 酸根是负离子 (例如, $NaCl \rightarrow Na^+ + Cl^-$). 酸离解为正离子 H^+ 和酸根负离子 ($HNO \rightarrow H^+ + NO_3^-$); 最后, 碱离解为金属正离子和叫做羟基 (氢氧基) 的负离子 OH^- ($NaOH \rightarrow Na^+ + OH^-$).

电离解现象也在别的某些溶剂中观察到, 但在水溶液中表现最强烈.

若水中同时溶有两种强电解质, 例如 NaCl 和 KBr, 这时把这种溶液说成 NaCl 和 KBr 的溶液是没有意义的. 实际上, 其中只含有分离的离子 K^+、Na^+、Cl^-、Br^-. 因此, 同样可称此溶液为 NaBr 和 KCl 的溶液 (或更正确地说, 两种说法内容都不足).

参加溶液中强电解质间反应的, 实际上只是分离的离子, 因为溶液中没有完整的分子. 因此强电解质间的反应热, 只由直接参加反应的离子决定, 与溶液中另外存在有哪些离子无关 (当然, 溶液得是稀溶液). 例如, 强酸与碱中和的反应. 将 NaOH 与 HCl 中和的反应写为 $NaOH + HCl = NaCl + H_2O$ 的形式是不精确的. 实际上参加反应的只是离子 H^+ 和 OH^-, 结合成水: $H^+ + OH^- = H_2O$. 显然, 对一切强酸和强碱, 这个反应都一样, 与金属和酸根的本

性无关. 因此, 对任何强酸与任何强碱的中和, 反应热也相同. 对 1 mol 酸和 1 mol 碱, 反应热等于 57 kJ:

$$H^+ + OH^- = H_2O + 57\,kJ.$$

我们来研究某种溶解度低的强电解质的饱和溶液, 例如 AgCl 在水中的饱和溶液. 按照饱和这个概念的定义, 此溶液与固体 AgCl 处于平衡. 可以把这种平衡看成反应

$$Ag^+ + Cl^- = AgCl$$

的化学平衡, 其中 Ag^+ 和 Cl^- 在溶液中, 而 AgCl 则处于固态; 单位时间有多少个 AgCl 分子进入溶液, 同一时间便有数目相同的 AgCl 分子通过离子结合生成, 从溶液中沉积出来. 从另一角度看, 既然溶液稀 (因为 AgCl 的溶度小), 就可以应用质量作用定律. 我们记得, 这时只需考虑溶质的浓度, 得到

$$[Ag^+][Cl^-] = K,$$

式中方括号表示摩尔浓度 (每升水中的物质的量). 常量 K (当然它是温度的函数) 叫做这种电解质的溶度积. 例如, 对 AgCl, 在室温下, $K = 1 \times 10^{-10}$ $(mol/L)^2$; 对 $CaCO_3$, $K = 1 \times 10^{-8}$ $(mol/L)^2$.

于是, 溶度小的强电解质的饱和溶液中的正负离子浓度的乘积是常量. 如果在水中除 AgCl 外不溶有任何别的含 Ag 离子和 Cl 离子的盐, 那么浓度 $[Ag^+]$ 和 $[Cl^-]$ 便与氯化银的溶度 c_0 相同. 由此推得

$$K = c_0^2.$$

现在将若干溶度高的别种氯化物 (如 NaCl) 加到 AgCl 的饱和溶液中. 于是部分 AgCl 将从溶液中以固体沉淀的形式析出. 实际上, 增添 NaCl 提高了 Cl^- 的浓度, 而 Ag^+ 浓度仍然未变; 因此必定会析出部分 AgCl, 使乘积 $[Ag^+][Cl^-]$ 不变.

§90 弱电解质

除强电解质外还存在这样的物质, 它们在溶解时虽然也发生离解, 但只是部分离解; 这些物质的溶液中除离子外也有中性分子. 这样的物质称为弱电解质.

大部分酸和碱, 还有一些盐 (如 $HgCl_2$), 在水中是弱电解质.

对弱电解质的稀溶液可以应用质量作用定律. 例如醋酸 (CH_3COOH) 的溶液, 醋酸在水中按照下式离解:

$$HAc = H^+ + Ac^-$$

(符号 Ac 表示醋酸根 CH_3COO). 离解一直持续, 直到确立平衡, 平衡时离子浓度由下式确定:

$$\frac{[Ac^-][H^+]}{[HAc]} = K,$$

常量 K 叫做离解常量. 例如, 醋酸在室温下 $K = 2 \times 10^{-5}$ mol/L.

离解反应是吸热反应, 发生时吸收热量. 和一切吸热反应一样, 温度升高时其 "产量" 增加, 即离解常量增大.

离解常量与已溶解的电解质的量无关 (只要溶液还是稀溶液), 这是它的基本特征. 但离解度 (即离解的分子数与电解质分子总数之比) 与溶液的浓度有关.

设总共有 c mol 电解质溶在 1 L 水中. 离解度用 α 表示. 于是离解的物质的量为 $c\alpha$. 若一个电解质分子离解为一个正离子和一个负离子 (像上述醋酸例子中那样), 那么每种离子的浓度等于 $c\alpha$. 未离解的分子的浓度为 $c(1-\alpha)$. 因此, 质量作用定律给出

$$\frac{\alpha^2}{1-\alpha}c = K.$$

由此可得, 离解度可用溶液的浓度表示为

$$\alpha = \frac{-K + \sqrt{K^2 + 4Kc}}{2c} = \frac{2K}{K + \sqrt{K^2 + 4Kc}}.$$

从此式看到, 减小浓度 c, 离解度增大. 无限稀释时 (即当 $c \to 0$ 时), 离解度趋于 1. 这样, 溶液越稀电解质离解的程度越高. 这是下述事实的自然结果: 影响分子离解的水分子无处不在, 故发生离解不难, 但是反过来复合, 要求两个不同的离子必须走到一起, 溶液越稀这事发生得越少.

水本身是非常弱的电解质. 部分水分子 (很小一部分) 按下式发生离解:

$$H_2O = H^+ + OH^-.$$

由于 H_2O 就其与离子 H^+ 和 OH^- 的关系而言同时是溶剂, 我们知道, 在质量作用定律的公式中只需写出这些离子的浓度:

$$[H^+][OH^-] = K.$$

对 25 °C 的纯水

$$K = 10^{-14}(mol/L)^2.$$

因为在纯水中离子 H^+ 和 OH^- 的浓度显然相同, 都等于 10^{-7}. 于是 1 L 水中仅含 10^{-7} mol H^+ 离子 (和同样数量的 OH^- 离子); 1000 万升水, 仅仅离解 1 mol (18 g).

H^+ 离子浓度的常用对数并反号称为 pH 值:

$$pH = -\log_{10}[H^+].$$

25 °C 的纯水 pH $= 7.0$ (0 °C 下 pH $= 7.5$; 60 °C 下 pH $= 6.5$).

酸溶解时释放 H^+ 离子. 但是浓度积 $[H^+][OH^-]$ 必须保持不变, 等于 10^{-14}. 因此部分 OH^- 离子必须与 H^+ 离子结合为中性的水分子. 结果浓度 $[H^+]$ 显得比纯水中它的浓度 (10^{-7}) 大. 换句话说, 酸性溶液的 pH 值小于 7. 相仿地, 碱性溶液 (释放 OH^- 离子) pH 值大于 7. 于是, 溶液的 pH 值是其酸碱度的定量量度.

含弱酸 (例如醋酸 HAc) 和它的强电解质盐 (例如醋酸钠 NaAc) 的溶液有一种有趣性质. 完全离解的盐在溶液中产生大量的 Ac^- 离子. 由酸的离

解方程

$$\frac{[\text{H}^+][\text{Ac}^-]}{[\text{HAc}]} = K$$

看出溶液中存在的过量的 Ac^- 离子要求减少 H^+ 离子的数目, 即阻止酸的离解. 因此未离解的酸分子的浓度 $[\text{HAc}]$ 实际上与酸分子的总浓度 (用 c_a 表示) 相同. 而 Ac^- 离子的浓度, 则几乎全是由盐给出的, 实际上等于盐的浓度 c_s. 于是 $[\text{H}^+] = K c_a / c_s$, 溶液的 pH 值等于

$$\text{pH} = -\lg[\text{H}^+] = -\lg K + \lg \frac{c_a}{c_s},$$

看来它仅依赖于盐和酸的浓度之比. 于是溶液的稀释, 或者在溶液中加少量任何别种酸或碱, 实际上不改变溶液的 pH 值. 溶液这种保持自身 pH 值的性质称为缓冲作用.

§91 激活能

迄今为止, 我们只研究了化学平衡状态, 未触及化学反应机制、速率等问题. §88 中对分子碰撞次数的计算仅用来推导平衡条件; 当时已提醒过, 不要把它等同于真实反应机制.

现在我们来研究化学反应进行的速率. 单个分子与别的分子碰撞, 可以让这些分子发生反应. 但是远非一切碰撞都引起反应. 相反, 实际情况中, 通常只有全部碰撞的微不足道的一部分伴随有分子间的反应发生.

其解释如下.

反应时, 发生碰撞的分子中的原子被以某种方式重新排列. 为了清晰起见, 我们假设反应归结为一个原子从一分子 (A) 转移到另一分子 (B). 这个原子的势能由它相对于两个分子的位置决定. 这个势能作为沿原子 "转移路径" 的坐标 x 的函数由图 11.1 中的曲线表示. 当然, 这条曲线是高度示意性的, 因为实际情况中势能由多个参量 (坐标) 决定, 不是只决定于一个参量. 重要的不是势能的精确形状, 而是它有两个极小值, 对应于原子在两个分子里的位置. 两个位置之间有势垒隔开.

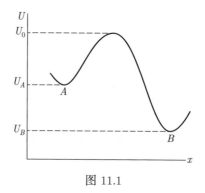

图 11.1

化学反应只在下面的情况发生: 产生碰撞的两个分子里, 必须从一个分子转移到另一分子的原子能够具有足够的能量穿越势垒. 可是在多数分子里, 这个原子的能量等于或近似等于相应的极小值. 因此, 只有当它具有多余的能量 $U_0 - U_A$ 时, 分子才会进入反应, 发生跃迁 $A \to B$ (见图 11.1). 气体中这样的分子的数目与不具有这一能量的分子数目之比, 等于玻尔兹曼因子的比率 (见 §55)

$$\mathrm{e}^{-\frac{U_0}{kT}} : \mathrm{e}^{-\frac{U_A}{kT}} = \mathrm{e}^{-\frac{U_0 - U_A}{kT}}.$$

能量 $U_0 - U_A$ 称为这个反应的激活能. 通常这个能量是指 1 mol 物质的, 这只需将 $U_0 - U_A$ 乘阿伏伽德罗常量: $N_0(U_0 - U_A) = E$.

于是, 能够发生反应的分子数, 从而反应速率, 与激活因子

$$\mathrm{e}^{-\frac{E}{RT}}$$

成正比. 这个因子是反应速率与温度的关系中的主要因子. 我们看到, 反应速率随温度增长很快.

用 v 表示反应速率, 由上式得

$$\ln v = \mathrm{const} - \frac{E}{RT},$$

即, 反应速率的对数与 $1/T$ 的函数关系是一条直线. 这条直线的斜率决定了激活能 E.

不同分子过程的激活能可以很不相同. 对许多观察到的反应, 激活能在 10 kJ — 150 kJ 的范围里.

改变温度, 从某一值 T 变到稍微不同的 $T + \Delta T$, 反应速率的改变由下式给出

$$\ln v_2 - \ln v_1 = \ln \frac{v_2}{v_1} = -\frac{E}{R(T + \Delta T)} + \frac{E}{RT} \approx \frac{E}{RT^2} \Delta T.$$

比如, 当 $E = 80$ kJ, $T = 300$ K, $\Delta T = 10$ K 时, 我们得到 $v_2/v_1 \approx 3$. 反应速率这样增大的情况很典型. 对气体中和溶液中的种种化学反应, 每当温度升高 10 °C (在反应以可察觉的速率进行的温区), 反应速率增大 2—4 倍.

反应速率对温度依赖的程度可以从实例 $2\mathrm{HI} \rightarrow \mathrm{H_2} + \mathrm{I_2}$ 看出 (它的激活能为 185 kJ). 在 200 °C 反应实际上不发生: 哪怕离解出刚刚能察觉的一点 HI 也要几百年. 在 500 °C 反应在几秒内就完成. 即使在这样的高温下, 每 10^{12} 次 HI 分子间碰撞也只有大约 1 次使分子离解.

碰撞引发反应效率低的主要原因在于分子必须具有足够大的能量. 关键是必不可少的过剩能量必须集中在分子内的某些原子或原子团上; 这个情况对建立反应速率也起着某种作用. 对于有复杂分子参加的反应, 起作用的还有几何因素: 分子碰撞时接触到的正好是它们能够发生反应的部分.

重新回到示意图 11.1. 差值 $U_A - U_B$ 对应于分子 A 和 B 的内能之差, 即放热反应 $A \rightarrow B$ 释放的、或逆向的吸热反应 $B \rightarrow A$ 吸收的反应热. 这个差与势垒高度没有直接关系, 即反应热与反应的激活能之间没有直接联系. 但是在正反应与逆反应的激活能之差与反应热之间, 存在确定的关系. 由图看到, 反应 $A \rightarrow B$ 和 $B \rightarrow A$ 的激活能由 $U_0 - U_A$ 和 $U_0 - U_B$ 两个量给出, 它们之差等于反应热

$$(U_0 - U_B) - (U_0 - U_A) = U_A - U_B.$$

§88 中说过, 化学反应通常并不是精确按照它的总体反应方程进行. 实际上, 多数化学反应具有复杂程度不一的机制, 由单个简单的基元过程累积而成, 这些基元过程是反应的一些常常难以确定的中间阶段. 反应好像在挑选它能最快发生的途径. 自然, 反应的中间阶段必须有尽可能低的激活能, 这是决

定反应路径的基本物理因素. 不同阶段的速率可以很不相同. 显然, 总过程的速率主要由这些中间阶段中最慢阶段的速率决定, 正如一条装配线的速度不可能超越最慢的操作速度.

减小反应中间阶段的激活能是大多数催化过程的基础, 所谓催化, 是在参加反应的混合物中加入某种局外物质 (催化剂) 来加速反应. 这种加速作用可能非常重要; 许多单靠自身实际上不会发生的反应, 一加催化剂, 便迅速发生了. 催化剂的作用归结为, 它以某种形式参与了中间阶段的反应, 但在整个过程结束时又恢复原来的形式.

必须强调, 催化剂不能移动化学平衡的位置, 这个位置与反应发生的方式无关. 催化剂的唯一作用是加速建立平衡.

§92 反应分子数

气体或稀溶液中的一切化学反应按照为发生这个反应必须相撞的分子个数可以分成几种类型. 这里要强调, 我们说的是真实的、事实上发生的分子过程. 下面举的例子里, 反应像它们的化学方程式表示的那样发生. 大多数情况下, 反应的这种分类法只适用于复杂的反应机制的单个单元.

单分子反应是这样的反应, 即原初物质的分子分解为两部分或几部分. 例如, 溴乙烷的分解反应:

$$C_2H_5Br \rightarrow C_2H_4 + HBr.$$

发生这种反应不需要分子碰撞. 因此, 随着反应物质分解反应速率随其浓度的一次方成正比减小.

在这个意义上稀溶液中的以下反应具有类似性质, 在这类反应中除一个溶质分子外还有溶剂分子参加. 例如, 前面讲过的蔗糖水解的例子:

$$蔗糖 + H_2O \rightarrow 葡萄糖 + 果糖$$

这个反应事实上包括两个分子, 但是因为在整个反应中每个糖分子周围都围绕着许多个水分子, 反应速率的改变只由溶解的糖的浓度变化引起.

从两个分子得到两个或多个别种分子的反应叫双分子反应. 例如, 下面这些反应

$$H_2 + I_2 \rightleftarrows 2HI,$$

$$NO_2 + CO \rightleftarrows NO + CO_2,$$

在正反两个方向都是双分子反应. 为发生这样的反应, 两个分子必须相撞. 因此反应速率与两种反应物的浓度之积成正比 (或者, 若反应包括的两种分子相同, 则与反应物浓度的平方成正比). 属于这种类型的有绝大多数基元过程, 它们构成复杂反应的机制.

最后, 三分子反应是这样的反应, 这些反应有三个分子参与, 生成两个或多个别种分子. 三分子反应比较稀少, 这是因为这种反应的发生要求三个分子同时相撞; 这种三体碰撞当然比一对分子间的碰撞少得多.

容易求出气体中分子三体碰撞次数与二体碰撞次数之比. 可以说, 给定的一个分子发生三体碰撞是它受碰撞时刚好位于第三个分子近旁. 用 V 表示气体占据的总体积, b 表示全部气体分子的总体积. 很明显, 一个分子, 要能被看成是另一分子的近邻, 它必须处于大小数量级为 b 的体积内. 于是, 分子处于另一分子近旁的概率为 b/V. 因此, 三体碰撞次数与二体碰撞次数之比也是 b/V 的数量级. 这个数通常很小; 比如, 正常条件下的空气, 它大约是 10^{-3}.

四体碰撞的次数比三体碰撞次数小同样的比率. 由于这种碰撞极其稀少, 高阶化学反应 (四分子反应等) 在自然界中不发生.

某些化学反应, 看起来像是双分子反应, 实际上是三分子反应. 两个粒子结合为一个粒子的反应属于这种反应, 例如

$$H + H \rightarrow H_2.$$

如果 H_2 分子由两个 H 原子碰撞生成, 那么它立刻重新分解; 两个碰撞的原子总能再次分开. 稳定的 H_2 分子内能必定为负. 因此必须另外还存在一个粒子, 它能够接受生成分子时释放的冗余能量, 两个氢原子才能生成一个稳定分子. 这意味着, 实际上只有三个粒子碰撞, 所说的反应才会发生.

有趣的是, 明明是单分子反应, 在一定条件下却显得像是双分子反应. 一

个分子要分解, 必须有足够的能量使它各部分散开时足以克服势垒. 这种 "活化" 分子有确定的 "寿命" (在复杂分子里, 多余的能量还必须集中到分子分解要求的位置上). 活化分子来自分子在热运动中的互相碰撞. 在足够稀薄的气体中, 碰撞不那么频繁, 活化分子分解比生成新的活化分子更为快速. 在这些条件下, 反应速率主要由激活过程的速率决定, 而激活过程要求分子碰撞, 因此是双分子过程.

§93 链式反应

多数反应机制的特征是有分子碎片 (单个原子或原子基团 —— 所谓自由基) 作为中间产物出现, 它们不存在稳定状态.

例如, 在加热的一氧化氮气体分解的反应中 (正式的反应方程是 $2N_2O = 2N_2 + O_2$), N_2O 分子先按照 $N_2O \rightarrow N_2 + O$ 分解, 生成自由氧原子, 然后自由氧原子再与一个 N_2O 分子发生反应: $O + N_2O \rightarrow N_2 + O_2$.

上例中, 中间粒子 (O 原子) 在发生两次分过程后消失. 不过, 存在有大量的反应, 在其进程中不断有活化中间物再生, 起着催化剂的作用.

我们以 HBr 在氢气和溴蒸气的混合物中生成为例, 来说明这种非常重要的反应机制.HBr 在这种混合物受到光照时生成. 这个反应根本不是由 H_2 分子和 Br_2 分子碰撞完成, 虽然从化学反应方程 $H_2 + Br_2 = 2HBr$ 也许会这么以为. 它的真实机制如下.

在光的作用下, 一些 Br_2 分子分解为两个原子:

$$Br_2 \rightarrow Br + Br.$$

这叫链的启动, 生成的溴原子起着激活中心的作用. 这些原子与 H_2 分子碰撞, 和它们发生反应:

$$Br + H_2 \rightarrow HBr + H,$$

得到的 H 原子再与 Br_2 分子发生反应:

$$H + Br_2 \rightarrow HBr + Br,$$

结果再次生成 Br 原子, 它又与 H_2 分子发生反应, 周而复始. 结果得到先后相继的反应组成的一条链, 在这些反应中 Br 原子起着一种类似催化剂的作用 (它们在生成两个 HBr 分子后恢复原来的情况). 这种反应叫链式反应. 链式反应的理论基础是谢苗诺夫和欣谢尔伍德提出的.

我们看到, 若通过某种方法生成激活中心, 那么此后链式反应将自动进行. 人们也许会以为没有任何外界作用链式反应也能进行到底. 但是, 在实际情形必须考虑链的中断. 一个激活中心 —— 上例中的 Br 原子 —— 能够引发成千上万个 H_2 和 Br_2 分子发生反应, 但是最终它将消亡, 停止进一步的链式反应进程.

例如, 两个 Br 原子再组合成一个 Br_2 分子就会引发这种事. 但是, 我们上节曾说过, 这种两个原子结合生成一个稳定分子的事件只能通过三体碰撞实现. 因此这种链中断机制只有在压强高时才变得有决定意义, 压强高时三体碰撞在气体内发生相当频繁.

链中断的另一机制是激活中心撞击容器壁时发生的丢失. 这个机制在气体压强低时起主要作用, 这时激活中心比较容易穿过气体运动.

另一方面, 还存在发生反应链分支的反应. 例如, 在爆轰性的氢氧混合物中高温下氢气的燃烧反应按下列方式发生: 在外界作用影响下 (例如有一电火花穿过), 反应链启动:

$$H_2 + O_2 \rightarrow 2OH$$

产生的激活中心 (OH 基) 与 H_2 分子发生反应, 产生水:

$$OH + H_2 \rightarrow H_2O + H.$$

这里产生的 H 原子再发生下面的反应:

$$H + O_2 \rightarrow OH + O,$$
$$O + H_2 \rightarrow OH + H.$$

这些反应不仅产生水, 还增加激活中心 H、O、OH 的数量 (这和生成 HBr 的反应相反, 后一反应中自由 H 原子和 Br 原子不增加).

如果由链反应分支引起的激活中心数目增加超过反应链的中断的数目，那么激活中心飞快增殖 (按几何级数)，反应飞快地自加速，发生爆炸．

爆炸的这种链式机制的特点是，原则上它能在常温下发生．还存在另一种爆炸机制即热爆炸机制，它与反应速率对温度的强烈依赖有关．在放热反应迅速排放热量时，移走热量的速度可能不够快，结果反应混合物被加热，使反应逐渐自发加速．

第 12 章　表面现象

§94　表面张力

迄今我们讨论了物体体积内且物体全部质量参与的热属性和热现象. 物体存在自由表面导致出现一类特别的现象, 叫表面现象或毛细现象.

严格地说, 任何物体都不处于真空中, 而是处于另一种介质如空气之中. 因此, 我们该做的不是简单地谈论物体表面, 而是谈论两种介质的界面.

表面现象仅由直接处于物体表面的分子参与. 如果物体的尺寸不是非常小, 那么这种分子的数量比全部体积内的分子总数少得多. 因此表面现象通常不重要. 但是, 对于小尺寸物体表面现象变得重要起来.

位于表面附近薄层内的分子所处的条件与位于物体内部的分子所处条件不同. 物体内部的分子一切方向上都被同样的分子包围; 表面附近的分子则仅在一边有与自己相同的邻居. 这使得表面层中分子的能量不同于物体内部分子的能量. (两种介质的) 界面附近所有分子的能量与它们处于物体内部时具有的能量之差, 称为表面能.

显然, 表面能正比于界面的面积 S:

$$U_{表面} = \alpha S.$$

系数 α 由相互接触的两种介质的性质及其状态决定. 它叫表面张力系数.

我们从力学得知, 力的作用总是使物体变到能量最小的状态. 特别是, 表面能趋向于取尽可能小的值. 由此可见系数 α 永远为正. 否则接触的两种介质不能分别单独存在 —— 它们的分界面将趋于无限增大, 即两种介质趋于互相混合.

相反, 从表面张力系数为正得出的结论是, 两种介质的分界面总是趋向缩小. 正是由于这个原因, 液滴 (或气泡) 的形状趋向于取球形, 因为对于确定体积的一切几何形状, 球的表面积最小. 重力作用会对抗这一趋势, 但是对小滴重力的作用很弱, 其形状仍接近球形. 在失重条件下, 任何一团自由液体的形状都是球形. 失重条件可在下面的著名实验中模拟: 球形油滴悬浮在同一比重的酒精和水的混合物中.

在下述简单实验中, 表面张力显示自己是一个力. 想象一片液体膜, 张在一个金属丝框架上, 框架的一边 (长 l) 可以移动 (图 12.1). 由于表面趋向缩小, 电线上将有一个力作用, 这个力可以在线框的可动边上直接测量. 按照一般的力学法则, 这个力 F 由能量 (此时为表面能) 对力作用方向的坐标 x 的导数给出:

$$F = -\frac{\mathrm{d}U_{表面}}{\mathrm{d}x} = -\alpha \frac{\mathrm{d}S}{\mathrm{d}x}.$$

但液膜表面面积 $S = lx$, 因此

$$F = -\alpha l.$$

这是作用在框架的一边 l 上的力, 由液膜一个面上的表面张力引起 (由于液膜有面, 因此作用在边 l 上的力是此值的两倍). 负号表明, 这个力的方向指向液膜表面内.

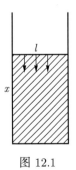

图 12.1

于是, 包围物体表面 (或这个表面的任何一部分) 的线段上有一个力作用, 力的方向垂直于此线段与表面相切指向包围区内; 作用在单位长度线段上的力的大小等于表面张力系数 α.

α 的量纲可从其定义得出, 并可表示为不同形式: 单位面积上的能量或单

位长度上的力

$$[\alpha] = \frac{\text{erg}}{\text{cm}^2} = \frac{\text{dyn}}{\text{cm}}.$$

从上面的讨论得知, 给出表面张力系数之值时, 必须说明相接触的是哪两种介质. 简单说液体的表面张力 (而不指明第二种介质), 常常是指该液体与其蒸气的界面上的表面张力. 这个量永远随温度升高而减小, 在临界点 (液体与其蒸气之间差别消失的点) 变为零.

下面给出几种液体在其与空气的界面上的表面张力系数之值 (单位为 erg/cm^2):

水 (20 °C)	73
乙醚 (20 °C)	17
苯 (20 °C)	29
汞 (20 °C)	480
金 (1130 °C)	1100

液氦与其蒸气的边界上的表面张力很小, 仅 $0.35\ \text{erg}/\text{cm}^2$ (温度接近绝对零度).

固体的界面上当然也有表面张力, 不过在通常条件下它的效应很小: 比较弱的表面力不能改变物体的形状. 与此相联系, 直接测量固体的表面张力系数很困难, 还没有它的大小的可靠数据.

各向异性物体 (晶体) 的表面张力, 在不同的界面上必定不同, 因为不同界面上原子排列的方式一般不同. 由于这个原因, 如果一块晶体能够在表面力作用下自由改变形状, 那么它的形状绝不会是球形, 球形必定仅属于各向同性物体 (液体), 在它的整个表面上处处有相同的张力. 可以证明, 在这些条件下晶体的平衡形状必定非常独特: 它必定由为数不多的几个平面界面组成, 但各个平面界面不是以某一角度相交, 而是以经过修圆的边缘连接.

这种现象可以在下例中观察到: 长时间加热 (温度大约 750 °C) 从岩盐单晶上切割下的球. 高温让原子易于从表面上的一处 "爬" 到另一处, 结果球将变成上面描述的形状.

§95 吸附

吸附是一类范围广泛的表面现象, 它指的是物质聚集在固体和液体表面, 这些固体和液体称为吸附剂. 被吸附的可以是液体和气体, 还可以从溶液中吸附溶质. 比如, 多种气体被吸附在碳、硅胶和许多金属的表面; 碳从溶液里吸附各种有机化合物. 吸附度由表面浓度描述, 它是聚集在吸附剂表面单位面积上的外来物质数量.

吸附现象在自然界中广泛存在, 并且在技术应用中扮演很重要的角色. 为了吸附大量物质, 显然我们必须使用 (对确定质量而言) 表面尽可能大的物体, 例如多孔物体或碾磨成细粉的物体. 为了描述吸附剂的这一性质, 我们使用比表面积这一概念, 它是单位质量物质的表面面积. 良好的吸附剂 (例如专门制备的多孔碳) 的比表面积可达数百平方米/克. 如果我们注意到物体中布满小孔时或物体被碾磨成细粉时, 其表面积如何迅速增大, 这么大的比表面积值并不使人惊奇. 比如, $1\,\mathrm{cm}^3$ 物质, 粉碎为半径为 r 的小球, 总表面积等于 $\dfrac{3}{r}\,\mathrm{cm}^2$, 当 $r \sim 10^{-6}\,\mathrm{cm}$, 这相当于几百平方米.

给定温度下, 被吸附气体的浓度由吸附剂表面上方的气体压强决定. 这一依赖关系由图 12.2 中那种形状的曲线表示, 叫吸附等温线. 最初, 表面浓度随压强上升迅速增大. 随着压强进一步增大, 浓度的增加变缓, 最终趋于某一极限值, 或者说趋于饱和. 实验表明, 吸附饱和对应于吸附剂表面被一层吸附的分子 (叫单分子层) 或密或疏地占据.

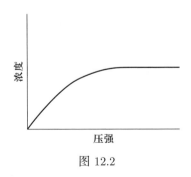

图 12.2

吸附的一个很重要的性质, 是它引起的相互接触介质的界面上表面张力的改变; 这里通常指的是液体的表面. 吸附总是减小表面张力系数, 否则吸附就不会发生. 这里再次看到减小表面能的趋势: 除减小表面面积外, 表面能的减小也可通过改变表面的物理性质实现. 由于能够被吸附在给定液体表面上的物质对表面张力的影响, 这些物质叫做表面活化剂. 例如, 各种肥皂是水的表面活化剂.

能够被吸附在液体表面上的物质总量是很小的. 因此, 积在液体表面上的一点点表面活化剂, 就会使液体的表面张力发生大变化. 液体的表面张力对液体的纯度非常敏感: 例如, 加极小量的肥皂就会使水的表面张力减小到不到原来的三分之一.

液体表面吸附的单分子膜是一种非常独特的物理客体: 它是物质的一种二维态, 分子在其中不是分布在三维体积内, 而是分布在二维表面上. 这个状态可以有不同的相——"气相" "液相" 和 "固相", 与通常的三维相完全相似.

在 "气相" 膜中, 吸附的分子在液体表面分布比较稀疏, 可以在其上自由移动. 在 "凝聚相" 膜 (即 "液相" 膜和 "固相" 膜) 中, 分子互相紧挨, 或保持某种相互移动的自由 (允许 "液相" 膜流动), 或彼此连接得如此坚硬, 使膜像固体. 凝聚相膜可以是各向异性的, 它们是液晶和固体晶体的二维相似物; 前一种情形 (液相膜) 里, 分子沿吸附剂表面规则取向; 后一种情形 (固相膜) 与分子有序分布的二维晶格有某种相似. 有趣的是, 这种各向异性膜可以在两种各向同性介质——液体和气体的界面上生成.

研究这些现象的最佳客体是不溶于水的各种复杂的有机酸、醇等在水面生成的单分子膜, 它们的分子是很长的碳氢链, 一端带有 –COOH、–OH 等基团. 这些基团被水分子强烈吸引, 像是溶化在水的表面层里似的, 但是不能把整个分子拉进液体, 它的一部分仍高高耸出表面之上. 在凝聚相膜上好像生成了一道由紧密衔接的分子构成的栅栏, 栅栏的一端浸在水中.

覆盖膜的水面的表面张力系数 α 小于纯水表面上的值 α_0. 从作用在自由浮在水面上、将膜与纯水表面隔开的栅栏上的力, 可以直接测量差值 $\alpha_0 - \alpha$. 膜作用在栅栏单位长度上的力为 α (指向膜内), 而纯水表面作用在栅栏单位长度上的力为 α_0, 指向相反. 因为 $\alpha_0 > \alpha$, 结果得到, 膜在单位长度上排斥栅

栏的力

$$\Delta\alpha = \alpha_0 - \alpha,$$

可以把这个力看作膜的压强. 在确定温度下, 它是由确定数量的吸附物质生成的膜的面积 S 的确定函数, 就像寻常物体的压强是物体体积的函数一样.

对于面积 S 上有 n 个分子的气相稀释膜, 这个函数关系可写为

$$\Delta\alpha = \frac{nkT}{S},$$

它与理想气体的状态方程 $(p = NkT/V)$ 相像. 使膜收缩 (即减小其面积 S), 在确定的 $\Delta\alpha$ 值下将发生相变, 变为连续的凝聚相膜. 在 $\Delta\alpha$ 与 S 的关系曲线上, 这对应于一水平段, 与通常的 p–V 图等温线上蒸气与液体之间的相变 (§70) 完全类似.

§96 接触角

在处于容器内的液体表面边缘, 我们要和三种互相接触的介质打交道: 固体容器壁 (图 12.3 中的介质 1)、液体 2 和气体 3. 我们来研究这个边界附近的毛细现象.

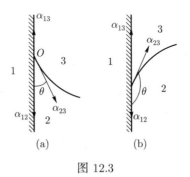

图 12.3

所有三种介质沿一条线 (这条线与图面相交于 O 点) 互相接触, 在这条线上有三个表面张力作用, 它们之中每一个的方向, 都沿着与对应的两种介质的界面相切的方向, 指向介质内, 如图中箭头所示. 接触线上单位长度这些力

的大小, 为相应的表面张力系数 $\alpha_{12}, \alpha_{13}, \alpha_{23}$. 液面与固体器壁之间的夹角用符号 θ 表示, 叫接触角.

液体表面的形状这样确定: 使三个力 α_{12}、α_{13}、α_{23} 的合力沿容器壁之分量为零 (法向分量被器壁的反作用抵消). 于是, 器壁附近液体的平衡条件为

$$\alpha_{13} = \alpha_{12} + \alpha_{23} \cos\theta,$$

由此得

$$\cos\theta = (\alpha_{12} - \alpha_{13})/\alpha_{23}.$$

我们看到, 接触角仅由三种接触介质的性质决定 (由它们的界面上的表面张力决定); 与容器形状或作用在物体上的重力无关. 不过, 必须注意表面张力连同接触角对界面的状态及其清洁度是很敏感的.

若 $\alpha_{13} > \alpha_{12}$, 即, 若固体器壁与气体界面上的表面张力大于器壁与液体界面上的表面张力, 那么 $\cos\theta > 0$, θ 为锐角. 换句话说, 液体边界上升, 它的弯月表面呈凹面形状 (图 12.3a). 这时我们说, 液体润湿固体表面. 将一滴这样的液体置于固体表面上, 它将在一定程度上流散开来 (图 12.4a).

(a)   (b)

图 12.4

反之, 若 $\alpha_{13} < \alpha_{12}$, 那么 $\cos\theta < 0$, θ 是钝角; 液滴的边界收缩, 弯月面呈凸形 (图 12.3b). 这时我们说, 液体不润湿固体. 比如, 水银在玻璃上的接触角大约是 $150°$, 水在地板蜡上大约为 $105°$. 这样的液滴放到固体表面上, 将趋于减小自己与固体表面的接触面积 (图 12.4b).

因为角度余弦的绝对值不能大于 1, 从上面得到的 $\cos\theta$ 的公式可知, 一切实际情况里, 液体与器壁之间的稳定平衡必须满足下面的条件

$$|\alpha_{13} - \alpha_{12}| \leqslant \alpha_{23}.$$

另一方面, 若将 α_{12}、α_{13} 和 α_{23} 当作没有第三种介质存在时每一对介质的表面张力系数之值, 那么容易证明这个不等式不成立. 实际情况中必须注意, 第

三种物质可能已被吸附在另外两种介质的界面上, 降低了界面上的表面张力. 结果得到的 α 系数值满足上述条件.

必须把上面讲的润湿和不润湿的概念与完全润湿的概念区别开来, 后者指的是蒸气在固体表面凝结的现象. 我们知道, 蒸气凝结为液体在分子间的范德瓦尔斯吸引力作用下发生. 但是, 这样的作用于蒸气分子的力不仅可以来自同类分子, 还可以来自固体的分子. 假设来自固体的吸引力比液体的力更强. 这时, 固体表面的存在显然会引起蒸气部分凝结, 即使是在蒸气未饱和因而仍然稳定的条件下. 固体表面上生成一层液体薄膜, 当然, 膜的厚度不大, 由范德瓦尔斯力的作用半径的量级决定, 为 10^{-7} cm — 10^{-5} cm; 随着蒸气趋于饱和, 膜的厚度增大. 这种现象叫做此液体完全润湿该固体表面. 比如, 四氯化碳 (CCl_4) 完全润湿多种表面, 包括玻璃表面.

(我们要强调这个现象与吸附的区别; 我们这里说的是一层非常薄、但仍为 "宏观" 的液体, 而吸附膜由分布在表面上的单个分子组成.)

完全润湿容器壁的液体的边界连续地转变为器壁上生成的膜. 换句话说, 这时不产生任何确定的接触角. 可以认为, 完全润湿的情况对应于接触角等于零. 将一滴这样的液体放到此表面上时液体将完全流散到表面上.

按照固体施加的范德瓦尔斯吸引力的性质, 原则上还可以发生更复杂的润湿情况. 比如, 可能发生以下情况: 蒸气在固体表面凝为液体, 但生成的膜的厚度不能超过某一极限值. 若表面已经覆盖有这样的膜, 在它上面再加一滴液体, 液体将不会完全流散开, 而是成为孤立的一摊, 虽说这摊液体非常扁平, 与表面的接触角很小, 但仍为有限大小. 看来, 水在清洁的玻璃上就发生这样的情况; 膜的最大厚度约为 10^{-6} cm, 接触角也许不到一度.

§97　毛细作用力

我们不止一次说过, 在平衡态相互接触的物体压强必定相同. 实际上, 这个结论之所以成立是因为我们一直忽略了毛细现象. 若考虑表面张力, 一般而言, 相互接触的介质内压强不同.

例如, 考虑空气中的一滴液滴. 液滴减小表面的倾向使液滴收缩, 从而增大它内部的压强. 于是, 液滴内液体的压强比周围空气的压强大. 它们之差叫表面压强, 用 $p_{表面}$ 表示.

为计算这个量, 注意液滴表面面积减小 dS 时表面力做的功给出对应的表面能的减小 αdS. 另一方面, 这个功可以写成 $p_{表面}dV$ 形式, dV 是液滴体积的改变; 于是

$$\alpha dS = p_{表面}dV,$$

对半径为 r 的球形液滴, $S = 4\pi r^2$, $V = 4\pi r^3/3$, 代入上面的方程, 得到下面的表面压强表示式:

$$p_{表面} = \frac{2\alpha}{r}.$$

当然, 这个式子也适用于液体中的气泡. 对互相接触的两种介质, 一般而言, 更高的压强总是在分界面为凹面的那一边. 当 $r \to \infty$, 表面压强趋于零. 这与分界面为平面时两边介质中的压强必定相同的事实相符; 显然, 这时表面趋于收缩不在任何一种介质内引发力.

我们还可推出一个液体圆柱的表面压强的公式. 这时 $S = 2\pi rh$, $V = \pi r^2 h$ (r 是液体圆柱的半径, h 是高度). 代入方程 $p_{表面}dV = \alpha dS$, 得

$$p_{表面} = \frac{\alpha}{r}.$$

上面得到的这些简单公式使我们能解决许多与毛细现象有关的问题.

我们考虑两块平行平板 (图 12.5 是它们的截面图), 平板之间是一薄层液体. 液体侧面与空气接触. 如果接触角是锐角, 那么液体的弯月面是凹面, 液体内的压强小于空气压强; 因此作用在平板上的空气压强趋于使平板靠近, 就像它们相互吸引似的. 反之, 接触角为钝角, 弯月面为凸, 液层好像在推开两块平板. 当平板之间的空间足够狭窄时, 液体弯月面的每一小段都可以看成某个半径为 r 的圆柱面的一部分. 简单作图表明 (图 12.5b), r 与平板间距离 x 有关系 $x = 2r\cos\theta$. 因此液体内的压强小一些, 差值 $p_{表面} = \frac{\alpha}{r} = \frac{2\alpha\cos\theta}{x}$ (α 是液体与空气间的表面张力). 将它乘以液体与每块平板接触的面积, 得到二

平板互相吸引的力 F:

$$F = \frac{2\alpha S \cos\theta}{x}.$$

我们看到, 这个力与平板间距离成反比. 距离小时, 力可以很大 (比如, 被 $1\,\mu\mathrm{m}$ 厚水膜隔开的两块平板, 互吸引压强约为 1.5 个大气压).

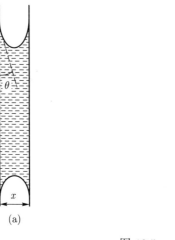

图 12.5

下面我们来研究熟知的毛细上升 (或下降) 现象, 即液体在浸在此液体内的细管中的上升 (或下降). 当液体的弯月面为凹面 (接触角为锐角) 时, 管内液体的压强低于与它接触的空气的压强, 差值是 $p_{表面}$. 因此作用在容器内液面上的大气压使管内液体上升, 直到液柱的重量补偿了不足的压强: $p_{表面} = \rho g h$ (ρ 是液体的密度). 细管内的弯月面可以看作球面的一部分, 球面的半径 r 与细管半径 a 有关系 $a = r\cos\theta$. 于是 $p_{表面} = \dfrac{2\alpha}{r} = \dfrac{2\alpha\cos\theta}{a}$, 液体上升的高度为

$$h = \frac{2\alpha}{g\rho r} = \frac{2\alpha\cos\theta}{g\rho a}$$

(对于凸弯月面, 这个公式给出液体下降的深度).

上面得到的公式中, 液体的表面张力系数 α 与液体密度 ρ 包含在组合 $\dfrac{\alpha}{\rho g}$ 中. 量

$$\sqrt{\frac{2\alpha}{\rho g}}$$

具有长度量纲, 叫毛细作用常量. 它在一切由表面张力和重力联合作用的现象中起重要作用. 水 (20 °C) 的毛细作用常量等于 0.39 cm.

毛细作用力的各种效应是各种测量表面张力方法的基础. 比如, 从细管缓慢流出的液滴的尺寸, 由液滴的重量与环绕它 "脖子" 的圆周上的表面张力之间的平衡决定; 因此, 测量液滴的重量 (通过对流出确定数量液体的液滴数目计数), 能够定出 α. 另一方法基于测量确定半径的气泡内的表面压强, 我们通过测量可以将气泡驱离浸在液体中的管子终端必须施加于管内的附加压强, 来做到这点.

§98 弯曲表面上的蒸气压

毛细作用力也会使液体与其饱和蒸气之间平衡的性质发生某些改变. 我们前面说过, 饱和蒸气压是温度的确定函数. 在实际情况中, 它还与蒸气下方液体表面的形状有关. 这种关系的确相当不起眼, 只是在物体尺寸非常小 (例如很小的液滴) 时才起重要作用.

再次考虑液体在毛细管中的上升 (或下降), 容易决定这种依赖关系的特点和程度. 想象容器内液面上方的空间里和管内都充满饱和蒸气. 因为气体压强随高度减小, 于是很清楚, 在升高的液面上的压强比容器内液体平表面上的压强小; 而在下降的液面上, 则比平表面上大. 比较这一点与两种情况下管内弯月面的形状, 我们得出结论: 液体凹表面上的饱和蒸气压小于平表面上的饱和蒸气压, 凸表面上的饱和蒸气压大于平表面上的饱和蒸气压 (注意这个论证与 §81 中拉乌尔定律的结论相似).

若 h 为液体在毛细管内上升的高度, 饱和蒸气压的减小为 $\Delta p = \rho_{蒸气} g h$. 另一方面, 我们在上节看到, $h = \dfrac{2\alpha}{\rho_{液} r g}$, $\rho_{液}$ 是液体的密度, r 是弯月面所属球面的半径. 于是

$$\Delta p = \frac{2\alpha}{r} \frac{\rho_{蒸气}}{\rho_{液}}.$$

凹面上饱和蒸气压降低, 将引起所谓毛细管凝结现象: 在通常条件下并未饱和的蒸气在一个多孔物体中会凝为液体. 若液体润湿此物体, 那么在小孔 (它们起的作用像是很细的毛细管) 中将生成液体的凹弯月面, 即使压强并不高, 蒸气也显得过饱和.

当液面为凸时, 同一 Δp 公式给出其上的蒸气压超出平液面上蒸气压之值. 我们看到, 液滴上的饱和蒸气压随液滴半径减小而增大.

想象一团蒸气其中包含大量不同尺寸的小液滴. 可能发生这样的情况: 对于大液滴而言蒸气已经过饱和, 但同时对小液滴蒸气并未饱和. 于是液体将从小液滴蒸发, 然后凝结到大液滴上. 大液滴好像在 "吞食" 小液滴.

§99 过热和过冷现象的本质

饱和蒸气压与液滴尺寸的依赖关系给出的最重要的结果是它对过饱和蒸气出现 (在物质应当已经进入液态的条件下仍保持为气体) 的解释.

处于液体表面之上的过饱和蒸气当然立刻就会凝结. 可是如果蒸气并不与液体接触, 那么它凝结就有困难, 因为其凝结必须从在蒸气中生成小液滴开始. 在平液面上过饱和的蒸气, 可能对这样的液滴仍不饱和. 于是这些小液滴不稳定, 生成后又蒸发掉. 只有蒸气中偶然生成一个液滴, 这一液滴足够大, 使得对它而言蒸气也过饱和, 这一液滴才不消失; 并且蒸气继续凝结在这一液滴上, 这一液滴起着新相的胚胎的作用. 在完全纯净的蒸气中, 自发生成这样的胚胎只能依靠纯偶然的热涨落. 一般而言, 发生这种事的概率很小. 液滴保持稳定所需的 "临界" 半径越大, 概率越小. 随着过饱和程度增大, "临界" 半径减小, 生成胚胎更容易. 当它减小到分子尺寸的数量级时, 生成特殊的胚胎已是多此一举, 蒸气不可能进一步过饱和了.

若过饱和蒸气能接触一块可以被它的液体润湿的固体表面, 这有助于它凝结. 淀积在此表面上的小液滴会铺展开来, 这时它们的表面变得不那么弯曲. 结果这些液滴变成进一步凝结的核心. 在液体能完全润湿的固体表面上, 发生凝结特别容易, 因为液滴会在整个这种表面上铺开.

通常条件下蒸气不完全纯净, 其中所含的各种各样的细微尘土颗粒通过生成能被液体润湿的固体表面成了凝结中心. 因此, 为了得到相当程度的过饱和, 必须从蒸气中细心清除一切杂质.

带电粒子 (离子) 非常有助于蒸气凝结. 离子强烈吸引蒸气分子, 在自己周围立即生成液体小滴, 成为进一步凝结的核心. 特别是, 这种现象是威尔逊云室的基础, 这一装置用来观察快速运动的电离粒子 (原子或核粒子) 的路径.

我们详细解释了产生过饱和 (过冷) 蒸气这个亚稳态的原因. 实际上, 这个原因有普遍性, 它也说明了别种相变的 "推迟". 要在一个老相深处生成一个新相, 必须从生成新相的微小颗粒 —— 相胚开始. 比如, 液体变为蒸气必须从液体内出现小的蒸气气泡开始, 液体凝固必须从液体中出现晶胚开始, 等等.

但是, 若是新相小颗粒的尺寸不够大, 那么在其界面上额外的表面能的存在使小颗粒的生成在能量上处于不利地位. 这里发生两个对抗因素的竞争. 生成新的两相界面使其在表面能上吃亏, 但是物质进入新相使其在体积能上占便宜. 随着小颗粒尺寸增大, 后一因素增大的速度比前一因素快得多, 最终占压倒地位. 可以说, 生成新相相胚要求越过表面能引起的 "势垒", 这只有在新相相胚尺寸足够大时才有可能.

有一类相变, 从上述观点看似乎是普遍规则的一个例外, 即晶体的熔化. 用通常的方式加热晶体, 完全看不到它过热的迹象. 不过, 这仅仅是因为一切晶体的表面都被晶体熔化时生成的液体完全润湿. 于是在晶体表面生成的液滴便在其上散开, 表面张力不起阻碍熔化的作用.

如果用人工方法从内向外、而不是从外向内加热晶体, 可以让晶体进入过热状态. 例如, 使电流通过一条单晶锡棒, 而棒外有强烈的空气冷却, 棒内的温度比表面高. 结果在从表面开始寻常的熔化之前, 晶体内部可能过热一两度.

§100 胶体溶液

在某些情况下, 不溶于某种液体的物质, 可以以小颗粒 (但每个颗粒仍由大量分子组成) 的形式分散在此液体中. 这时我们说碎成颗粒的 (或弥散的)

物质处于弥散相, 它分散在其中的液体介质称为弥散剂. 如果颗粒尺寸的大小量级为 10^{-4} cm — 10^{-2} cm, 那么, 按照这些颗粒是固体颗粒还是液体的颗粒, 分别将混合物称为悬浮液或乳状液 (比如, 牛奶便是脂肪在水中构成的乳状液).

当颗粒的尺寸更小, 为 10^{-7} cm — 10^{-5} cm (或 10 Å — 10^3 Å) 时, 混合物称为胶体溶液或溶胶. 这种溶液的特性是弥散相的颗粒的大小, 而不是这样的颗粒由多少个分子组成. 比如, 金在水中构成的胶体溶液里, 每个颗粒的大小为 100 Å — 500 Å, 包含几百万个金原子. 而在那些复杂物质如蛋白质的溶液中, 每个胶体粒子可能只包含一个分子.

弥散介质可以是液体, 也可以是气体. 空气里的胶体溶液 (气溶胶) 可以是雾或霾. 不过最重要的是液体里的胶体溶液, 特别是水里的胶体溶液 (水溶胶). 例如, 参与构建动植物有机体的大部分物质, 便以液态胶体溶液的形式处于生物体中.

多种物质能够生成溶胶: 许多高分子有机化合物 (蛋白质、淀粉、明胶等)、硅酸、氢氧化铝等. 还可以得到某些金属的溶胶, 例如金的水溶胶.

由于弥散相的高度碎化, 它的粒子的总表面积非常大. 因此表面现象对胶体溶液的性质起很大的作用.

因为表面张力力图减小分界面, 弥散相的粒子具有一种抱团的趋势, 以高密团的形式从溶液脱离出来. 这个趋势与电排斥力相反: 胶体溶液中弥散相的粒子永远带电, 并且所有粒子带同一符号的电荷 (可以是正电荷, 也可是负电荷). 只有这样才会防止粒子合并和沉淀.

胶体粒子之所以带电, 或是由于它们的分子被电离解, 或是通过从周围的液体里吸附离子. 在胶体溶液中加进某种电解质时, 电解质的离子会抵消胶体粒子上的电荷, 使溶液变成电中性, 这导致胶体溶液发生沉淀或所谓凝聚. 胶体凝聚也可由别的原因引起, 例如加热.

按照其稳定性, 胶体溶液可以分为两类. 一类胶体溶液是物质的稳态, 要胶体沉淀相当困难. 属于这一类的胶体 (所谓亲液胶体) 有蛋白质的水溶胶、明胶、硅酸等. 亲液胶体溶液发生凝聚时, 常常变成一团果冻似的东西, 叫做凝胶. 除了弥散相的物质外, 凝胶中还含有大量溶剂 —— 水. 凝胶是由溶质粒子构成的不规则的网栅, 其中含溶剂分子. 从亲液溶胶到凝胶转变的特点是它的可逆性: 在合适的条件下, 凝胶能够吸收足够量的溶剂, 重新变为溶胶.

反之, 另一类胶体溶液则是物质的亚稳态, 容易产生沉淀. 属于这一类所谓疏液胶体的有, 例如, 金属在水中的胶体溶液. 疏液胶体的凝聚伴随有稠密沉淀物生成, 这个过程是不可逆的; 沉淀物不能轻易重新变成溶液状态.

第 13 章　固体

§101　简单拉伸

对液体 (或气体) 做的功仅由它的体积变化决定, 与它所处容器的形状变化无关. 液体抗拒体积的变化, 但并不抗拒改变形状. 与这一性质紧密联系的是液体专有的著名的帕斯卡定律, 按照这个定律, 液体传递的压强在一切方向上相同: 比如, 用一活塞压缩液体, 那么此液体以相同的压强作用到全部容器壁上. 这时, 作用于液体并由液体传递的压力永远垂直于器壁表面; 与表面相切的力, 由于液体不反抗形状变化因而不能被抵消, 故在平衡条件下不能存在.

反之, 固体既反抗改变体积也反抗改变形状; 它们反抗任何形变. 这时, 即使我们只改变物体的形状不改变它的体积也必须做功. 可以说, 固体的内能不仅由体积决定, 也由其形状决定. 与此相联系, 帕斯卡定律对固体不成立. 固体传递的压强在不同方向上不同. 固体发生形变时内部产生的压强, 叫弹性应力. 与液体中的压强不同, 固体中的弹性应力, 相对于它作用的面积可以取任何方向.

固体形变的最简单形式, 是简单拉伸. 它发生在一端固定的细杆中, 在另一端施加一个把杆拉长的力 F (图 13.1a). (若力 F 的方向反过来, 产生的形变是简单压缩.) 注意, 根据作用力和反作用力相等定律, 固定在墙上等同于对杆的固定端施加一个力, 其大小等于作用在自由端上的力, 方向与之相反 (图 13.1b).

杆中的弹性应力, 由杆的截面 S 上每单位面积的拉伸力之值 $p = F/S$ 决定. 显然, 在杆的全部长度上这个应力是同一值. 这表明, 在杆的每一长度元上, 有同一拉伸应力 p 作用 (图 13.1b). 显然, 杆的每单位长度受同样的拉伸,

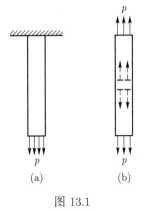

图 13.1

于是杆的总增长 δl 正比于杆的总长度. 换句话说, 杆的相对伸长

$$\lambda = \frac{\delta l}{l_0}$$

(l_0 是形变前的杆长) 与杆的长度无关. 显然, 正是这个量, 是物体每一部分发生形变的大小程度的量度.

由于固体的高强度, 它在外力作用下发生的形变通常不大. 即, 物体尺寸的相对变化 (在简单拉伸的情形就是相对伸长) 不大. 对这样的形变, 可以认定, 它与引起形变的应力大小成正比, 从而与施加于物体的外力成正比. 这个结论叫胡克定律.

对简单拉伸, 胡克定律意味着相对伸长 λ 与拉伸应力 p 之间的比例关系. 这个关系通常写成下面的形式

$$\lambda = \frac{p}{E},$$

系数 E 描述物体的材质, 叫杨氏模量. 显然, 相对伸长 λ 是无量纲量. 因此杨氏模量 E 的量纲与 p 的量纲相同, 有压强的量纲.

下面列举一些材料的杨氏模量之值 (单位为百万巴), 作为示例:

铱	5.2	石英	0.73
钢	2.0 − 2.1	铅	0.16
铜	1.3	冰 ($-2\,^\circ\mathrm{C}$)	0.03

不过, 杨氏模量仍然未对物体在形变方面的性质 (或弹性性质) 作出全面描述. 对简单拉伸的情形, 已清楚看到这一点. 问题在于, 杆的纵向伸长和它横截面方向尺寸的收缩是有联系的, 杆被拉长, 同时就变得更细. 杨氏模量之值使我们能够 (根据给出的应力) 计算杆的相对伸长, 但它不足以决定杆的横向收缩.

杆的横向尺寸的相对减小也与拉伸应力 p 成正比, 因而正比于相对伸长 λ. 杆的相对横向压缩与其相对伸长之比, 对每种给定材料是一特征量, 叫做泊松比 σ. 于是, 相对横向压缩 (例如一条被拉长的导线的直径的相对减小) 等于

$$\sigma\lambda = \frac{\sigma p}{E}.$$

我们下面会看到, 泊松比不能超过 1/2. 对多数材料, 它的值在 0.25 到 0.5 之间. 对于多孔物体 (如软木塞), 可以有 $\sigma = 0$, 伸长时横向尺寸不变.

于是, 固体的弹性性质由两个参量 E 和 σ 描述. 不过必须强调, 我们已暗中假设固体是各向同性的 (通常我们谈论的是多晶材料). 至于各向异性物体 (单晶) 的形变, 则不仅决定于外力相对于物体的位置, 还与物体内晶轴取向有关. 自然, 与各向同性物体相比, 晶体的弹性性质要用更多的参量描述. 晶体的对称度越低, 需要的参量越多, 从立方晶系的 3 个到三斜晶系的 21 个.

对发生形变的物体做的功, 以弹性能的形式储存在物体里. 我们对杆的拉长计算这个能量. 拉力将杆的长度增加无穷小量 $\mathrm{d}(l_0\lambda) = l_0\mathrm{d}\lambda$ 所做的功 (即弹性能的增加)

$$\mathrm{d}U = Fl_0\mathrm{d}\lambda.$$

将 $F = Sp, p = E\lambda$ 代入上式, 并注意乘积 Sl_0 是杆的体积 V, 得

$$SE\lambda \cdot l_0\mathrm{d}\lambda = VE\lambda\mathrm{d}\lambda = VE\mathrm{d}\frac{\lambda^2}{2}.$$

由此得到, 若杆的相对伸长从零变到 λ, 这时做的功为 $\frac{1}{2}VE\lambda^2$. 换句话说, 发生形变的杆每单位体积有弹性能

$$U = \frac{E\lambda^2}{2},$$

与形变大小的平方成正比. 它也可表示为

$$U = \frac{1}{2}\lambda p = \frac{p^2}{2E}.$$

简单拉伸属均匀形变, 这时物体每个体积元以同样的方式发生形变. 与简单拉伸 (或压缩) 有密切关系、但是不属均匀形变的是细杆的弯曲. 想象将一根杆弯成圆周, 容易确定这种形变的特性. 弯曲前杆是直的, 因此所有组成它的 "纤维条" 从一端到另一端一样长. 弯成圆周后情况不同. 每根纤维条的长度变为 $2\pi r$, r 是这根纤维条弯成的圆的半径. 但是杆的内侧弯成的圆的半径, 小于外侧的圆的半径. 由此很清楚, 在杆的内缘受到压缩形变, 外缘被拉伸. 因为对杆的表面并未施加侧向力, 杆内的弹性应力只作用在杆的长度方向. 这意味着, 弯曲时物体每一体积元发生简单拉伸或压缩, 但不同体积元发生的情况不同: 位置靠近弯杆凸出一侧的区段受到拉伸, 靠近凹进一侧的区段被压缩.

§102 均匀压缩

简单拉伸的公式容易推广到任何均匀形变.

一块长方体形状的固体, 被作用在它所有各个侧面上并均匀分布的力拉伸 (或压缩)(图 13.2). 这些力在物体内产生弹性应力, 一般情形下, 三个互相垂直的方向 (沿长方体三条边的方向) 上的弹性应力不同. 用 p_x、p_y、p_z 表示这些应力, 正值对应于拉伸力, 负值对应于压缩力. 这些方向上的相对长度变化用 λ_x、λ_y、λ_z 表示 (正值为拉长, 负值为缩短).

我们把这些形变当作先后相继发生的三个沿坐标轴的简单拉伸来研究. 于是, 在应力 p_x 作用下, 物体沿 x 方向伸长, 而在横截面 y 和 z 方向则缩短, 并有

$$\lambda_x = \frac{p_x}{E}, \quad \lambda_y = \lambda_z = -\sigma\lambda_x = -\frac{\sigma p_x}{E}.$$

对三个这种形变的结果求和, 得到

$$\lambda_x = \frac{p_x - \sigma(p_y + p_z)}{E}, \quad \lambda_y = \frac{p_y - \sigma(p_x + p_z)}{E}, \quad \lambda_z = \frac{p_z - \sigma(p_x + p_y)}{E}.$$

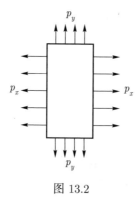

图 13.2

下面再求发生形变后物体体积的改变. 边长为 l_x、l_y、l_z 的长方体的体积 $V = l_x l_y l_z$. 取对数

$$\ln V = \ln l_x + \ln l_y + \ln l_z,$$

再求微分

$$\frac{\delta V}{V} = \frac{\delta l_x}{l_x} + \frac{\delta l_y}{l_y} + \frac{\delta l_z}{l_z}.$$

上式中相加的三项是沿对应的坐标轴方向的相对伸长. 于是

$$\frac{\delta V}{V} = \lambda_x + \lambda_y + \lambda_z.$$

即体积的相对变化等于沿三个互相垂直方向的相对伸长之和.

将前面得到的 λ_x、λ_y、λ_z 的表示式代入, 得

$$\frac{\delta V}{V} = \frac{1 - 2\sigma}{E}(p_x + p_y + p_z).$$

下面研究均匀形变的一些重要特例.

若物体在一切方向上受到相同的拉伸 (或压缩) 力, 即, 若物体内的弹性应力在一切方向上相同 ($p_x = p_y = p_z$), 那么物体每个维度上尺寸的相对变化也相同 ($\lambda_x = \lambda_y = \lambda_z = \lambda$). 这样的形变叫均匀膨胀 (或压缩). 这时

$$\lambda = \frac{1 - 2\sigma}{E}p,$$

体积的相对变化

$$\frac{\delta V}{V} = 3\lambda = \frac{p}{K},$$

其中系数

$$K = \frac{E}{3(1 - 2\sigma)}$$

叫均匀压缩模量. 它的倒数 $1/K$ 显然就是 §58 讨论过的压缩系数

$$\kappa = \frac{1}{V}\left|\frac{\mathrm{d}V}{\mathrm{d}p}\right|,$$

于是, 得到的体积变化公式将固体通常的压缩性质与其杨氏模量和泊松比联系起来.

均匀压缩时贮存在固体单位体积内的弹性能等于

$$U = \frac{1}{2}(\lambda_x p_x + \lambda_y p_y + \lambda_z p_z) = \frac{3}{2}\lambda p = \frac{K\lambda^2}{2} = \frac{p^2}{2K}.$$

一切物体的 K 必定为正——膨胀时物体的体积增大, 压缩时减小. 我们在 §70 曾指出, 具有相反的体积–压强关系的物体绝对不稳定, 不可能存在于自然界中.(这从上面的弹性能公式也可看出: 若 $K < 0$, 那么弹性能为负, 因为一切力学系统都趋向势能最小的状态, 这样的物体将自发发生无限制的形变.)

由 K 为正得知, 必有 $1 - 2\sigma > 0$, 于是

$$\sigma < \frac{1}{2},$$

即泊松比不超过 $\frac{1}{2}$.

我们还要研究方块的压缩, 这个方块被约束在如此坚硬的侧壁之间, 可以认为它的横截面尺寸不变 (图 13.3). 我们讨论单向压缩.

令压缩方向对应 x 轴. 由于侧壁的反作用阻止方块横向膨胀, 方块中产生了横向应力 p_y 和 p_z. 它们的大小由方块在 y 轴和 z 轴方向的尺寸不变 ($\lambda_y = \lambda_z = 0$) 的条件决定, 并且由于对称性显然有 $p_y = p_z$. 从方程

$$\lambda_y = \frac{p_y - \sigma(p_x + p_z)}{E} = \frac{p_y(1 - \sigma) - \sigma p_x}{E} = 0$$

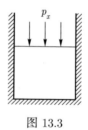

图 13.3

求得, 横向应力与压缩的压强 p_x 有下面的关系:

$$p_y = p_z = \frac{\sigma}{1-\sigma}p_x.$$

杆的纵向压缩由下式决定:

$$\lambda_x = \frac{p_x - \sigma(p_y + p_z)}{E} = \frac{1 - \sigma - 2\sigma^2}{E(1-\sigma)p_x} = \frac{(1+\sigma)(1-2\sigma)}{E(1-\sigma)\cdot p_x}.$$

§103　剪切

均匀压缩下物体形状保持与原来相同, 改变的只是体积. 我们对性质相反的形变也感兴趣, 这时改变的是物体的形状而非体积. 这样的形变叫剪切.

体积不变意味着

$$\frac{\delta V}{V} = \lambda_x + \lambda_y + \lambda_z = 0.$$

由此得

$$p_x + p_y + p_z = 0.$$

将 $p_y + p_z = -p_x$ 代入下式

$$\lambda_x = \frac{p_x - \sigma(p_y + p_z)}{E},$$

得到沿方块某边的相对伸长 (或缩短) 与该方向应力的关系:

$$\lambda_x = \frac{1+\sigma}{E}p_x.$$

这个关系式中出现了 $\dfrac{E}{1+\sigma}$ 这个量. 这个量的一半叫剪切模量 G,

$$G = \frac{E}{2(1+\sigma)}.$$

不过, 实现剪切形变的最简单方法是, 对方块施加一个不是垂直其表面而是与表面相切的力. 固定方块的下表面, 力作用在它的上表面平面内; 这个方向的应力通常叫剪应力. 在这样的力作用下, 长方体变成斜平行六面体, 如图 13.4 所示. 对于小的形变 (我们只研究这样的形变), 倾斜角 β (叫剪切角) 是一个小量. 一阶近似下, 可以认为平行六面体的高不变, 因而体积不变, 即我们实际上打交道的是剪切形变. 可以证明, 剪切角 β 与作用在单位面积上的剪应力大小 p 有以下关系

$$\beta = \frac{p}{G}.$$

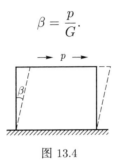

图 13.4

像均匀压缩模量一样, 剪切模量必定是正量 (因为只有这样, 贮存在物体里的属于剪切形变的弹性能才是正的). 由此推得, 必定有 $1+\sigma > 0$, 即 $\sigma > -1$.

还记得, 上节我们得到不等式 $\sigma < \dfrac{1}{2}$, 因此可以说, 对一切物体, 泊松比之值必定在下面的区间内:

$$-1 < \sigma < \frac{1}{2}.$$

这个条件是从固体的力学稳定性普遍要求推出的唯一条件. 于是, 原则上可以存在负 σ 值的物体. 这种材料制成的杆, 简单拉伸时应当变宽, 而不是像我们在 §101 中强调的那样必定变窄. 但是, 还没看到自然界中有这种性质的物体存在, 因此实际上泊松比只在 0 至 $\dfrac{1}{2}$ 的范围里变化. 泊松比在橡胶这类物体

里达到接近 $\frac{1}{2}$ 的值, 这类物体改变形状比改变体积容易得多, 它们的压缩模
量比剪切模量大不少.

前面研究的长方体的剪切是均匀形变. 杆的扭转是纯剪切形变, 但不是均
匀形变. 将杆的一端固定, 搓转另一端, 发生扭转. 这时, 杆的不同截面相对
于固定底面转不同的角度. 因为杆的高度和截面面积这时都没变, 它的体积
不变.

容易说明扭转时剪切形变在杆体积内如何分布. 设杆的截面为圆形, 半径
为 R, 令杆的上底相对于下底转一角度 φ (图 13.5). 这时, 杆的圆柱面表面上
每条母线 AB 都变为倾斜线 AB'. 因为距离 BB' 等于 $R\varphi$, 杆表面上的小剪
切角 β 等于

$$\beta \approx \tan \beta = \frac{R\varphi}{l}$$

(l 为杆长). 将上面的讨论用到半径 $r < R$ 的圆柱面上, 我们看到, 它也发生
剪切, 不过剪切角

$$\beta_r = \frac{r\varphi}{l},$$

小于杆表面上的剪切角 β. 于是, 扭转时杆的不同体积元有不同的剪切, 离杆
轴越近, 剪切越小.

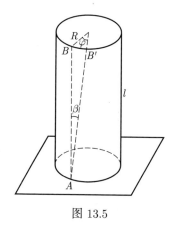

图 13.5

由于形变, 扭转的杆中产生弹性力平衡了外力. 因为杆的体积元可以绕杆轴旋转, 从力学得知, 平衡条件为弹性力与外力的力矩相等. 由此可得, 扭转形变的大小由所施外力对杆轴的力矩 (或称为扭矩) 决定. 形变小 (剪切角 β 小) 时, 胡克定律成立, 杆的扭转角与外加扭矩成正比.

扭转角与扭矩间的关系可以用来测力矩, 在物理学中广泛用于扭秤中. 这时用来作 "杆" 的是一根细石英丝 (粗细 $1 \mu m - 100 \mu m$), 具有很高的灵敏度和强度; 石英丝末端悬挂一面小反射镜, 根据反射镜反射的光点的运动, 测量石英丝的扭转角. 用这种秤可以测非常小的力矩. 它的灵敏度只受不可避免的热涨落 (类似布朗运动) 引起的秤的自发随机振动的天然限制. 例如, 一条 10 cm 长、粗细为 $1 \mu m$ 的石英丝做的秤, 它的随机扭转振动的振幅室温下仅为几分之一弧分.

§104　塑性

压缩 (或拉伸) 与剪切两种形变之间有原则性差异, 我们通过下面的讨论来说明.

研究一个受到剪切的物体, 例如被硬塞进一个体积相同、但形状为斜平行六面体的硬盒的立方体. 剪切的结果, 此物体中储存了一些弹性能.

容易看到, 原子在变形的立方体中的排列, 在能量方面并非最合适. 换句话说, 对给定的物体形状, 这种排列不对应于稳定平衡. 实际上, 我们想象, 盒里充满熔融的制作立方体的物质. 让它冷却, 我们得到的物体, 其自然形状是容器的形状, 立方体形状不是自然形状. 显然, 原子的新排列对应更少的能量, 因为不含剪切能.

我们看到, 剪切形变实质上是不稳定的, 因为在形变物体的边界内, 原子可以以另一种方式排列, 使物体能量更小.

显然, 这个结论仅适用于剪切, 而不适用于均匀压缩. 压缩时, 体积的改变产生弹性能, 不可能通过原子在同一体积内的任何移动消除.

若物体剪切形变时, 物体内原子的排列发生变化, 消除了弹性能, 那么外力撤除后, 物体维持改变后的形状, 不返回原来的形状. 这种在外力停止作用后仍然保留的形变叫塑性形变.

人们发现, 应力不是很大时不发生塑性形变. 外力停止作用形变也消失. 这样的形变叫弹性形变; 本章前面几节讨论的内容只适用于弹性形变.

对每一物体应力存在一个确定的阈值, 大于此值时物体发生塑性形变. 这个值叫做弹性限度. 应力小于此值, 解除负荷后, 物体返回原来的状态; 应力大于此值, 解除负荷后, 物体中留下剩余的塑性形变.

弹性限度之值不仅取决于物体的材质, 还在很大程度上与样品的制备方法、预处理、样品中是否存在杂质等有关. 比如, 铝单晶的弹性限度大约是 $4\,\mathrm{kg/cm^2}$, 但商用铝为 $1000\,\mathrm{kg/cm^2}$. 经过热处理的碳钢的弹性限度达到 $6500\,\mathrm{kg/cm^2}$.

与剪切模量相比, 弹性限度很小. 因此弹性形变的极限值 (超出它便成了塑性形变) 一般很小. 比如, 铝的剪切模量等于 $2.5 \times 10^5\,\mathrm{kg/cm^2}$. 这意味着, 铝单晶只是在相对形变未达到 $\lambda = 4/(2.5 \times 10^5) \sim 10^{-5}$ 之前是弹性形变. 钢直到 $\lambda \sim 10^{-2}$ 仍是弹性的.

塑性形变自身又影响物体的弹性限度: 一个物体发生过塑性形变, 它的弹性限度会升高. 这种现象叫做硬化. 比如, 锌单晶的弹性限度很小, 用手指就可以轻易把它弯曲; 但是再把它弄直可不容易, 因为弄弯的结果使弹性限度升高. 特别是, 硬化现象是通过冷加工改变金属性质的基础, 冷加工使金属发生塑性形变.

由于硬化, 虽然物体内作用的应力超过弹性限度, 物体也不断裂. 它经受越来越大的塑性形变, 直到这些形变引起的变化使弹性限度变得等于外力引起的应力. 可以说, 弹性限度就是使物体发生最后的塑性形变的应力.

图 13.6 是一示意图, 画的是作用在物体内的应力 p 与形变 λ 的关系. 若应力小于弹性限度 p_0, 形变为弹性形变, 以一定的精度服从胡克定律, λ 与 p 成正比. 这一关系在图上由直线段 OA 表示.

当应力变得大于 p_0, 物体发生塑性形变, 随着应力增大, λ 和 p 之间的

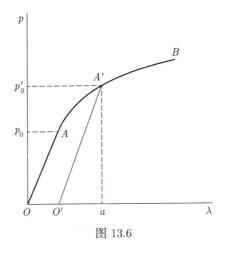

图 13.6

依赖关系由曲线 AB 表示. 假设到达这条曲线上某点 A' 后, 我们开始减少 p. A' 点对应的应力值 $p = p'_0$ 是物体在硬化过程中随着负载增大达到的弹性限度. 因此减小 p 不会发生新的塑性形变, 我们将沿平行于曲线 OB 上弹性区段 AO 的直线 $A'O'$ 移动. 当应力变为零时还残留有形变 $\lambda_{塑}$, 就是塑性形变. A' 点的总形变可以表示为塑性部分 $(\lambda_{塑} = OO')$ 与弹性部分 $(\lambda_{弹} = O'a)$ 之和.

如果再增大应力, 我们沿同一直线 $O'A'$ 移动直至到达 p'_0. 经过阈值 p'_0 后我们从直线 $O'A'$ 转移到曲线 $A'B$ 并增大塑性形变. 这时弹性限度也进一步增大.

但是, 弹性限度并不随塑性形变的增大无限上升. 弹性限度存在一个不能逾越的最大值, 叫屈服点. 在大小等于屈服点的应力作用下, 物体的形变不断加剧——它会像液体一样流动. 使用高压强能使金属如液流般通过水压机机筒的开孔喷出.

很清楚, 任何形变下 (当然除了均匀压缩), 物体中不能产生超过屈服点的应力.

当然, 屈服点不是总能到达, 因为物体可能在此之前很早就已破裂. 要观察屈服现象, 用单向压缩或扭转这些形变最合适. 相反, 简单拉伸容易使物体断裂.

物体内存在的细小 (常常是微观的) 裂缝对物体断裂起重要作用. 这些裂缝既可在物体表面, 也可在物体内部 (例如, 多晶体晶粒之间的细小空隙). 这些裂缝起着杠杆的作用, 使外界对物体的作用力高度集中: 在裂缝末端, 弹性应力比较容易达到足以进一步切断原子键而拉长裂缝的值, 最终使物体完全破裂. 物体的表面状态对物体断裂的作用清楚地显示在下述用岩盐晶体做的实验中: 将晶体浸入水里, 岩盐从表面开始溶化, 表面上的裂缝消失, 水中的岩盐比空气中的岩盐难破碎得多.

裂缝末端附近的塑性形变可能会减弱裂缝的作用, 在一定程度上降低弹性应力在裂缝附近的密集程度. 在这个意义上, 塑性在抵抗物体断裂方面起了正面作用. 这个因素的作用表现在金属的脆性对温度的依赖关系上. 比如, 常温下很难断裂的钢, 在低温下变脆. 这个现象在很大程度上与温度降低时塑性减小有关, 对这个问题在 §106 还会进一步讨论.

§105　晶体中的缺陷

物体的塑性性质强烈依赖物体的预处理和物体中存在的杂质等, 这一事实本身已表明, 这些性质与实际物体晶体结构的特点 (区别实际晶体与理想晶体的那些特点) 有密切关系.

对理想晶体结构的偏离叫晶体的缺陷. 最简单的缺陷 (可称之为点缺陷) 是晶格格点上缺一个原子 (一个自由空位)、或格点上的正确原子被异己者 (杂质原子) 置换、或格点之间的空间里有多余的原子, 等等. 这种对正确晶格结构的偏离只散布到此点周围不大的距离 (几个晶格周期大小的数量级).

但是, 对固体的力学性质起重要作用的是另一类缺陷, 可以称为线缺陷, 因为它对正确晶格结构的偏离集中在几条线附近. 这种缺陷叫位错.

可以把图 13.7 中画的位错当作晶格的缺陷, 由晶格中存在一个多出来的晶体半平面引起, 这个半平面插在两个 "正规" 平面 (两层原子) 之间. 位错 (这时叫做刃型位错) 线是垂直于图面平面的直线, 在图上用符号 ⊥ 标示; "多出的" 一层原子在这个符号之上. 也可以将此位错看作是将晶体的上部 (示意图见图 13.8a) 切下并挪移一个周期 (图 13.8b) 的结果.

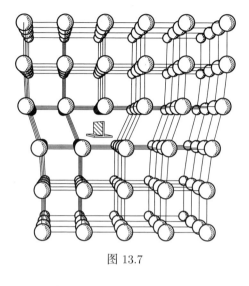

图 13.7

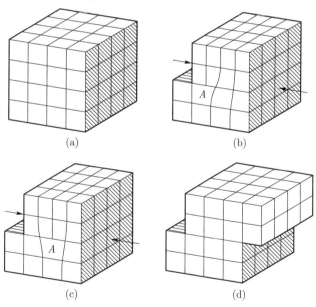

图 13.8

另一类位错可以直观地看作是沿一个半平面 "剖开" 晶格, 然后在切口两边彼此相对平行于切口挪动晶格两部分, 使之错开一个周期的结果 (这种位错叫做螺型位错, 即图 13.9 中的虚线). 这种位错将晶格中的晶面变成螺旋面 (像一架没有梯级的螺旋梯).

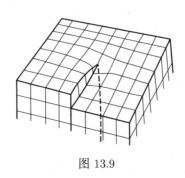

图 13.9

在刃型位错中, 剪切的方向垂直于位错线, 而在螺型位错中, 剪切的方向平行于位错线. 在这两种极端情形之间, 任何中间情况都有可能. 位错线不一定是直线: 它可以是曲线, 包括形成的闭环.

有各种各样直接观察位错的方法. 例如, 在透明晶体中, 这可以通过生成某些物质的过饱和固溶体实现. 杂质原子试图以胶粒形式沉积下来, 这些胶粒主要在晶格的基础结构受到扰乱的地方生长, 于是, 杂质胶粒就集中在位错线沿线而被观察到. 另一方法基于用特殊的试剂刻蚀晶体表面. 在晶体结构受到干扰的地方, 表面更容易被破坏. 这使位错线到达晶体表面的那些点上产生可见的小坑.

螺型位错在晶体从液体或过饱和蒸气生长的过程中常常起决定性作用.

我们在 §99 曾说明, 在介质原来的相中产生新相必定从生成新相相胚开始. 晶体生长必定出现类似情况. 要在完全规则的晶体表面上添加新的一层原子, 不能简单从原子一个个沉积在表面上起步: 这样的原子仅仅在一边有邻居, 它们的能量条件很不利, 不能久待在表面上. 晶体表面上新一层原子的稳定 "胚芽" 必须立刻包含足够多的原子, 这样的胚芽偶尔发生, 非常罕见. 如果螺型位错的末端延伸到晶体表面上, 那么晶体表面上就有了现成的台阶 (高度为一层原子的厚度), 可以轻易地汇集新原子; 所以没有必要生成胚芽. 汇集新原子的速率沿整个台阶的边缘大致相同. 这将是晶体的螺旋式生长, 图 13.10a — d 按先后顺序示意性地展示这一过程. 任何时候, 晶体表面都保持一块空白台阶, 因此晶体可以没完没了地生长. 生长速率比要求先生成晶胚的过程快得多.

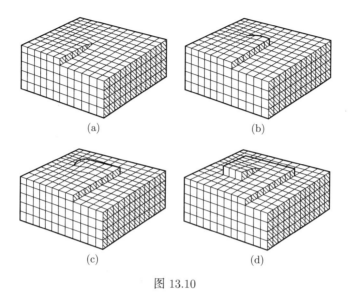

(a)   (b)

(c)   (d)

图 13.10

§106 塑性的实质

发生塑性剪切形变的单晶样品表面上, 经常可以观察到几组平行线. 这些平行线是物体表面与一些滑移面的交线留下的痕迹, 沿着这些滑移面, 晶体的一部分作为一个整体相对于相邻的另一部分滑动. 于是, 塑性形变是不均匀的: 剪切时, 大位移仅沿距离较远的平面发生, 处于这些平面之间的那部分晶体, 几乎不发生形变. 图 13.11 是由这种滑移产生的物体形变的示意图.

滑移面的位置与晶格结构有密切关系. 任何晶体中, 滑移几乎只沿一定的晶面发生. 比如, NaCl 晶体中沿 (110) 平面, 具有面心立方晶格的金属晶体中沿 (111) 平面.

什么机制使晶体的一部分相对于另一部分滑移? 如果滑移同时发生在整个滑移面上, 这要求很大的应力. 从原子的一种平衡位形过渡到另一种 (比方说从图 13.8a 所示的位形过渡到图 13.8d 的位形), 必须通过一次很大的弹性形变才会发生, 在这样的形变中, 滑移平面附近区域内, 相对位移大小达到

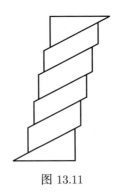

图 13.11

$\lambda \sim 1$ 的数量级. 为此要求应力具有剪切模量 G 的量级.

实际上, 真实物体的弹性限度通常只有它的剪切模量的 $1/10^2 - 1/10^4$, 即为了实现一次剪切要求的应力不大. 其原因是, 滑移实际上是依靠位错在晶体中的运动实现的.

这种机制的最简单形式按先后顺序示于图 13.8a—d. 如果晶体中有刃型位错 (通过 A 点并垂直于晶体前表面), 那么, 由于这个位错在滑移面内从左向右穿过物体运动的结果, 发生了晶体的上部相对于下部移动一个晶格周期的剪切. 位错的移动只涉及晶格的小规模重构, 只影响一条直线附近的原子. 要形象说明, 可以把这个过程比作移动地毯上一个鼓起的皱褶: 移动皱褶比移动整个地毯容易, 但是把皱褶从地毯一端移到另一端, 其效果只是整个地毯移动一个小距离.

于是, 固体的塑性依赖于固体中存在的位错及位错能够自由移动. 但是, 这种移动可能受到不同障碍物的阻碍, 例如溶解在晶格中的杂质原子或物体中包含的固体小杂物. 位错彼此交错时, 或与多晶体中晶粒的边界相交时, 也会妨碍位错移动. 同时, 位错彼此相互作用以及与别的缺陷相互作用会产生新的位错. 这些过程非常重要, 因为正是它们维持了塑性形变的发展. 否则, 一旦物体中已有的全部位错被 "用完", 形变就会停止.

物体中位错的数目由位错密度描述, 它是穿过物体内单位面积截面的位错线的数目. 这个数目可以很不一样, 从最纯的单晶中的 $10^2 \, \text{cm}^{-2} - 10^3 \, \text{cm}^{-2}$, 到发生过剧烈形变的 (冷加工过的) 金属中的 $10^{11} \, \text{cm}^{-2} - 10^{12} \, \text{cm}^{-2}$.

从上面所述可清楚看到, 纯净的单晶最不结实 (即弹性限度最低), 它里面的位错密度比较低, 因此多个位错运动时实际上互不干扰. 在材料中熔入杂质, 或沉积微观的固体物质, 或者减小颗粒的大小, 都可以使材料硬化. 例如, 在铁中熔入碳原子, 或者加入微观的铁碳颗粒 (在凝固过程中沉积在铁里), 铁的强度 (在各类钢中) 会得到提高.

塑性形变本身破坏晶格, 增加晶体中缺陷的数目, 从而阻碍位错进一步移动. 这便是形变时发生的硬化现象, 包括冷加工造成的金属硬化 (加工硬化) 的实质.

但是, 塑性形变得出的硬化不能无限期维持. 物体最稳定的状态是未受到破坏的理想晶体, 它是固体能量最小的状态. 因此, 在受到破坏的晶体中会发生所谓再结晶现象. 结构缺陷得到 "治疗", 多晶体中的大颗粒依靠消耗小颗粒长得更大, 结果得到一个缺陷更少、因而强度更低的系统. 温度越高, 再结晶发生得越快. 在温度很高, 特别是温度接近熔点时 (尤其是金属退火时) 再结晶发生得最强烈. 低温下实际不发生再结晶. 再结晶逐渐消除硬化, 若物体处于稳恒负载的作用下, 它将缓慢流动.

温度对位错的运动也有强烈影响. 由于位错的运动涉及原子 (它们在运动的位错线附近改变位形) 克服势垒, 它是一个激活型的过程 (见 §91), 因此一旦温度降低位错运动迅速停止, 从而降低物体的塑性.

上面描述的增加材料强度的几种方法, 都以制造位错运动的障碍为基础. 相反的硬化手段也可能, 那就是制作一块根本不含位错的单晶. 这样一块晶体原则上应当有可能的最大弹性限度: 它只有沿整个平面同时滑移时, 才会发生塑性形变, 前面我们说过, 这要求极大的应力.

向这个理想状态趋近的是所谓须晶 —— 细丝状的晶体, 粗细以微米计. 金属和非金属都生成须晶, 生成的方法各式各样: 稍微过饱和的纯净金属蒸气在适当温度下在惰性气体介质中沉淀; 盐从溶液中缓慢沉淀; 等等. 在许多情形下, 看来这些晶体环绕单个螺型位错按照 §105 描述的机制生长. 沿须晶轴的位错, 在晶体被拉伸时不影响其力学性质, 晶体的行为实际上和理想晶体一样.

从上面的讨论很清楚, 所述全部塑性性质只属于结晶物体. 非晶体 (例如玻璃) 无法发生塑性形变 (这样的物体一般叫做脆性物体). 它们体内发生的偏离弹性的现象, 或为损坏 (断裂), 或为在力的长期作用下的缓慢流动——这符合以下的事实: 非晶体就是黏度极高的液体.

§107　固体的摩擦

一个固体在另一个物体的表面上滑动, 总是伴随着把它的动能转化为热, 结果物体的运动逐渐慢下来. 从纯力学观点可以将这个现象描述为产生了一个阻碍物体运动的力, 叫摩擦力. 从物理学观点看, 摩擦是发生在物体的碰擦表面上的一些复杂过程的结果.

经验表明, 固体间的摩擦通常遵从某些简单规律. 作用在运动物体之间的总摩擦力 F_{fr}, 与把物体相互压在一起的力 N 成正比, 与物体接触的面积和运动速度无关:

$$F_{\mathrm{fr}} = \mu N$$

量 μ 称为摩擦系数; 它只由发生摩擦的两个表面的性质决定. 这个关系式通常在很广的实验条件 (负载和滑动速率) 范围内很好地成立, 但也观察到对它的偏离.

摩擦非常依赖对发生摩擦的表面的处理方式及它们的状态 (是否受污染、污染的性质). 例如, 金属表面之间的摩擦系数通常在 0.5 到 1.5 之间. 但这些值是关于暴露在空气中的金属表面的. 这些表面总是受到氧化物、吸附的气体等的污染, 恶化了接触条件. 实验表明, 在真空中加热制备的完全清洁的金属表面滑动时显示出很强的摩擦, 有时互相完全 "粘" 在一起.

可能不存在单一的普适摩擦机制, 对具有不同本性和预处理的表面摩擦的起源不同. 为了具体说明, 我们介绍一些金属的摩擦机制.

实验表明, 金属表面总有些高低不平, 其程度比分子间距离大很多. 即使是制备和研磨最佳的表面, 非平整度也达到 100 Å — 1000 Å, 工程实践中要求不得超过的表面非平整度, 通常可以是它的许多倍. 物体紧挨着时, 真正接触到的只是这些非平整表面的 "顶端". 因此真实的接触面积 S_0 比总的名义接触面积 S 小得多 (S_0 可能为 S 的 10^{-4} — 10^{-5}). 在塑性金属中, 即使是在不大的负载作用下高低不平的 "顶峰" 也将发生形变、变平, 直到作用在它们上的真实压强降到某个阈值 $p_{界限}$, 再低就没有形变了. 接触面积 S_0 由条件 $p_{界限} S_0 = N$ 决定, 因此正比于负载 N. 在真正接触的区域里, 分子的聚合力把物体强有力地 "粘" 在一起. 物体滑动时, 不断发生接触面的脱离和生成新的接触区域. 脱离接触所要求的力正比于接触面积 S_0, 因而与负载 N 成正比.

必须把运动时产生的摩擦力与运动开始时为了使物体动起来而必须对物体施的力区别开来. 这个所谓静摩擦也与负载大小成正比, 但是比例系数要比运动时的比例系数大一些; 虽然大得不多, 差 10% — 20%.

我们要强调, 上面的全部讨论都是关于两个固体的干燥表面之间的摩擦. 它的本性与被一层液体隔开的抹油表面之间的摩擦毫无共同之处. 后面这种情形下, 摩擦力由液体的黏性产生 (这种摩擦的最简单的例子将在 §119 讨论).

除滑动摩擦外, 一个物体在另一物体上滚动时也存在摩擦.

我们研究半径为 r 的圆柱体在一平面上的滚动. 为了克服摩擦力并保持稳定的滚动, 必须施加某个力 F. 这个力用它相对于某一时刻圆柱体与平面的接触线的力矩 K 来表征 (若力施加在圆柱体的轴上, 那么 $K = rF$). 力矩 K 也是滚动摩擦大小的量度. 它与把滚动物体压向滚动面的力 N 成正比,

$$K = \gamma N,$$

系数 γ 描述紧贴着的两物体的特性, 显然它的量纲为长度.

第 14 章　扩散和热传导

§108　扩散系数

前几章主要讨论处于热平衡的物体的性质. 本章和下一章研究建立平衡态的过程. 这种过程叫动理过程. 所有这些过程实质上都是不可逆过程, 因为它们使物体更接近平衡态.

如果一种溶液的浓度在不同地点不同, 那么由于分子的热运动, 随着时间流逝溶液会混合: 溶质从浓度高处转移到浓度低处, 直到溶液成分变成处处相同为止. 这个过程叫扩散.

为了简单, 假设溶液的浓度 (用 c 表示) 只沿一个方向变化, 选此方向为 x 轴方向.

定义扩散通量 j 为单位时间穿过垂直于 x 轴的单位面积表面的溶质数量. 如果扩散通量沿 x 轴正方向, 我们认定它为正, 反之为负. 换个视角, 由于物质总是由浓度较高的地方流向浓度更低的地方, 扩散通量的符号与导数 dc/dx (浓度梯度) 相反: 若浓度从左向右增大, 那么扩散通量的方向从右向左; 反之, 扩散通量方向也反过来. 若 $dc/dx = 0$, 即溶液浓度处处相同, 那么扩散通量为零.

下面这个联系扩散通量和浓度梯度的关系式

$$j = -D\frac{dc}{dx}$$

概括了上述所有性质. D 是常系数, 叫扩散系数. 这个关系式以唯象方式 (即按照外在表现) 描述扩散的种种性质. 后面 (§113) 将看到, 直接从扩散的分子机制出发如何得出这个扩散通量表示式.

上式中的扩散通量 j 可以用任何一种方式定义: 或定义为穿过单位面积的溶质质量, 或定义为穿过该面积的溶质分子数目, 等等; 但是这时浓度 c 也必须同样定义为单位体积中的溶质质量或溶质分子数. 于是, 容易看到扩散系数与定义扩散通量和浓度的方法无关.

我们来求扩散系数的量纲. 令 j 为单位时间内穿过单位面积的溶质分子数目. 于是 $[j] = \dfrac{1}{\mathrm{s} \cdot \mathrm{cm}^2}$. 浓度则是单位体积内的溶质分子数, 量纲为 $[c] = \dfrac{1}{\mathrm{cm}^3}$. 比较等式 $j = -D\dfrac{\mathrm{d}c}{\mathrm{d}x}$ 两边的量纲, 得

$$[D] = \frac{\mathrm{cm}^2}{\mathrm{s}}.$$

我们说的扩散当然是指发生在静止介质中的扩散, 浓度趋同只由单个分子随机热运动引起. 我们假设, 没有任何外部作用使液体 (或气体) 运动从而导致混合.

但是, 在液体中这种混合可以由重力场引起. 如果在水的上方小心地加入更轻的液体例如酒精, 它们将通过扩散混合. 可是如果把水加到酒精上方, 那么水作为两种液体中更重的一方迅速下沉, 酒精则上升.

于是, 在重力场作用下发生介质运动引起的介质成分趋同. 这种现象叫对流. 对流使浓度趋同的速度比扩散快得多.

§109 热导率

热传导过程与扩散过程很相似. 若物体中不同地点的温度不同将产生热流, 热流从物体内较热的地方流向较冷的地方, 直到物体处处温度相同为止. 这个过程的机制也与分子随机热运动有关: 来自物体更热地方的分子在运动中与邻近的较冷地方的分子碰撞, 将自身的一部分能量交给后者.

和对扩散的讨论一样, 假设热传导发生在静止介质中. 特别是, 我们假设介质中不存在任何压强变化使介质内发生运动.

设介质的温度 T 只在某一方向上变化, 仍取此方向为 x 轴方向. 定义热通量 q 为单位时间穿过垂直于 x 轴的单位面积的热量. 与扩散完全相似, 热通量与温度梯度 $\mathrm{d}T/\mathrm{d}x$ 的关系由下面的关系式表示:

$$q = -\kappa \frac{\mathrm{d}T}{\mathrm{d}x}.$$

这里取负号是因为, 热通量的方向与温度升高的方向相反, 它总是流向温度低的一侧. 系数 κ 叫热导率.

用尔格为测量热量的单位, 则热通量的单位为 $\mathrm{erg/cm^2 \cdot s}$. 因此热导率的量纲为

$$[\kappa] = \frac{\mathrm{erg}}{\mathrm{cm \cdot s \cdot deg}} = \frac{\mathrm{g \cdot cm}}{\mathrm{s^3 \cdot deg}}.$$

热导率决定了热量从高温区域流到低温区域的流速. 但是物体温度的变化等于它获得的热量除以热容. 因此物体不同地点的温度趋同速率由传热系数除以物体单位体积的热容即下面这个量决定

$$\chi = \frac{\kappa}{\rho C_P},$$

其中 ρ 是密度, C_P 是物体每单位质量的定压热容 (因为我们讨论的是恒定压强下的热传导). 这个量叫做温度传导率. 容易看出, 它的量纲是

$$[\chi] = \frac{\mathrm{cm^2}}{\mathrm{s}},$$

与扩散系数的量纲相同. 这很自然: 若将关系式 $q = -\kappa \dfrac{\mathrm{d}T}{\mathrm{d}x}$ 两边同除以 ρC_P, 那么等式左边的比值 $\dfrac{q}{\rho C_P}$ 可以看作 "温度通量", 这个量的梯度出现在等式右方. 于是, 系数 χ 看来像温度的扩散系数.

与扩散的情况类似, 重力场的存在引起温度不均匀的液体 (或气体) 的对流混合. 这发生在从下方加热 (或从上方冷却) 液体时: 更热因而密度更低的下层液体上升, 空出的地方由较冷的下降液体填补. 对流引起的温度趋同, 当然比热传导引起的快得多.

作为实例, 下面给出一些液体和固体在室温下热导率的值. 用的单位是 $\mathrm{J/cm \cdot s \cdot deg}$ (换句话说, 定义热通量为单位时间穿过单位面积的能量, 单位为焦耳).

水	6.0×10^{-3}	铅	0.35
苯	1.5×10^{-3}	铁	0.75
玻璃	$4 - 8 \times 10^{-3}$	铜	3.8
硬橡胶	1.7×10^{-3}	银	4.2

注意金属的热导率很高. 原因是在金属中与在别的物体中不同, 热量传递不是依靠原子的热运动, 而是依靠自由电子的热运动. 电子热传导的高效率与电子运动的高速度有关, 其量级为 10^8 cm/s, 比通常的原子和分子的热速度 (10^4 cm/s—10^5 cm/s) 高多了.

§110　热阻

上面介绍的热通量与温度梯度之间的简单关系, 能解决与热传导现象有关的各种问题.

考虑封在两块平行平板之间的一层物质, 其厚度为 d, 每块平板的面积为 S. 假设两个界面维持不同的温度 T_1 和 T_2 (令 $T_1 > T_2$). 一般情况下, 物质的热导率与温度有关. 但是假设温度 T_1 和 T_2 相差不大, 可以忽略热导率在厚度方向上的变化, 认为 χ 是常量.

取 x 轴沿厚度方向, 并且 x 坐标从平面 T_1 起算. 显然, 这层物质中将建立一个仅依赖 x 的温度分布. 这时有热通量流过这层物质, 方向从平面 T_1 到平面 T_2. 求这个热通量与引起它的温差 $T_1 - T_2$ 的关系.

单位时间流过这层物质总截面 (平行于界面) 的总热通量 Q, 等于穿过单位面积的热通量 q 与截面面积 S 的乘积 qS. 代入 q 与温度梯度的关系, 有

$$Q = -\kappa S \frac{\mathrm{d}T}{\mathrm{d}x}.$$

显然, 热通量 Q 和 x 无关. 实际上, 流过物质层的路径上, 热量不在任何地方散失, 也不从外界进入; 因此, 单位时间穿过与物质层相交的任何表面的总热量必定相同. 于是从上式得到

$$T = -\frac{Q}{\kappa S}\chi + 常量,$$

即温度在物质层的厚度方向线性变化. 当 $x = 0$, 即在第一个界面上, $T = T_1$; 因此上式中的常量 $= T_1$; 即

$$T = T_1 - x \frac{Q}{\kappa S}.$$

在另一界面上 $(x = \mathrm{d})$, 必定 $T = T_2$, 即

$$T_2 = T_1 - \frac{Q}{\kappa S} d.$$

由此得到

$$Q = \frac{\kappa S}{d}(T_1 - T_2).$$

这个公式决定了待求的热通量 Q 与物质层两个界面上温差的关系.

现在考虑两个同心球面 (半径分别为 r_1 和 r_2) 隔出的一层物质, 界面温度分别保持为 T_1 和 T_2. 图 14.1 是物质层在球的赤道上的截面. 显然, 物质层内每点的温度只由此点到球心的距离决定.

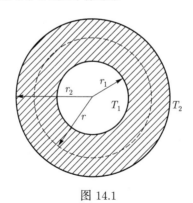

图 14.1

因为现在的情况下温度只与坐标 r 有关, 热通量 q 处处沿径向, 等于

$$q = -\kappa \frac{\mathrm{d}T}{\mathrm{d}r}.$$

穿过处于上述内外二球面之间半径为 r 的同心球面的总热通量为

$$Q = 4\pi r^2 q = -4\pi \kappa r^2 \frac{\mathrm{d}T}{\mathrm{d}r},$$

由此

$$\frac{\mathrm{d}T}{\mathrm{d}r} = -\frac{Q}{4\pi\kappa r^2}.$$

根据和前面一样的理由, 穿过任何包围内球面的闭合表面的总热通量必定相同; Q 与 r 无关. 从上面的微分方程得到

$$T = \frac{Q}{4\pi\kappa r} + \text{常量}.$$

上式中常量由条件 $r = r_1$ 处 $T = T_1$ 决定. 于是

$$T = T_1 + \frac{Q}{4\pi\kappa}\left(\frac{1}{r} - \frac{1}{r_1}\right).$$

最后, 由条件 $r = r_2$ 处 $T = T_2$, 得到总热通量与物质层两边温差的关系:

$$Q = \frac{(T_1 - T_2) \cdot 4\pi\kappa}{\dfrac{1}{r_1} - \dfrac{1}{r_2}}.$$

特别是, 若 $r_2 = \infty$, 即半径为 r_1 的球面被无限介质围绕 (这时 T_2 是无穷远处的温度), 热通量的表示式为

$$Q = 4\pi\kappa r_1(T_1 - T_2).$$

物体边界上的温差与总热通量之比叫物体的热阻. 从上面得到的等式可知, 对平面物质层, 热阻为

$$\frac{d}{\kappa S},$$

对球面物质层, 热阻为

$$\frac{1}{4\pi\kappa}\left(\frac{1}{r_1} - \frac{1}{r_2}\right).$$

显然, 对由两个平面或两个球面限定的溶液中的扩散 (界面上维持确定浓度), 会得到完全相似的结果, 只需在上面的公式中把温度改为浓度, 把热通量改为扩散通量, 把 κ 换成扩散系数 D.

我们把上面得到的结果应用于熔化速率问题. 考虑一块冰, 浸在温度 T_1 高于 $0\,^\circ\mathrm{C}$ 的水中. 因为在大气压下, 冰和水的平衡只有在确定温度 $T_0 = 0\,^\circ\mathrm{C}$

才可能, 因此直接挨着冰的一层水必定是这个温度. 随着与冰的距离增大, 水温升高, 趋于给定值 T_1. 有热通量从水流到冰. 热量到达冰后, 以熔化热的形式被冰吸收, 把冰变成水. 于是, 若冰块为球形, 半径为 r_0, 那么单位时间里它将从它周围的水 (看作无限介质) 获得热量

$$Q = 4\pi\kappa r_0(T_1 - T_0).$$

上式除以熔化热, 得到单位时间冰熔化的数量. 于是冰熔化的速率由冰周围水中的热传导过程决定.

类似地, 固体在液体中溶解的速率, 由溶质在液体中扩散的速度决定. 贴近固体表面, 立即生成一层很薄的饱和溶液. 进一步的溶解, 随着溶质从这层饱和溶液向周围液体扩散而发生. 于是, 若溶解的固体的形状是一个球, 半径为 r_0, 那么, 从球进入溶液被溶解的物质的总扩散通量 J, 或者说单位时间溶解的物质数量, 等于

$$J = 4\pi D r_0 c_0,$$

其中 c_0 是饱和溶液的浓度, 离球远处的液体中浓度取为零.

扩散过程和热传导过程也决定了液滴处于另一物质的气体 (如空气) 中时的蒸发速度. 液滴被一层贴身的饱和蒸气包围, 物质从饱和蒸气层缓慢地向周围的空气扩散. 除此之外, 从空气到液滴的热量传递过程也很重要.

上面举的这些例子具有典型性, 它们说明, 在稳恒条件下发生相变的速度通常由扩散过程和热传导过程决定.

§111   弛豫时间

若溶液浓度在不同地点不同, 那么众所周知, 由于扩散, 随着时间流逝溶液成分趋向相同. 我们来决定完成这个过程所需的时间 t (叫趋衡时间或弛豫时间) 的数量级. 这可从考虑这个时间可能依赖的物理量的量纲出发来进行.

首先, 时间 t 显然不能依赖溶液浓度自身. 实际上, 若一切浓度都改变某一倍数, 那么使浓度趋于平衡的扩散通量也改变同一倍数; 因此, 浓度趋衡的

时间即弛豫时间仍与原来一样.

与弛豫时间 t 有关系的唯一物理量, 是该介质的扩散系数 D 与介质中各种浓度区域的大小尺寸. 我们用 L 表示这些尺度大小的数量级.

量 D 和 L 的量纲是 $[D] = \mathrm{cm^2/s}$, $[L] = \mathrm{cm}$. 显然, 从它们可以组建出量纲为时间的唯一组合是 L^2/D. 它必定给出时间 t 大小的数量级:

$$t \sim \frac{L^2}{D}.$$

于是, 尺度大小为 L 的区域, 浓度趋于平衡的时间与尺度的平方成正比, 与扩散系数成反比.

这个问题可以倒过来表述. 设在某一初始时刻有给定数量的溶质, 集中在溶剂的一个小区域里. 随着时间流逝, 由于扩散这些聚集在一起的溶质会 "消散", 分散到溶剂的全部大体积内. 那么, 在时间 t 内溶质走的平均距离 L 是多少? 换句话说, 我们现在想要从时间定距离, 而不是从距离定时间. 显然, 这个问题的答案是同一公式, 不过现在应当写成下面的形式

$$L \sim \sqrt{Dt}.$$

扩散的溶质在时间 t 内走的距离与 $\sqrt{t}$ 成正比.

可以从另一角度理解这个关系. 我们研究溶液中溶质的某个分子. 和一切分子一样, 它也作无规热运动. 可以提这样的问题: 在时间 t 内, 这个分子从初始位置走开的距离的数量级有多大? 换句话说, 一个在时间 t 内不停运动的分子, 其初始位置与终末位置的平均直线距离是多少? 代替研究单个分子, 我们想象有大量分子紧紧挤在一起. 然后, 我们看到, 由于扩散, 这些分子向一切方向运动, 互相分开, 走的平均距离是 $L \sim \sqrt{Dt}$. 这个距离 L 显然也是每个分子在时间 t 内从初始位置出发走的平均距离.

这个结果不仅对溶质分子成立, 也对悬浮在液体中作布朗运动的粒子成立.

我们这里始终谈的是扩散, 但是同样的道理也对热传导成立. 在 §109 我们看到, 在热量传递中, 温度传导率 χ 起扩散系数的作用. 因此, 线尺度大小为 L 的物体里, 弛豫时间为

$$t \sim \frac{L^2}{\chi} \sim \frac{L^2 \rho C_P}{\kappa}.$$

像前面讨论扩散时那样, 这个关系式也可以倒过来写. 与此相联系, 我们讨论下述问题. 假设在物体表面, 用人工方法产生一个温度振荡, 频率为 ω. 这个振荡将传播到物体内部, 产生所谓热波. 但是, 温度振荡的振幅随传播到物体内的深度衰减. 这引起一个问题: 温度振荡能够传播到物体多深的深度 L. 在这个现象中, 起特征时间间隔作用的是振荡周期, 即频率的倒数. 在表示热量传播距离与时间关系的式子里, 将时间 t 换成 $1/\omega$, 得

$$L \sim \sqrt{\frac{\chi}{\omega}},$$

这就是上述问题的答案.

§112　平均自由程

现在我们转向研究气体中的扩散和热传导. 为此, 我们必须比以前更细致地研究气体分子相互作用的特性.

气体分子间的相互作用通过它们的碰撞实现. 大部分时间里, 分子互相离得比较远, 它们的运动就像实际上彼此不相互作用的自由粒子. 仅仅在分子相互碰撞的短促时间间隔里才相互作用. 这方面, 气体不同于液体, 液体中的分子处于连续不断的相互作用中, 谈不上发生单独的 "碰撞".

分子能够以多种不同方式发生碰撞. 严格地说, 每次两个分子以相隔不大的距离飞过时它们的速度总会有些改变, 因此, "碰撞" 本身并不是完全精确的概念. 为了让这个概念更确定, 我们认定只有这种情形才是碰撞: 这时两个分子飞得如此之近, 以至于相互作用显著改变它们的运动, 即它们的速度的大小或方向发生重大变化.

气体中的分子碰撞完全随机地发生. 因此分子相继两次碰撞之间可以走过任意路程. 但是, 可以引入气体分子相继两次碰撞之间走的路程长度的某个平均值的概念. 这个距离简单叫做分子的平均自由程; 它是气体的分子动理性质的重要特征量, 用字母 l 表示. 除这个量外, 还可以考虑相继两次碰撞之间

的平均时间 τ. 显然, 从数量级看有

$$\tau \sim \sqrt{\frac{l}{v}},$$

v 是分子热运动的平均速度.

考虑两个分子的碰撞, 并认为其中一个在某一平面里静止不动, 另一个穿过这个平面. 如上所述, 两个分子飞过, 只有在交错时它们离得很近, 它们的运动有明显改变, 我们才说两个分子发生了碰撞. 这意味着, 在本例中, 运动的分子只有在不动的分子周围一个小区域内穿过平面, 才算是撞上后者. 这个 "靶区" 的面积叫做碰撞的有效截面 (或简称截面); 用字母 σ 表示.

作为例子, 我们把分子看作半径为 r_0 的刚性小球, 求它的碰撞有效截面. 要求两个小球交错时能够碰上, 则两个球球心间的最大距离为 $2r_0$. 因此, 为了发生碰撞, 运动小球必须落入的靶区是一个以不动分子为中心、半径为 $2r_0$ 的圆. 这时碰撞的有效截面为

$$\sigma = 4\pi r_0^2,$$

即小球截面面积的四倍.

当然, 实际上分子并不是刚性小球. 但是因为两个分子的相互作用力随它们之间距离增加迅速减小, 只有当两个分子几乎互相 "碰擦" 时, 才发生碰撞. 因此碰撞的有效截面大小的数量级与分子的截面面积相同.

令一分子在运动中走过单位长度距离, 并想象这时它在空间挖出一块长为单位长度、横截面面积为 σ 的圆柱体. 这个圆柱体的体积的大小也是 σ. 这个分子在自己的旅途上将与此圆柱体内所有分子碰撞. 令 n 为单位体积内的分子数. 于是体积 σ 内的分子数目为 $n\sigma$. 在单位长度路程上, 这个分子将发生 $n\sigma$ 次碰撞. 两次碰撞之间的平均距离, 即平均自由程的数量级

$$l \sim \frac{1}{n\sigma}.$$

从此式显然有, 平均自由程只和气体密度有关——与密度成反比.

但是应当记住, 最后这个结论仅仅在可以认为有效截面是常量时才成立. 由于分子间的排斥力随着分子靠近迅速增大, 分子的这种行为使得通常可以

定性地把它们当作弹性固体粒子, 仅仅当它们彼此直接 "碰擦" 时才相互作用. 在这些条件下, 碰撞的有效截面实际上是常量, 仅由分子本性决定. 然而, 分子离得比较远时, 分子之间还有一个微弱的吸引力作用. 随着温度降低, 气体分子的热运动速度减小, 于是两个分子的一次碰撞 (在确定的距离交错) 的持续时间增长. 依靠这种碰撞 "拉长时间", 即使分子交错时离得比较远, 也可以使分子的运动发生重大改变. 因此随着温度降低, 碰撞的有效截面会增大一些. 比如, 当温度从 $+100\,°C$ 降到 $-100\,°C$, 氮中与氧中 σ 大约增大 30%, 氢中增大 20%.

对于空气, 在 $0\,°C$ 和一个大气压下, $n \approx 3 \times 10^{19}$. 有效截面 $\sigma \approx 5 \times 10^{-15}\,cm^2$, 因此分子的平均自由程 $l \approx 10^{-5}\,cm$. 分子的平均热速度 $v \approx 5 \times 10^4\,cm/s$, 对应的两次碰撞的时间间隔为 $\tau \approx 2 \times 10^{-10}\,s$. 平均自由程随着压强减小迅速增大. 例如, 空气压强为 $1\,mm$ 汞柱时 $l \approx 10^{-2}\,cm$, 在压强为 $10^{-6}\,mm$ 汞柱的高真空中, 平均自由程达几十米.

§113　气体中的扩散和热传导

用平均自由程概念, 我们能够决定气体中扩散系数和热导率的大小数量级, 并且说明它们对气体的状态的依赖关系的特性. 先讨论扩散系数.

研究两种气体的混合物, 它的总压强处处相同, 但是组成成分沿某个方向变化, 取此方向为 x 轴.

我们看混合物中的一种气体 (气体 1), 令 n_1 为单位体积中这种气体的分子数; 它是 x 的函数. 扩散通量 j 是单位时间里, 沿 x 轴正方向穿越垂直于 x 轴的单位面积的分子数减去沿 x 轴负方向穿越同一面积的分子数之差.

单位时间里穿越单位面积的分子数, 其数量级等于乘积 $n_1 v$, v 是分子的平均热速度. 这时可以假设, 从左向右穿越此面积的分子数, 由分子发生最后一次碰撞的地方即此面积左边距离 l 处的密度 n_1 决定; 而从右向左穿越此面积的分子数, 则必须取此面积右边距离 l 处的密度 n_1. 若此面积自身的坐标是 x, 那么扩散通量由下式给出:

$$j \sim vn_1(x-l) - vn_1(x+l).$$

由于平均自由程 l 是一小量, 因此差值 $n_1(x-l) - n_1(x+l)$ 可以换成 $-l\mathrm{d}n_1/\mathrm{d}x$. 于是

$$j \sim -vl\frac{\mathrm{d}n_1}{\mathrm{d}x}.$$

将上式与公式 $j = -D\dfrac{\mathrm{d}n_1}{\mathrm{d}x}$ 比较, 我们看到, 气体中的扩散系数大小数量级为

$$D \sim vl.$$

平均自由程 $l \approx 1/n\sigma$, n 是单位体积中两种气体的分子总数. 因此也可将 D 写成下面的形式

$$D \sim \frac{v}{n\sigma}.$$

最后, 根据理想气体状态方程, 气体中分子的数密度 $n = kT/p$, 因此

$$D \sim \frac{vkT}{p\sigma}.$$

于是, 在确定温度下, 气体中的扩散系数与气体压强成反比. 由于分子的热速度与 $\sqrt{T}$ 成正比, 因此扩散系数随着温度升高按 $T^{3/2}$ 增大 (若可以认为碰撞截面是常量).

对上面的推导必须作以下的评论. 我们计算 j 时的做法是似乎只有一种气体. 可是实际上却是两种气体的混合物. 因此事实上, 量 σ 和 v 到底属于两种气体中的哪一种的分子并不清楚. 由于我们只是估计扩散系数的数量级, 如果两种气体分子的质量和大小不相上下, 这个问题无关紧要. 但是, 它们之间的差异大时这个问题就有意义了. 更细致的研究表明, 这时应当把 v 当作较大的热速度 (即质量较小分子的速度), 而 σ 应理解为有效截面中较大的.

除了不同种类气体的互扩散外, 还可能发生同种物质不同同位素的互扩散. 它们的分子间的唯一差别归结为微小的质量差异, 因此这时问题是某种气体分子在自身中的扩散, 或所谓自扩散. 这时分子质量的不同实际上只起一种使一种分子可以与另一种分子区别开来的 "标记" 作用.

气体的自扩散系数由同一公式

$$D \sim vl$$

决定, 这时公式中物理量的意义已没有任何问题, 一切物理量都属唯一存在的那种气体的分子.

作为实例, 下面给出一个大气压和 $0\,°C$ 下某些气体混合物中扩散系数的值, 单位为 cm^2/s:

> 氢 – 氧·······················0.70
> CO_2 – 空气···················0.14
> 水蒸气 – 空气·················0.23
> N_2 的自扩散···············0.18
> O_2 的自扩散···············0.18
> CO_2 的自扩散···············0.10

气体中的扩散比液体中快得多. 为了比较, 我们可以指出, 室温下糖在水中的扩散系数只有 $0.3 \times 10^{-5}\ cm^2/s$, NaCl 在水中为 $1.1 \times 10^{-5}\ cm^2/s$.

对气体分子在热运动中走过的真实距离与它们在扩散中的平均有序位移作一比较是有趣的. 比如, 空气分子在正常条件下 1 s 内走过路程的数量级为 5×10^4 cm, 而每秒扩散位移的数量级才不过 $\sqrt{DT} \sim \sqrt{0.2 \times 1} \sim 0.5$ cm.

确定气体的热导率实际上不需要作任何新的计算. 我们只需注意 §109 指出的热传导过程与扩散过程的相似: 热传导就是 "能量扩散", 而且温度传导率 χ 起着扩散系数 D 的作用. 这时两个过程的实现依靠同一机制, 即气体分子的直接转移. 因此可以确认温度传导率的大小数量级与气体的自扩散系数相同, 即

$$\chi \sim vl.$$

将 χ 乘以 1 cm^3 气体的热容后得到热导率 κ. 这个体积里包含有 n/N_0 摩尔气体 (N_0 是阿伏伽德罗常量), 因此它的热容是 nc/N_0, c 是摩尔热容 (这里写 c_P 还是写 c_V 无所谓, 因为它们同一数量级). 于是

$$\kappa \sim \chi \frac{nc}{N_0} \sim \frac{v \ln c}{N_0},$$

将 $l \sim 1/n\sigma$ 代入, 最后得到

$$\kappa \sim \frac{vc}{\sigma N_0}.$$

气体的摩尔热容与它的密度无关. 因此我们得到一个美妙的 (乍看之下似乎是荒谬的) 结果: 气体的热导率只依赖于温度, 与气体的密度或压强无关.

气体的热容稍微有点依赖温度; 有效截面亦然. 因此可以认为, 气体的热导率 (和热速度 v) 正比于 $\sqrt{T}$. 实际上, 热导率随温度的增长比这更快一些, 因为随着温度升高通常热容也增大, 有效截面减小.

作为例子, 下面给出某些气体在 $0\,°C$ 下热导率的值 (单位为 J/cm·s·deg):

氯气·················0.72 × 10⁻⁴

CO_2·················1.45 × 10⁻⁴

空气·················2.41 × 10⁻⁴

氢气·················16.8 × 10⁻⁴

§114 迁 移 率

我们研究含有一些带电粒子 —— 离子的气体. 若将此气体置于电场中, 那么在这些离子与气体的其他分子一道作的随机热运动上还得添加在电场方向上的有序运动. 如果离子是完全自由的粒子, 那么在所加电场作用下它们运动的速度越来越快. 但实际上, 离子仅在与气体中其他粒子两次碰撞之间的间隔内才自由运动. 碰撞时粒子被随机散射, 离子实际上失去它在两次碰撞之间获得的定向速度. 结果发生的运动是这样的: 离子平均而言以某一确定速度在电场方向上缓慢移动 (即所谓漂移), 此速度正比于电场强度.

这个速度 (用 u 表示) 的数量级容易估计如下. 离子的电荷为 e, 质量为 m, 在场强为 E 的电场中受力 $F = eE$ 作用, 给离子一个加速度 $w = F/m$. 离子以这个加速度在平均自由程时间 τ 内运动, 获得的定向速度的大小数量

级为 $u \sim w\tau$. 令 $\tau \sim l/v$ (v 是离子的热运动速度), 我们得到

$$u \sim \frac{Fl}{mv}.$$

离子在外力场作用下获得的漂移速度 u 通常写成下面的形式

$$u = KF;$$

速度与作用在离子上的力 F 之间的比例系数 K 叫离子的迁移率.

作为例子, 下面给出几种气体中离子的迁移率之值 (20 °C 及大气压下):

H_2 气体中的 H_2^+ 离子　　　　　8.6×10^{12} cm/s · dyn

N_2 气体中的 N_2^+ 离子　　　　　1.7×10^{12} cm/s · dyn

这意味着, 在 1 V/cm 的电场作用下, 氮气中的 N_2^+ 离子的漂移速度为 $1.7 \times 10^{12} \times 4.8 \times 10^{-10} \times 1/300 = 3$ cm/s.

从上面对速度 u 的估计, 得到 $K \sim l/mv$. 比较此式与同类粒子 (离子) 在气体中的扩散系数 $D \sim lv$, 我们看到 $D \sim mv^2 K$, 因为 $mv^2 \sim kT$, 所以

$$D \sim kTK.$$

我们要指出, 扩散系数与粒子迁移率之间的这一关系是以精确关系式存在的.

根据玻尔兹曼公式, 在热平衡态, 处于恒定的外电场中 (取电场方向为 x 轴方向) 的气体内的离子浓度正比于

$$e^{-\frac{U(x)}{kT}},$$

其中 $U(x) = -Fx$ 是离子在电场中的势能; 它在气体内逐处改变, 沿电场作用方向增大. 存在浓度梯度时, 必定产生扩散通量 $j = -D\dfrac{dc}{dx}$. 定义浓度 c 为单位体积气体内的离子数, 写成以下形式

$$c = 常量 \cdot e^{\frac{Fx}{kT}},$$

注意 $\dfrac{dc}{dx} = \dfrac{F}{kT}c$, 得

$$j = -\frac{cDF}{kT}.$$

但是在稳定态 (平衡态) 气体中不发生任何物质转移. 这意味着与电场方向相反的扩散通量 j 必定刚好补偿了电场方向的离子漂移通量, 后者显然是 $cu = cKF$. 令这两个量相等, 得

$$D = kTK.$$

迁移率与扩散系数的这个关系叫爱因斯坦关系, 这里我们是对气体推出的, 实际上它是一个普遍关系, 对任何溶解或悬浮在气体或液体中并在任何外力场 (电场或重力场) 作用下运动的微粒都成立.

§115 热扩散

在讨论气体混合物中的扩散时, 迄今我们都暗中假设气体的温度 (及压强) 处处相同, 发生扩散仅仅是由于混合物中存在浓度梯度. 实际上温度梯度也会引起扩散. 即使混合物成分均匀, 当其各部分的加热不一样时也会有扩散发生. 混合物中不同成分的分子热运动的差异 (它们的热速度不同, 有效碰撞截面也不同) 造成在顺温度梯度方向和逆温度梯度方向穿越任一面积的分子数目上混合物的两种成分占不同的比例. 温度梯度作用下产生扩散流的现象叫热扩散. 这种现象在气体混合物中特别重要 (下面就会讨论), 但是原则上它也存在于液体混合物中.

热扩散的扩散通量 (用 j_T 表示) 正比于气体中的温度梯度, 通常写成下面的形式

$$j_T = D_T \frac{1}{T} \frac{\mathrm{d}T}{\mathrm{d}x},$$

量 D_T 叫热扩散系数. 这里本应精确说明扩散通量 j_T 是指什么 (与通常的扩散相反, 那里系数 D 与通量的定义方式无关). 不过我们这里不详细讨论这一问题. 与通常扩散系数 D 永远为正相反, 热扩散系数的符号由于其本性并不确定, 而由讨论的是混合物的哪种成分的通量决定.

当混合物的随便哪种成分浓度趋于零时, 热扩散系数必定也变为零, 因为纯净气体中当然不发生热扩散. 因此, 热扩散系数主要由混合物的浓度决

定——这是与通常的扩散系数又一不同之处.

由于热扩散, 本来成分均匀的气体混合物中各不同温度区域之间产生浓度差. 这些浓度差转而引起通常的扩散, 其作用方向相反, 力图消除已出现的浓度梯度. 稳恒条件下, 若气体中维持恒定的温度梯度, 这两个作用相反的过程最终将建立一个稳定状态, 此时两个通量互相抵消. 在这种状态下气体的 "热" 端与 "冷" 端之间存在确定的成分差异.

我们研究最简单的情形, 这时混合物中两种气体分子质量差很多, "重" 分子的热速度比 "轻" 分子的速度小得多. 轻分子与重分子发生碰撞时可以认为后者不动, 轻分子被重分子弹性弹回. 在这样的条件下, 只研究混合物中轻成分的扩散输运就够了.

令 n_1 为单位体积里轻成分的分子数, v_1 是其热速度. 这个成分在 x 轴方向的通量可估算如下: 取乘积 $n_1 v_1$ 在点 $x - l_1$ 和点 $x + l_1$ 的值之差, l_1 是分子的平均自由程. 像 §113 中那样, 这个差可以换成

$$-l_1 \frac{\mathrm{d}}{\mathrm{d}x}(n_1 v_1).$$

由此可见, 乘积 $n_1 v_1$ 之值在气体体积内处处恒定时, 物质停止转移, 即已建立稳定状态. 但是 $n_1 = cn$, c 是轻成分的浓度, $n = p/kT$ 是单位体积内总分子数. 因为气体的总压强处处相同, 而热速度 v_1 正比于 $\sqrt{T}$, 乘积 $n_1 v_1$ 恒定这个条件意味着比值 $c/\sqrt{T}$ 恒定. 换句话说, 在稳定状态, 较热的地方轻成分的浓度较大.

许多情况下成分改变的方向一般是这样发生的: 更轻的气体通常聚集在 "热" 端. 但这不是普遍规则, 分子质量并非决定热扩散方向的唯一因素.

热扩散现象被用来分离气体混合物, 特别是分离同位素. 这种方法的原理, 从下面这个简单的热扩散 "分离器" 的结构 (图 14.2) 看得很清楚. 它是一根竖直的长玻璃管, 沿其中轴有一导线, 用来通电流加热; 管壁则被冷却. 热的气体混合物沿管轴上升, 冷的沿管壁下降. 同时在径向发生热扩散过程, 结果混合物的一个成分 (通常是分子量大的) 压倒性地向周边扩散, 另一成分则向轴扩散. 各个成分被下降气流和上升气流卷带, 分别集聚在管子的下部和顶部.

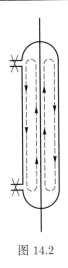

图 14.2

§116 固体中的扩散

扩散也在固体中发生, 但是极其缓慢. 可以这样观察这个现象: 在一根铅棒的末端熔化金子并保持高温, 比方说 $300\,°C$; 即便已经过一昼夜之久, 金子也只渗入铅中大约 $1\,cm$ 深的地方.

当然, 固体里也有自扩散——同类物质同位素的互扩散. 这可以用放射性同位素来观察. 例如, 将若干铜的放射性同位素放在铜棒一端, 过一段时间后, 将铜棒切成片, 从这些铜片的放射性可以判断有多少同位素扩散到铜棒中.

固体内扩散缓慢非常自然, 这与固体内原子热运动的特性有关. 气体中, 甚至液体中, 分子的无规热运动都包含有 "平移分量", 即分子可跑遍物体占据的体积. 但是固体中, 原子几乎总是在一些平衡位置 (晶格格点) 附近作小振动; 这种运动不会使原子在物体内从一处移到另一处, 因此不会引起扩散. 只有那些离开自己在晶格中原有的位置, 跑到其他格点上的原子, 才会参与扩散.

固体中每个原子周围都有势垒包围. 原子只有克服这个势垒, 才能离开自己的位置; 为此它必须有足够能量. 研究化学反应速度时 (§91), 我们已经遇到

过类似的情况, 在那里看到, 能参加反应的分子数, 正比于一个形式为

$$e^{-\frac{E}{RT}}$$

的 "激活因子". 能够参加扩散的原子数也应与这样一个因子成正比, 因此扩散系数也应如此. 这时, 每个原子的激活能 (E/N_0) 之值, 一般为几分之一电子伏到几电子伏. 比如, 碳在铁中的扩散, E 大约为 100 kJ/mol (即大约每个原子 1 eV); 对于铜的自扩散, E 约为 200 kJ/mol (大约每个原子 2 eV).

这样, 固体中的扩散系数随着温度升高迅速增大. 例如, 锌在铜中的扩散系数, 当温度从室温升到 300 °C 时增加到 10^{14} 倍. 扩散系数随温度变化最快的一对金属是上面提过的金和铅. 金在铅中的扩散系数, 在室温下才 4×10^{-10} cm²/s, 300 °C 时已是 1×10^{-5} cm²/s. 这些数字同时也表明, 固体中的扩散过程何等缓慢.

通过升温加速扩散是金属退火方法的基础: 为了使合金的成分均匀, 把它在高温下放置一段长时间. 这一方法还用来松弛金属的内应力.

填隙型固溶体中, 溶质原子占据处于基本格子格座上的原子之间的空隙位置. 这种溶液中的扩散 (例如碳在铁中的扩散) 简单地通过填隙原子从一个空隙到另一空隙的运动发生.

在理想晶体里的替代型溶体中, 一切允许的地方都已被占据; 这种理想晶体中的扩散必须通过一对对不同原子同时交换占据位置进行. 但是, 前面在 §105 已谈到过, 实际晶体中总是有未被占据的地方——"空穴". 这些空穴在真实的扩散机制中起重要作用; 扩散就是通过原子从邻近被占据的格座 "跳" 到这些空穴而进行的.

第 15 章 黏性

§117 黏度

下面我们研究不同地点流速不同的液体 (或气体) 流动. 这种液体状态不是平衡态; 液体内将发生一个过程, 力求使各点的流速变得相同. 这个过程叫内磨擦过程或黏性过程. 热传导现象中有一热通量从介质较热的区域流向较冷区域, 与之相似, 在内摩擦现象中, 由于分子的热运动, 动量从流速较快区域转移到较慢区域.

于是, 扩散、热传导和黏性三种现象有类似的机制. 所有三种现象中发生的事情都是, 物体的一种性质 (成分、温度或流速), 从原来的在物体内不同地点之值不同, 变到整个物体内之值相同, 向热平衡状态趋近. 在所有三种情形, 都依靠分子将某物理量从物体的一部分输运到另一部分来实现. 在扩散的情形, 输运的是混合物内不同成分的分子数; 热传导情形输运的是能量; 内摩擦情形输运的是动量. 因此, 常常把三种现象放到一起, 在一个总题目输运现象之下讨论.

我们假设, 液体处处向一个方向流动, 即流速矢量 u 处处方向相同, 还假设, 速度的大小 u 只在垂直于速度的一个方向上变化; 取 x 轴在此方向, $u = u(x)$.

与扩散通量和热通量相似, 我们引进动量通量的概念: 它是在单位时间内, 沿 x 轴正方向, 穿越垂直于 x 轴的单位面积的总动量, 用字母 Π 表示. 与输运过程讨论其他物理量完全类似, 我们可以断定, 动量通量正比于流速 u 的梯度:

$$\Pi = -\eta \frac{\mathrm{d}u}{\mathrm{d}x}.$$

量 η 叫做介质的黏度, 又称黏性系数.

动量通量 Π 的量纲是动量的量纲除以 cm^2 和 s, 即 $[\Pi] = \dfrac{\mathrm{g}}{\mathrm{cm} \cdot \mathrm{s}^2} \cdot du/dx$ 的量纲是 s^{-1}. 因此黏度的量纲是

$$[\eta] = \frac{\mathrm{g}}{\mathrm{s} \cdot \mathrm{cm}}.$$

黏度的单位在 CGS 制中为泊 (poise, 简写为 P).

黏度决定了将动量从液流中一点输运到另一点的快慢. 动量等于质量乘速度. 因此流速变成相等的快慢由量 $\dfrac{\eta}{\rho}$ 决定, ρ 是密度, 即单位体积液体的质量. 量 $\nu = \dfrac{\eta}{\rho}$ 叫做运动黏度, 而 η 叫做动力黏度, 二者是不同的. 容易证明

$$[\nu] = \frac{\mathrm{cm}^2}{\mathrm{s}},$$

即 ν 的量纲与扩散系数和温度传导率的量纲相同; 运动黏度就像是一种速度扩散系数.

假设液体挨着固体表面流动 (例如沿管壁流动), 在固体表面与一切真实液体 (或气体) 之间, 总是存在分子内聚力, 使紧贴固体壁的一层液体完全停下来, 好像 "黏" 在管壁上. 换句话说, 管壁上流速为零. 随着离开管壁进入液体, 流速增大. 由于黏性, 产生一个动量通量, 方向从液体到管壁.

另一方面, 我们从力学知道, 物体动量随时间的变化是作用在物体上的力. 因此, 最终从液体传输到管壁、单位时间穿过单位面积的动量 Π, 就是流过管壁的液体作用在单位面积表面上的摩擦力.

上面对动量通量 Π 的简单公式的推导, 必须作以下说明. 虽然如上所述, 扩散、热传导和黏性三种现象形式上相似, 但它们之间也有实质性差异: 浓度和温度是标量, 而速度是矢量. 这里我们只限于考虑最简单的情况, 速度处处有相同的方向; 只有在这种情况, 上面 Π 的公式才成立. 若不同地点速度 u 的方向不同, 不能用这个公式. 这从下面的例子可明显看出: 液体连同圆柱形容器作为一个整体绕容器轴匀速转动. 液体粒子的圆运动速度随着与容器轴距离增加而增大. 然而, 在液体中不产生任何动量通量, 即不产生任何摩擦力; 容器支撑架与液体之间无摩擦时, 液体作为一个整体匀速旋转, 不破坏热平衡, 可以延续无限长, 速度不会变成相同.

§118 气体和液体的黏性

认识到内摩擦、热传导和自扩散三个过程在气体中全都依靠同一分子机制实现之后, 在此基础上, 可以估计气体的黏度的大小. 这时与扩散系数相似的量是运动黏度 $\nu = \dfrac{\eta}{\rho}$. 因此可以断定, 气体的这三个量 ν、χ 和 D 的大小数量级相同; 于是 $\nu \sim vl$. 气体的密度 $\rho = nm$, m 是分子的质量, n 是单位体积中的分子数; 因此得到黏度 $\eta = \rho v$ 的以下表示式

$$\eta \sim mnvl \sim \frac{mv}{\sigma},$$

σ 是碰撞截面.

我们看到, 黏度和热导率一样, 与气体的压强无关. 因为热运动的速度与 $\sqrt{T}$ 成正比, 可以认定, 气体的黏度也正比于温度的平方根. 但是, 这个结论只在可以认为碰撞截面 σ 是常量时才成立. 前面在 §112 曾指出, 温度下降时碰撞截面有所增大. 与此相应, 黏度随温度下降减小比 $\sqrt{T}$ 快.

气体中 ν、χ 和 D 三个系数在多大程度上近似相等, 可以从空气 ($0\,°C$) 的这几个系数的值看出: 运动黏度 $\nu = 0.13$, 温度传导率 $\chi = 0.19$, 氮和氧的自扩散系数 $D = 0.18$.

下表列举一些气体和液体的黏度值 (在 $20\,°C$ 温度下):

物质	$\eta/[\mathrm{g}/(\mathrm{s}\cdot\mathrm{cm})]$	$\nu/(\mathrm{cm}^2/\mathrm{s})$
氢	0.88×10^{-4}	0.95
空气	1.8×10^{-4}	0.150
苯	0.65	0.72
水	0.010	0.010
汞	0.0155	0.0014
甘油	15.0	12.0

我们很有兴趣地注意到, 虽然水的动力黏度比空气大得多, 但运动黏度则反过来.

液体的黏度通常随温度升高而减小; 这很自然, 因为温度升高分子相互运动变得更容易. 在黏度小的液体例如水中, 虽然可以看到这种黏度下降, 但是不大.

但是, 有一些液体, 主要是有机物 (例如甘油), 它们的黏性随温度升高减小非常快. 例如, 温度升高 10 度 (从 20 °C 升到 30 °C), 水的黏度 η 仅减小 20%, 但是甘油的黏度却减到原来的 2.5 分之一. 这些液体的黏性按指数规律减小, 正比于一个 $e^{-\frac{E}{kT}}$ 形式的因子. 对于甘油, $E \sim 65\,000$ J/mol. 我们在 §116 已知道, 这样的温度依赖关系意味着, 过程的发生 (液体分子的相互运动) 必须克服一个势垒.

随着温度降低, 黏性液体迅速凝结, 变成非晶固体; 我们在 §52 已经指出, 液体和非晶固体只有量的差异. 例如, 松脂在室温下是固体, 但是在 50 °C—70 °C 的温度下其行为已经像是流动物质, 具有很高、但是完全可以测量出的黏性, 为 10^6 P 至 10^4 P (为了比较, 注意蜂蜜或者糖浆的稠度对应的黏度约为 5×10^3 P).

甘油或松脂这些液体的力学性质, 还在另一方面让我们感到有趣. 为了确定起见, 我们讨论松脂. 固体和液体的根本区别是固体抵抗形状变化 (由剪切模量表征), 这是液体不具备的. 可以说, 液体的分子结构能够瞬刻作出调整以适应形状改变; 在典型液体里, 这发生在分子热振动周期 (10^{-10} s—10^{-12} s) 大小的时间内. 但是, 在液体松脂里这种调整需要更长时间, 若形变变化非常快, 可能根本来不及调整.(在松脂中, 温度为 50 °C–70 °C 时, 特征时间为 10^{-4} s—10^{-5} s.) 因此对变化非常迅速的作用 (如声振动产生的作用) 这类物质的行为像是弹性固体, 具有确定的剪切模量; 而对变化缓慢的作用, 它们的行为则是具有确定黏度的普通流体.

§119 泊肃叶公式

下面应用公式 $\Pi = -\eta \dfrac{\mathrm{d}u}{\mathrm{d}x}$ 解决一些与黏性液体流动有关的简单问题.

首先计算两块相对平行运动的刚性平板之间产生的摩擦力, 平板间的空

间填满了黏度为 η 的黏性液体. 令 u_0 是这种运动的速度 (图 15.1 中下平板静止, 上平板以速度 u_0 运动), h 为两板间距离. 紧贴着平板的液体被平板带着一起运动, 于是下壁液体流速为零, 上壁液体流速为 u_0. 二壁之间, 流速按线性规律变化

$$u = \frac{u_0}{h}x,$$

x 是距下壁的距离 (这个规律的得到与在平面物质层中的热传导问题完全相似, 见 §110). 作用在每块刚性平板的单位面积上阻滞它们相对运动的摩擦力, 如我们上节所说, 由动量通量 $\varPi$ 的大小给出. 它等于

$$\varPi = \frac{u_0\eta}{h},$$

即, 与平板的相对速度 u_0 成正比, 与它们之间的距离成反比.

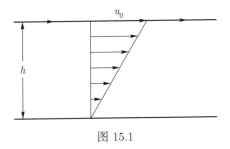

图 15.1

下面研究液体在圆柱形管内的流动, 管的半径为 a, 长为 L. 管两端维持不同的压强 p_1 和 p_2, 液体在压差 $\Delta p = p_2 - p_1$ 作用下沿管流动. 液体流速 u 的方向处处沿管轴, 大小在垂直于管轴的方向 (径向) 上变化, 只由一个坐标——与管轴的距离 r 决定. 因此我们可以将在径向输运的动量通量写为

$$\varPi = -\eta\frac{\mathrm{d}u}{\mathrm{d}r}.$$

考虑管内一个半径为 r 并与管共轴的圆柱面包围的液体体积. 穿过这个表面 (面积为 $2\pi rL$) 的总动量通量为

$$2\pi rL\varPi = -2\pi rL\eta\frac{\mathrm{d}u}{\mathrm{d}r},$$

这就是其余的液体作用在我们考虑的液体体积上的摩擦力, 它抵消了圆柱两端压差产生的力 $\pi r^2 \Delta p$. 让这两个力相等, 得到方程

$$\frac{\mathrm{d}u}{\mathrm{d}r} = -\frac{r}{2L\eta}\Delta p,$$

由此得

$$u = -\frac{r^2}{4L\eta}\Delta p + 常量.$$

任意常量由管面上即 $r = a$ 时速度为零的条件决定. 最终得到

$$u = \frac{\Delta p}{4L\eta}(a^2 - r^2).$$

于是, 在管内流动的液体有抛物线形的速度截面: 速度从管壁上的值零, 按二次方规律变到管轴上的最大值 $u_{\max} = \frac{a^2\Delta p}{4L\eta}$ (图 15.2).

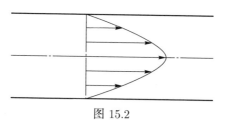

图 15.2

我们来决定单位时间内有多少液体 (质量 M) 在管中流过. 用 $V(r)$ 表示单位时间流过半径为 r 的圆柱的液体体积. 显然, 这个函数的微分是

$$\mathrm{d}V(r) = u(r)\mathrm{d}S,$$

这里 $u(r)$ 是与管轴距离 r 处的液体流速, $\mathrm{d}S$ 是半径为 r、宽 $\mathrm{d}r$ 的圆环面积. 因为 $\mathrm{d}S = 2\pi r\mathrm{d}r$, 有

$$\mathrm{d}V(r) = 2\pi r u\mathrm{d}r = \frac{\pi\Delta p}{2L\eta}(a^2 - r^2)r\mathrm{d}r = \frac{\pi\Delta p}{4L\eta}(a^2 - r^2)\mathrm{d}(r^2).$$

由此

$$V(r) = \frac{\pi\Delta p}{4L\eta}\left(a^2 r^2 - \frac{r^4}{2}\right)$$

(取任意常量为零, 因为必有 $V(0) = 0$). 单位时间流过管子的液体总体积为 $V(r)$ 取 $r = a$ 之值. 将它乘以液体的密度 ρ, 得所求的液体质量为

$$M = \frac{\pi \Delta p}{8L\nu} a^4,$$

这个公式叫做泊肃叶公式. 我们看到, 流过管子的液体的质量正比于管径的四次方.

上面讨论的例子属液体的稳恒流动, 液体在液流中每点的速度不随时间变化. 这里我们讲一个非稳恒运动的例子. 设一个浸在液体里的圆盘在其平面里作扭转振荡; 盘带动的液体也发生振荡. 但是, 这些振荡随着与圆盘距离增大而衰减, 这就产生一个问题: 距离的数量级得多大才会发生明显的阻尼. 这个问题形式上与我们在 §111 讨论的有关温度变化的平板引起的温度振荡的类似问题无异, 所求的振荡在液体中的 "穿透深度" L, 由 §111 推出的公式中将温度传导率 χ 换成液体的运动黏度 ν 得出:

$$L \sim \sqrt{\frac{\nu}{\omega}},$$

ω 是振动频率.

§120 相似方法

上面我们研究了一些最简单的液体运动问题. 在更复杂的情况下, 问题的精确求解通常遇到极大的数学困难, 通常求不出解. 例如, 求不出物体在液体中运动问题的一般形式的解, 即使物体形状简单, 比方说是个球.

与此有关, 研究关于液体运动的各种问题时, 最好先看看这种运动可能依赖哪些物理量, 基于这些物理量的简单量纲分析方法常常有重要意义.

例如, 研究固体球穿过液体的匀速运动, 决定球受的阻力 F. (代替物体穿过液体运动, 我们改提完全等价的问题: 液体如何流过不动的物体; 问题的这种提法与观察风洞中流过物体的气流对应).

决定液体流动或物体在液体中运动的液体的物理性质总共由两个量描述: 液体的密度 ρ 和黏度 η. 此外, 对我们研究的情形, 运动还由球速 u 和

球的半径 a 决定.

于是, 我们总共有四个参量, 它们的量纲是:

$$[\rho] = \frac{g}{cm^3}, \quad [\eta] = \frac{g}{cm \cdot s}, \quad [u] = \frac{cm}{s}, \quad [a] = cm.$$

从这些参量可以构成一个无量纲量, 方法如下. 首先, 量纲 $g^{①}$ 只有一种方法消掉, 那就是 η 除以 ρ, 即生成它们之比 $\nu = \eta/\rho$, 其量纲 $[\nu] = cm^2/s$. 为了消掉量纲 s, 再用 ν 除 u, $[u/\nu] = 1/cm$. 将比值 u/ν 乘半径 a, 得到一个无量纲量

$$Re = \frac{ua}{\nu} = \frac{\rho ua}{\eta},$$

它叫雷诺 (Reynolds) 数, 用符号 Re 表示; 它是液体运动最重要的特征数之一. 显然, 所有别的无量纲量只能是雷诺数的函数.

回到决定阻力的问题. 力的量纲是 $g \cdot cm/s^2$. 例如 $\rho u^2 a^2$ 便是具有这样的量纲、并由以上这些参量组成的量, 同样量纲的一切其他物理量, 可以表示为 $\rho u^2 a^2$ 与无量纲的雷诺数的某个函数相乘的形式. 因此可以断言, 所求的阻力由下面形式的公式表示:

$$F = \rho u^2 a^2 f(Re).$$

当然, 未知函数 $f(Re)$ 不能由量纲推理得出. 不过我们看到, 借助量纲推理, 我们已成功地将决定四参量函数 (力 F 与 ρ、η、u、a 有关) 的问题, 化为总共只决定一个函数 $f(Re)$ 的问题. 这个函数可以用实验方法决定. 测量某个小球在某种液体中受的阻力, 根据获得的数据建立函数 $f(Re)$ 的图形, 我们就可能得知任何球在任何液体中运动受的阻力.

上述论证是普遍性的, 当然不仅适用于球形物体, 而且也适用于任何其他形状的物体在液体中的稳恒运动. 这时应将雷诺数中的量 a 理解为确定形状物体的某个线性尺寸, 我们也就能够比较液体环绕几何形状相似只是大小尺寸不同物体的流动.

①原书误植为 r. ——译者注

参量 ρ、η、u、a 之值不同, 但是它们组成的雷诺数之值相同的运动, 称为相似运动. 这时, 液体运动整个情景的差异, 仅在于距离、速度等比例尺度的大小.

虽然我们为了简短只讨论了液体, 但是全部内容对气体也成立. 唯一必须满足的条件是, 介质 (液体或气体) 的密度在运动过程中不发生任何可察觉的变化, 于是可以认为它是常量; 这种情形下的运动介质叫不可压缩介质. 虽然从通常观点看气体是容易压缩的介质, 但是气体运动时其内部产生的压强变化通常却不足以使它的密度发生重大改变. 只有当气体的速度与声速可比时气体才表现为像是不可压缩的介质.

§121 斯托克斯公式

设重新回到在液体 (或气体) 中运动的物体所受的阻力为 F.

运动速度足够小时, 阻力永远正比于速度的一次方. 为了从公式

$$F = \rho u^2 a^2 f(Re)$$

得出这一关系, 我们必须认为, 在速度较小时, 函数 $f(Re)$ 之形式为 $f(Re) = $ 常量$/Re$. 于是得

$$F = 常量 \cdot \eta a u.$$

我们看到, 从阻力与运动速度成正比, 自动推出阻力也与物体的线性尺度 (和液体的黏度) 成正比.

决定这个定律中的比例系数需要作更详尽的计算. 对球在液体中的运动, 此常量 $= 6\pi$, 即

$$F = 6\pi \eta a u,$$

其中 a 是球的半径. 这个公式叫斯托克斯公式.

上面的讨论让我们能够更精确地说明, 所谓运动速度 "足够小" 究竟要小到什么程度才保证斯托克斯公式成立. 因为我们讨论的是函数 $f(Re)$ 的形式,

所求的条件必然是关于雷诺数的值, 由于在物体的尺寸确定后, 数 Re 和速度 u 互成正比, 那么很清楚, 速度小的条件必定表示为无量纲数 Re 小的形式:

$$Re = \frac{au}{\nu} \ll 1.$$

由此可见, 速度 "足够小" 的条件具有相对性. 容许的速度的真实大小由运动物体的尺寸 (和液体的黏度) 决定. 当尺寸非常小 (例如, 对悬浮在液体中作布朗运动的小粒子), 斯托克斯公式可以应用于从其他观点看已不能算小的速度.

若球在外力 P 作用下在液体中运动 (例如外力是考虑了物体在液体中失去部分重量后的重力). 那么最终将建立一个匀速运动, 其速度由此时外力 P 刚好抵消阻力决定. 从等式 $P = F$ 得到, 这个速度等于

$$u = \frac{P}{6\pi a\eta} \ll 1.$$

根据测量得到的固体小球在液体中的下落速度, 常常用这个公式决定液体的黏度. 黏度也可通过测量液体在给定的压差下从管子流出的速度用泊肃叶公式求出.

斯托克斯公式还与一种测量元电荷的方法有关系, 用这个方法密立根首次测量了电子的电荷. 在这些实验中, 把通过液体油喷雾获得的小油滴引入平板电容器两块水平极板之间的空间. 油滴带有电荷, 这是它在喷雾过程中带电得到或从空气中吸收离子获得的. 用显微镜观察油滴仅在自身重量作用下下降的速度, 依靠斯托克斯公式可以算出油滴的半径和质量 (油的密度已知). 然后在电容器极板上加合适的电势差, 使油滴静止停在那里, 这时作用在带电油滴上的方向向下的重力与方向向上的静电力平衡. 知道油滴的重量和电场强度, 可以算出油滴的电荷. 这类测量表明, 油滴的电荷永远等于某个确定值的整数倍; 显然, 这个值就是元电荷.

§122　湍流

§119 描述的液体沿小管的流动是有序和平稳的: 每个液体粒子都在一条确定的直线轨道上运动, 整个流动图样像是一层层液体以不同的速度彼此相

对运动. 这样的液体有序平稳运动叫*层流*.

但是, 看来仅在雷诺数不太大时液体流动才维持这样的特性. 对沿管道的流动, 雷诺数可从公式 $Re = ud/\nu$ 确定, d 是管道的直径, u 是液体运动的平均速度. 例如, 如果不断提高沿确定直径管道的流速, 在某个时刻运动特性完全改变. 它会变得极其无序, 代替平顺的流线, 液体粒子将描绘一条紊乱、曲折、不断变动的轨道. 这样的运动称为*湍流*.

通过毛细管在液流中加进少量染色液体, 观察液体在玻璃管中的流动, 两种运动类型的差异显现得十分清楚. 速度低时, 染色液体被液体主流携带着, 像一条细直线. 流速增高, 这条直线就断了, 染色液体迅速地、几乎均匀地与整个液流混在一起.

如果我们在湍流中任一确定地点追踪液体速度随时间的变化, 我们发现, 液体速度围绕某一平均值无规地随机涨落 (脉动). 速度平均值描述清理掉无规的湍流脉动后的液体运动图样. 这个平均速度就是通常简单谈论液体的湍流速度时指的速度.

与层流中通过内摩擦方式的分子输运过程相比, 液体的湍流混合是一个效率高得多的动量传输机制. 由于这个原因, 湍流中管道截面上的速度分布图与层流中的速度分布有重大差别. 层流中, 速度从管壁到管轴逐渐增大. 而湍流中, 管道截面的大部分面积上, 速度几乎是常量, 仅在紧贴管壁的一薄层中迅速降到零, 在管壁上速度当然为零.

黏性起的作用比湍流混合小得多带来了一个更普遍的后果: 黏性对湍流的性质没有直接影响. 因此湍流性质由比层流中数目更少的物理量决定, 其中就不包括液体的黏度. 从剩下的量构建具有相同量纲的组合量的可能性极为有限, 因此, 用相似方法能立即给出更具体的结果.

例如, 我们来求管中的平均流速 u 与引起流动的压强梯度 (即比值 $\Delta p/L$, Δp 是管道两端的压差, L 是管长) 的依赖关系. 量 $\Delta p/L$ 的量纲是 $\mathrm{g \cdot cm \cdot s^{-2}}$. 能够从现有物理量 (速度 u、管道直径 d 和液体密度 ρ) 组建的具有相同量纲的组合是 $\rho u^2/d$. 因此可以断定

$$\frac{\Delta p}{L} = 常量 \cdot \frac{\rho u^2}{d},$$

于是在湍流中, 沿管道的压强梯度与平均速度平方成正比, 而不是像层流中那样, 与平均速度一次方成正比. (但这个定律只是近似成立, 它没有考虑管壁上边界层的效应, 在边界层里速度迅速降低, 黏性起重要作用.)

前面说过, 沿管道的流动在雷诺数足够大时变成湍流. 实验表明, 为此 Re 必须不小于 1700. 更小的 Re 值下层流完全稳定. 这意味着, 液流受到某种外部作用扰动时 (如管道振动、管子入口不平整等), 引发的对平稳流动的破坏被迅速衰减. 反之, 当 $Re > 1700$ 时对流的扰动使层流瓦解, 产生湍流. 采取特殊的预防措施减少不可避免发生的扰动, 能够将到湍流的过渡推迟到更高的 Re 值, 甚至在 $Re = 50\,000$ 时还成功观察到管道中的层流.

湍流是雷诺数很大时液体流动的普遍特征. 它不仅发生在沿管道的流动中, 也发生在液体 (或气体) 流过各种固体时 (或者这些物体穿过液体运动时, 这实际上是一回事). 我们更细致地讨论一下这幅流动图像.

由于有 §120 中阐明的相似律, 究竟是什么原因导致大雷诺数 (要么是物体尺寸 a 大, 要么是运动速度 u 大, 要么是液体的黏度 η 的值小) 并不重要. 在这个意义上我们可以说, 雷诺数很大时液体的行为像是具有很小的黏性. 但是, 这仅适用于远离固体管壁流动的液体. 固体表面附近, 生成一层薄边界层, 在边界层里, 速度从对应于无摩擦运动的值, 降到对应于被黏附在管壁上的黏性液体的速度值零. 边界层越薄, 雷诺数越大. 在这一层里, 速度改变非常快, 因此液体黏性起决定性作用.

边界层的性质使液体绕物体流过时发生所谓流动分离的重要现象.

液体绕物体流过时, 首先沿物体前部 (正对液体流动的展宽部位) 运动. 这时液流受压缩, 从伯努利方程推得, 液流速度相应增大, 压强减小 (见 §61). 沿物体收窄的后部运动时, 液流仿佛变宽, 液流速度减小, 压强相应增大. 于是, 在液流的这一部分, 压强沿运动方向增大, 产生压差, 反抗液体运动. 产生在主流内的这个压差, 也作用在边界层内的液体上, 使之变慢. 边界层内的液体粒子运动本来就比层外主流中的粒子慢, 现在开始运动得更慢, (因为它们沿流线形物体运动) 到压强足够高的地方, 它们甚至停下, 然后开始反向运动. 这样, 在物体表面附近产生回流, 虽然主流仍像既往一样向前运动. 沿流线形物体进一步向前, 回流变得更宽, 最终完全取代外液流 —— 液流离开器壁.

但是, 这种带回流的运动一点也不稳定, 立即变成湍流. 湍流随液体流动向前传播, 结果在流线形物体后面产生一长条作湍流运动的液体 —— 所谓湍流尾迹; 示意图如图 15.3 所示. 对球的情况, 这发生在 $Re \approx 1000$ 时 ($Re = \dfrac{du}{\nu}$, d 是球的直径).

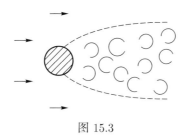

图 15.3

雷诺数很大时, 湍流尾迹是在液体中运动的物体受的阻力的主要来源. 在这些条件下, 可以再次用量纲分析确定阻力定律. 确定形状的物体所受到的阻力 F 可能仅决定于物体的尺寸 a、它的速度 u 和液体的密度 ρ, 与液体的黏性无关. 从这三个量只能构成一个组合具有力的量纲 (乘积 $\rho u^2 a^2$). 因此可以断定

$$F = 常量 \cdot \rho u^2 a^2,$$

其中常量系数由物体的形状决定. 于是, 在雷诺数很大时, 阻力与速度的平方成正比 (这称为牛顿阻力定律). 它也与物体的线度大小的平方或截面面积成正比 (这是一回事, 因为截面面积正比于 a^2). 最后, 阻力也与液体密度成正比. 我们还记得, 在相反的雷诺数小的情形, 液体的阻力正比于液体的黏度, 而与它的密度无关. Re 值小时阻力由液体的黏度决定, 可是 Re 值大时液体惯性 (质量) 的作用举足轻重.

大雷诺数下, 阻力强烈依赖于物体的形状. 物体的形状决定了流动分离的地点, 从而决定湍流尾迹的宽度. 湍流尾迹区域宽度越窄, 引起的阻力越小. 这个情况决定了如何选择物体的形状, 使其受阻力尽可能小 (这样的形状叫做流线形).

流线形物体必须前端圆滑后部拉长, 平滑地在终端点变尖, 如图 15.4 所示 (这个图可以是一个长的旋转物体的纵向剖面图, 或者是一个大跨度翼的截面). 沿这个物体流动的液体平滑地在终端点闭合, 不在任何地方激烈拐弯; 从而消除了液流方向上压强迅速升高. 液流分离只发生在最尖锐的端点, 结果湍尾流区域非常窄.

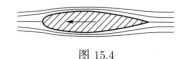

图 15.4

至于高速运动下的阻力, 必须提醒一点: 上述所有内容都属于速度比声速小的情形, 这时可以认为液体不可压缩.

§123 稀薄气体

§113 和 §118 得出的有关气体中的输运过程的全部结论仅在气体不太稀薄时才成立: 分子的平均自由程必须比我们研究的物体 (盛气体的容器、穿过气体运动的物体等) 的尺寸小很多. 但是, 当压强还有 10^{-3} mm — 10^{-4} mm 汞柱时自由程已增大到 10 cm — 100 cm, 已经与通常的仪器尺寸可比, 甚至超过了后者. 在与近地太空飞行有关的问题中, 我们也遇到类似的情况: 在大约 100 km 的高度的电离气体中粒子的平均自由程也有几十米.

这里我们将分子的平均自由程大到可与宏观物体相比的气体称为稀薄气体. 这个判据不仅取决于气体自身的状态, 还与我们研究的物体的大小有关. 因此, 同一气体在不同的条件下, 其行为可以像是稀薄气体也可以像是非稀薄气体.

将加热到不同温度的两块固体平板浸在气体中, 我们研究它们之间的热传导. 这个过程的机制在非稀薄气体中和稀薄气体中完全不同. 前一种情况, 热量从较热板传到较冷的板依靠分子互相碰撞时一个分子传给另一分子的渐进的 "能量扩散" 实现. 但是, 若是气体分子的自由程 l 与壁间距离 h 相比足够大, 那么在两块平板之间的空间里, 分子实际上不发生相互碰撞, 只是从一块平板反射, 然后自由运动撞上另一块平板. 在从较热的平板散射时分子从它取得若干能量; 然后与较凉的平板碰撞时把自己的部分能量交给它.

在这样的条件下, 谈论两块平板之间的空间里气体的温度梯度已无任何意义. 不过按照与热通量表示式 $q = -\kappa\dfrac{\mathrm{d}T}{\mathrm{d}x}$ 的相似, 我们现在用下面的关系式定义稀薄气体的 "热导率":

$$q = -\kappa\frac{T_2 - T_1}{h},$$

其中 $T_2 - T_1$ 是两块平板的温度差. 我们可以直接模仿 §113 中推导通常的热导率表示式的做法, 估计它的数量级为

$$\kappa \sim \frac{v \ln c}{N_0}.$$

不从头重复一切讨论, 只注意下面这点就够了: 因为代替分子的相互碰撞现在我们讨论的是分子直接撞击平板, 所以这个公式中的平均自由程 l 必须换成两板之间的距离 h:

$$\kappa \sim \frac{vhnc}{N_0},$$

(记住, c 是气体的摩尔热容, v 是分子的热速度, n 是单位体积的分子数). 将 $n = p/kT$ 代入, 并将乘积 $N_0 k$ 换成气体常量 R, 得

$$\kappa \sim ph\frac{vc}{RT}.$$

我们看到, 稀薄气体的 "热导率" 与压强成正比, 这和非稀薄气体不同, 非稀薄气体的热导率与压强无关. 但是必须强调, 现在这个热导率不是气体自身的特征量, 它还取决于两个物体之间的距离 h.

稀薄气体的热导率随压强减小而减小是用抽空的空间来隔热的基础. 例如, 用来贮存液化气体的杜瓦瓶有两层壁, 两层壁之间的空气被抽空. 随着空气被抽出空气的热导率起初没变化, 只是在平均自由程变得与两层壁之间距离可比之后开始迅速下降.

稀薄气体中的内摩擦也有类似特性. 例如, 我们研究中间隔着一层稀薄气体的两个固体表面, 彼此以相对速度 u 运动. 气体的 "黏度" 由下面的关系式

定义:

$$\Pi = \eta \frac{u}{h},$$

其中 Π 是作用在固体表面单位面积上的摩擦力, h 是两个表面之间的距离. 将 §118 得出的公式 $\eta \sim nmvl$ 中的平均自由程 l 换成 h, 得

$$\eta \sim nmvh.$$

在这里令 $n = p/kT$ 及 $kT \sim mv^2$, 最终得到

$$\eta \sim \frac{ph}{v}.$$

于是, 稀薄气体的 "黏度" 也与压强成正比. 像热导率一样, 这个量不仅由气体自身的性质决定, 还与研究的问题中出现的特征大小尺寸有关.

我们用上面得到的 η 的表示式, 估计物体在稀薄气体中运动受的阻力 F 的大小. 这时必须把 h 理解为物体的线度 a. 作用在物体表面单位面积上的摩擦力

$$\Pi \sim \eta \frac{u}{a} \sim \frac{pu}{v},$$

u 是物体的速度. 上式乘以物体表面面积 S, 得到

$$F \sim \frac{upS}{v}.$$

于是, 稀薄气体的阻力正比于物体表面面积, 这与非稀薄气体中的阻力不同, 那里阻力正比于物体的线度大小.

我们还要讨论与稀薄气体从一小孔流出有关的一些有趣现象, 这个小孔的尺寸比分子的自由程小得多. 这样的流出称为泻流, 它完全不像通常穿过大孔的流出, 气体穿过大孔流出时的行为像连续介质那样以射流方式流出. 泻流时, 分子相互无关地离开容器, 构成 "分子束", 束中每个分子以它到达小孔的速度运动.

泻流时气体流出的速率, 即单位时间离开小孔的分子数, 其大小数量级等

于 Snv, S 是小孔的面积. 因为 $n = \dfrac{p}{kT}$, $v \sim \sqrt{\dfrac{kT}{m}}$, 因此

$$Snv \sim \frac{p}{\sqrt{mkT}}.$$

注意泻流速率随着分子质量增大而减小. 因此当两种气体的混合物泻流时, 流出的气体将富含更轻的成分. 一种常用的分离同位素的方法便建立在这个基础上.

现在想象两个容器盛有不同温度 T_1 和 T_2 的气体, 通过一个小孔 (或小直径的管道) 相互连通. 若气体不稀薄, 那么两个容器里将建立同样的压强, 使小孔上两种气体相互作用的力相同. 但是, 对稀薄气体上面的推理毫无意义, 因为分子自由穿过小孔, 并不互相碰撞. 压强 p_1 和 p_2 现在这样确定, 使两个方向上穿过小孔的分子数相同. 按照上面得到的流出速率的公式, 这意味着, 下面的条件必定成立:

$$\frac{p_1}{\sqrt{T_1}} = \frac{p_2}{\sqrt{T_2}}.$$

于是, 在两个容器里建立了不同的压强, 并且温度高的容器里压强更高. 这个现象叫做克努森效应. 特别是, 测量很低的压强时必须考虑这个效应: 所研究的气体和测量仪器中气体的温度差将导致相应的压强差.

§124 超流性

我们曾提到液氦的物理性质非常独特 —— 它是一种 "量子液体", 其性质无法在经典力学概念基础上理解. 这一点从氦在直至绝对零度的一切温度都保持为液体 (§72) 这一事实已经显露出来.

氦在 4.2 K 变成液态. 在温度大约为 2.2 K 时氦仍为液体, 但经历进一步的转变 —— 第二类相变 (见 §74). 温度高于相变点的液氦叫氦 I, 低于相变点的液氦叫氦 II.

氦 II 具有以下性质. 一个性质是, 液氦中的热传导速率极高, 一根充满氦 II 的毛细管两端的温差很快就消失, 使氦 II 成为我们知道的最佳导热体.

这个性质顺便解释了我们通过视觉监控氦 I 转变为氦 II 时看到的引人注目的变化: 不断沸腾的液体的表面到达转变点后突然变得完全平静和光滑. 其原因是, 由于热量被从容器壁上极快移走, 容器壁上不产生沸腾特有的气泡, 氦 II 只从自己的敞开表面蒸发.

但是, 液氦的基本和首要性质是它的另一性质——卡皮查发现的超流动性. 这涉及液氦的黏性.

液体的黏性可以根据它流过细毛细管的速率测量. 但是在现在的情况下这个方法不适用, 要求有一个方法, 让比能流过一根细毛细管更大量的液体流过. 这在下面的实验中做到了. 在这个实验里, 氦 II 流过两块毛玻璃圆盘之间非常窄 (约 0.5 μm) 的缝隙 (图 15.5). 但是即使在这些条件下, 在液氦中也未发现任何黏性, 这表明它精确等于零. 我们又将氦 II 没有黏性称为氦 II 的超流动性或简称超流性.

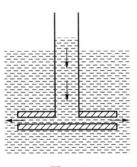

图 15.5

氦 II 的超流性与它产生的 "爬膜效应" 直接相关. 把氦 II 放在两个用隔板隔开的容器中. 随着时间流逝, 两个容器中液氦的水平面高度自动变得一样. 这种输运是沿着液氦在器壁生成的一层薄膜 (厚几百 Å) 进行的; 这时薄膜起着虹吸管的作用 (图 15.6). 单纯生成薄膜并不是氦 II 专属的特殊性质. 任何润湿固体表面的液体都能生成薄膜. 但是, 在寻常液体中, 由于液体的黏性, 薄膜生成及其在表面的展布发生得极其缓慢, 而在氦 II 中, 由于它的超流动性, 薄膜生成和运动发生得很快. 薄膜爬行的速度达到几十厘米每秒.

我们前面谈到氦的黏性用液体穿过一条狭缝的速率来测量. 但是液体的黏性还可以用别的方法测量. 如果悬挂在液体里的小圆盘 (或圆柱体) 绕自

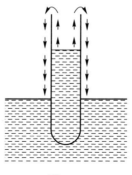

图 15.6

己的轴作扭转振动, 那么圆盘受到的使其振动慢下来的摩擦力便可作为液体黏性的量度. 在这样的测量中, 氦 II 显示出虽然不大、但绝不等于零的黏度 (10^{-5} P 数量级[①]).

解释液氦的这些似乎很矛盾的性质的理论是朗道给出的, 不可能在未讲量子力学基础之前在这里讲清楚这个理论. 但是, 下面我们描绘一下从这个理论得出的引人注目的物理图像.

通常认为要描述液体的运动标明液流中每个地点的速度就足够了, 这似乎是不言自明的. 但是这个似乎显而易见的道理对量子液体氦 II 的运动却不成立.

看来氦 II 能够同时作两种运动, 于是为了描述它的流动必须在液流中每一点给出不是一个, 而是两个速度值. 为了直观, 想象氦 II 是两种液体的混合物, 两种成分能够 "互相穿过"、独立运动, 相互间没有任何摩擦. 但实际上总共只有一种液体, 必须强调, 氦 II 的这个 "二流体" 模型, 顶多是描述氦 II 中发生的现象的一个便利工具. 像一切用经典术语对量子现象的描述一样, 它并不完全恰当——这很自然, 如果我们想到, 我们的直观概念反映的是我们日常生活中遇到的东西, 而量子现象通常仅仅出现在我们无法通达的微观世界.

在液氦中同时发生的两种运动, 每种都包含若干液体的移动. 在这个意义上, 我们可以说氦 II 的两种 "成分" 或 "分量" 的密度, 虽然必须再次强调, "成分" 这个词任何情况下都不意味物质的原子真的分为两类. 两种运动每种都是

[①] P, 为已废弃的黏度单位泊的单位符号, 1 P = 0.1 Pa·s. ——编者注

大量同一种液体原子的集体运动.

两种运动有完全不同的性质. 其中一种, 对应的液体 "分量" 像是没有任何黏性; 叫做超流分量. 另一种叫正常分量 像普通黏性液体那样运动.

这还没有穷尽氦 II 中两种运动形式之间的差异. 最重要的差异是, 正常分量运动时携带热量; 而超流分量运动时一般不伴随任何热量输运. 在某种意义上可以说, 正常分量就是热量自身, 热量在液氦中变成一种可以脱离液体总体的独立存在, 它似乎具备了相对于处于绝对零度温度的背景运动的能力. 这幅图像根本不同于通常的经典热量概念: 热是原子的无规运动, 与物质整体不可分.

这些概念立即解释了上述实验的主要结果. 首先, 它消除了根据旋转圆盘受的摩擦力测量液体的黏性与根据液体流过狭缝测量黏性之间的矛盾. 在前一场合, 圆盘在液氦中旋转时受到氦的正常分量的摩擦力, 测得的实质上是这个分量的黏性. 在后一场合, 流出狭缝的是氦的超流部分, 具有黏性的正常部分受阻于狭缝, 非常缓慢地从狭缝渗透出来. 于是, 在这个实验里观察到的实验事实是, 超流分量的黏性为零.

但是, 因为超流运动不输运热量, 氦从狭缝流出仿佛是一种过滤效应, 滤出不带热量的液体, 热量仍留在容器中. 在足够细的狭缝这个理想极限情形下, 穿过狭缝流出的液体的温度应当处于绝对零度. 在实际实验中, 虽然它的温度不是绝对零度, 但是比容器中的温度低. 于是, 挤压氦 II 通过多孔滤器时可使得氦 II 的温度降低 0.3 K — 0.4 K; 在总体温度才 1 K — 2 K 的情形, 这不是个小量.

氦 II 极高的传热速率也自然得到解释. 代替通常热传导现象中缓慢的分子输运能量的过程, 这里打交道的是液体的正常分量的快速的传热过程. 氦 II 中的热传导过程与氦 II 中产生的运动之间的关系, 直观地显示在下面的实验中. 一个小容器盛满液氦并浸在液氦中. 容器上有一小孔, 孔前放置一轻巧的风向标 (图 15.7). 加热容器中的液氦, 风向标偏转. 这个现象的解释是, 热量从容器以黏性正常分量的射流的形式流出, 使小孔前的风向标偏转. 而与这个流面对面有超流分量流入, 于是小容器中液氦的实际数量不变, 容器仍是满的. 因超流分量没有黏性, 流过风向标时不带动风向标.

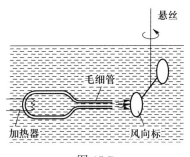

图 15.7

下面的实验直接显示氦 II 中存在两个分量. 这个实验的想法是, 盛有液氦的圆柱形容器旋转时, 只会带动液氦的一部分 —— 它的正常 "部分" 跟着转, 受到容器壁的摩擦力; "超流" 部分必定保持静止 (在真实实验中, 容器旋转换成摆成一摞的许多个小圆盘的扭转振动, 这增大了带动液体的表面面积).

温度高于相变点时液体 (氦 I) 整个处于正常态被旋转的器壁带着转. 到了相变点, 首先出现液体的一种全新性质, 即首先出现超流分量; 这就是液氦中的第二类相变的实质. 随着温度进一步下降, 超流分量占的比例越来越大, 在绝对零度整个液体变成超流体. 图 15.8 上画的是液氦的正常分量的密度 ρ_n 与液体总密度 ρ 之比对温度的依赖关系 (正常分量密度 ρ_n 与超流分量密度 ρ_s 之和无疑永远等于总密度 ρ).

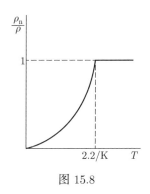

图 15.8

最后, 我们还要讨论液氦中的一个现象, 它与声波在液氦内的传播有关. 我们知道, 声波在普通液体中是通过周期性的压缩和稀疏化过程传播的 (见

第 16 章). 这时, 液体的每个粒子都以周期性变化的速度在平均的平衡位置附近振动. 但是在氦 II 中, 可能同时发生具有不同速度的两种不同的运动. 与此有关, 声波中的运动有两种很不相同的可能. 若液体的两个分量在同一方向振动, 二者保持一致行动, 我们便得到寻常液体中的那种声波.

但是两个分量也可以作彼此方向相反的振动, 二者迎面相遇时 "互相穿透", 使输运到每个方向的物质数量几乎互相抵消. 在这种波 (叫第二声波) 里, 几乎不发生液体的压缩和稀疏化. 然而液体中将发生温度的周期振动, 因为正常分量和超流分量相互的振动实质上是热量相对于 "超流背景" 的振动. 于是, 第二声波像是一种 "热波"; 因此很自然, 要生成这个波必须用的波源是一温度周期变化的加热器.

我们前面都简单地说是讨论液氦. 说得更精确些, 上面全部内容是对氦的一种同位素 —— 常见的同位素 ^{4}He 的介绍. 氦还存在另一个罕见的同位素 —— ^{3}He. 用原子核物理学手段能够得到数量足够用来进行液化和实验研究的这个同位素. 它也是一种 "量子液体", 但是性质完全不同 (特别是, 它不是超流体). 虽然氦的两种同位素化学性质一样, 但是它们之间有一个非常重要的差别: ^{4}He 的原子核由偶数个粒子 (质子和中子) 构成, ^{3}He 原子核由奇数个粒子构成. 这个差别导致两种物质的量子性质完全不同, 与此相关它们对应的液体的物理性质也不同.

第 16 章 声

§125 声波

第 4 章讨论过单个粒子[①] 在回复力作用下发生的振动. 若有一群互相联系的 (即彼此相互作用的) 粒子, 它们之中有一个开始振动, 则别的粒子将随着发生振动. 一切连续介质 (气体、液体和固体) 中都遇到这种情况.

比如考虑气体. 设想气体在某处发生压缩, 即粒子从别的地方迁移到这里. 粒子密集的地方气体压强增大, 导致产生一个力, 其方向指向密度低处. 粒子从密集的地方出发, 沿此方向迁移. 于是, 曾被压缩的地方现在变稀疏; 邻近的原来稀疏的地方现在被压缩.

我们看到, 气体的密度和压强发生振动, 这个振动不会局限在气体中某一处, 必定从一个地方传到相邻的地方.

振动的非局域性是一切连续介质 (包括气体、液体和固体) 的特性. 必须强调, 振动并不一定伴随物质密度的变化. 例如, 在晶体中, 原子可以在其平衡位置附近振动, 不改变物质的密度, 并且这种振动从一个原子传到另一个原子.

振动在介质中从一点传到另一点. 这样传播的振动叫波. 在气体、液体或固体中传播的弹性振动叫声波或简称声.

振动从一个地方传到另一个地方不是瞬刻发生的, 它以有限的速度进行, 速度值由介质性质决定. 这个速度叫波的传播速度.

我们研究某物理量 ξ 的振动, 它沿一个确定方向传播, 取这个方向为 x 轴. 设在 $x=0$ 点, ξ 的大小按某个规则随时间变化:

$$\xi = f(t), \quad x = 0.$$

[①] 在第 4 章中根据力学中的习惯, 译为 "质点", 这里用 "粒子" 更合适. —— 译者注

然后, 在另一点和另一更晚时刻, 量 ξ 取其在 $x = 0$ 点的值, 时间晚多少由波的传播速度决定. 即, 量 ξ 在 t 时刻在 x 点之值 $\xi(x,t)$, 与 ξ 在更早的 $t' = t - \dfrac{x}{c}$ 时刻在 $x = 0$ 点之值相同, c 是波的传播速度. 换句话说,

$$\xi(x,t) = f\left(t - \frac{x}{c}\right).$$

沿一个确定方向传播、振动在垂直于传播方向的平面内完全一样的波, 叫平面行波. 上面的表示式是沿 x 轴以波速 c 传播的平面行波的普遍表示式.

最简单的波是单色平面波. 这种波里每一点的振动都遵从简谐规律; 任何振动物理量 ξ 都遵从下式:

$$\xi = A\sin\left[\omega\left(t - \frac{x}{c}\right) + \alpha\right].$$

A 是波的振幅, $\omega = 2\pi\nu$ 是圆频率, α 是波的初相位.

我们看到, 量 ξ 不仅是时间的周期函数, 还是坐标 x 的周期函数. 时间周期 T 与圆频率的关系是下面这个熟知的式子:

$$T = \frac{2\pi}{\omega}.$$

为了求振动的空间周期, 必须考虑在任意时刻 ξ 值相同的两个离得最近的点. 显然, 这两点之间的距离 λ 由条件 $\dfrac{\omega\lambda}{c} = 2\pi$ 决定, 因此

$$\lambda = \frac{2\pi}{\omega}c.$$

λ 是振动的空间周期, 叫波长.

注意 $T = \dfrac{2\pi}{\omega}$, λ 可改写为

$$\lambda = cT.$$

正弦函数的自变量 φ 之值决定了 ξ 的大小, φ 叫波的相位, 或简称相,

$$\varphi = \omega\left(t - \frac{x}{c}\right) + \alpha,$$

在空间确定点, 波的相位随时间变化; 在给定时刻, 波的相位是空间坐标的函数. 在给定时刻 t, 每个垂直于 x 轴即波传播方向的平面上波的相位相同. 在给定时刻 t 相位为同一值的面叫波面. 波面垂直于波的传播方向.

给定一个确定的相位值, 随着时间变化, 这个相位值有时出现在空间这一点, 有时出现在空间那一点. 因此我们可以说相位在移动. 这个移动速度叫相速度, 它与波的传播速度相同. 在一个周期 T 里, 相位移动的距离显然等于一个波长. 这个意思可以用另一方式表述为, 波长是波在一个周期时间里走过的路程.

空气和其他介质中的弹性振动有很宽的频率和波长范围, 分别叫频段和波段. 声振动的频率范围从 $\nu = 16$ Hz 到 $\nu = 16 \times 10^3$ Hz—20×10^3 Hz. 这个频段在人耳的听觉范围之内. 频率超过 $20\,000$ Hz 的弹性振动称为超声, 不到 16 Hz 的振动称为次声.

下面我们会证明空气中声速大约是 330 m/s. 因此固有声振动在空气中的波长从 20 m 到 2 cm. 现代已成功得到频率达 10^9 Hz 的超声振动. 这意味着, 超声波波段 (在空气中) 对应的波长从 2 cm 到 0.5×10^{-4} cm.

§126   气体和液体中的声

首先研究声在气体和液体中的传播. 为此, 设想一根半无穷长圆柱管, 里面充满气体 (或液体), 管端装有一个活塞 P, 往复振动 (图 16.1). 这个振动由活塞传给邻近的气体粒子, 这些粒子传给更远的粒子, 因此有一个气体疏密波沿管传播.

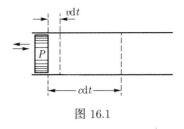

图 16.1

下面决定这个波的速度 c. 在时间 dt 内, 声传播一段距离 cdt, 于是体积 $cdtS$ 中的粒子进入波动状态, S 是管的横截面积.

若活塞在某个时刻 t 的速度为 v, 在时间 dt 内, 活塞移动了距离 vdt (见图 16.1). 因此, 气体体积减小 $vdtS$. 把这个量除以 $cdtS$, 我们求得 t 时刻气

体密度相对变化为

$$\frac{\Delta\rho}{\rho_0} = \frac{v}{c},$$

ρ_0 是没有声时的气体密度, $\Delta\rho$ 是声波传播引起的密度变化.

密度变化引起气体压强变化. 因为声振动进行得很快, 声传播时介质不同单元之间来不及进行热量交换. 换句话说, 声传播是一个绝热过程. 因此, 声传播时产生的压强变化 Δp 可写为以下形式

$$\Delta p = \left(\frac{\mathrm{d}p}{\mathrm{d}\rho}\right)_{\text{绝热}} \Delta\rho,$$

这里 $\left(\dfrac{\mathrm{d}p}{\mathrm{d}\rho}\right)_{\text{绝热}}$ 是绝热过程中气体 (或液体) 的压强对密度的导数. 此式对应于假设声振动很小. 量 Δp 通常称为声压.

因为 $\dfrac{\Delta\rho}{\rho_0} = \dfrac{v}{c}$, Δp 可写为

$$\Delta p = \left(\frac{\mathrm{d}p}{\mathrm{d}\rho}\right)_{\text{绝热}} \rho_0 \frac{v}{c},$$

将 Δp 乘以 S, 得到活塞作用于气体的力 F,

$$F = \Delta p S = \left(\frac{\mathrm{d}p}{\mathrm{d}\rho}\right)_{\text{绝热}} \rho_0 \frac{v}{c} S.$$

这个力等于单位时间里气体动量的改变. 前面说过, 在 $\mathrm{d}t$ 时间里体积 $c\mathrm{d}tS$ 内的气体粒子进入波动. 将这个体积乘上 ρ_0 和 v, 得到 $\mathrm{d}t$ 时间内气体动量的变化. 因此单位时间里气体动量的改变为 $\rho_0 cSv$. 于是我们有

$$F = \rho_0 cSv.$$

代入前面得到的 F 的表示式, 得

$$\left(\frac{\mathrm{d}p}{\mathrm{d}\rho}\right)_{\text{绝热}} \rho_0 \frac{v}{c} S = \rho_0 cSv,$$

由此

$$c = \sqrt{\left(\frac{\mathrm{d}p}{\mathrm{d}\rho}\right)_{\text{绝热}}}.$$

这个普遍公式决定声速, 即气体和液体中的密度的小振动的传播速度.

我们已知, 理想气体中

$$\left(\frac{\mathrm{d}p}{\mathrm{d}\rho}\right)_{\text{绝热}} = \gamma\frac{p_0}{\rho_0},$$

其中 $\gamma = \dfrac{c_p}{c_v}$, p_0 是没有声时的压强. 因此理想气体中声速为

$$c = \sqrt{\gamma\frac{p_0}{\rho_0}}.$$

因为 $p_0 = n_0 kT$, 其中, T 为气体的温度, n_0 是没有声时气体分子的数密度, 有 $n_0 = \dfrac{\rho_0}{m}$ (m 是气体分子的质量), 于是 c 可表示为

$$c = \sqrt{\gamma\frac{kT}{m}}.$$

此式表明, 气体中声速大小与气体分子的热运动速度同一数量级.

下面给出某些气体 (温度为 $0\,^\circ$C) 及液体 (温度为 $20\,^\circ$C) 中声速之值, 单位为 m/s.

空气	331.5	水	1480
氢	1265	水银	1460
氯	316	酒精	1440
二氧化碳气体	261	变压器油	1390

活塞的速度 v 显然与管中气体 (或液体) 粒子的速度相同. 这个量与压强变化 Δp 通过关系式 $\Delta p = \left(\dfrac{\mathrm{d}p}{\mathrm{d}\rho}\right)_{\text{绝热}} \rho_0 \dfrac{v}{c}$ 相联系. 注意 $\left(\dfrac{\mathrm{d}p}{\mathrm{d}\rho}\right)_{\text{绝热}} = c^2$, 得

$$v = \frac{\Delta p}{\rho_0 c}.$$

分母中的量 $\rho_0 c$ 叫介质的声阻.

介质粒子运动的流体动力学速度 v 与声波传播的方向要么相同, 要么相反. 由于这个原因, 我们说气体和液体中的声波是纵波.

§127 声强

参加波动的介质粒子具有确定的能量. 它的动能与粒子流体动力学速度 v 的平方成正比. 将介质密度 ρ_0 乘以 $v^2/2$, 得到单位体积中介质粒子的动能

$$E_k = \frac{1}{2}\rho_0 v^2.$$

再次考虑半无穷长管中传播的平面声波. 设活塞 P 以频率 ω 作简谐振动, 产生的波是频率为 ω 的单色平面波, 速度 v 为

$$v = V\sin\left[\omega\left(t - \frac{x}{c}\right) + \alpha\right],$$

V 是介质粒子速度的振幅, 显然它等于活塞振动的振幅. 将其代入 E_k 的表示式, 得

$$E_k = \frac{1}{2}\rho_0 V^2 \sin^2\left[\omega\left(t - \frac{x}{c}\right) + \alpha\right].$$

将上式对振动周期求平均, 注意正弦函数平方的平均值为 $1/2$, 得动能密度平均值为

$$\overline{E_k} = \frac{1}{4}\rho_0 V^2.$$

因为介质粒子作振动, 它们不仅有动能还有势能. 我们在 §32 看到, 振动的特点是其平均动能等于平均势能. 因此单位体积的势能 (势能密度) E_p 在一个振动周期内的平均值也等于

$$\overline{E_p} = \frac{1}{4}\rho_0 V^2.$$

$E = E_k + E_p$ 是介质内有声波传播时的总能量密度. 它的平均值为

$$\overline{E} = \frac{1}{2}\rho_0 V^2.$$

声波一边传播, 一边将更多粒子卷入波动, 因此在其传播过程中输运能量. 但是, 这种能量输运不伴随有物质输运, 因为介质的粒子在波传播时仅作振动.

容易求出 dt 时间内穿过垂直于声传播方向的面积 dS 声波所输运的能量大小. 为此作一个以 dS 为底的平行六面体, 它的棱平行于声传播方向, 棱长 cdt. 因为时间 dt 内波传播距离为 cdt, 这个平行六面体内全部能量在 dt 时间内都穿过底面 dS. 这个能量等于能量密度 E 与平行六面体体积即 $cdtS$ 的乘积. 于是, dt 时间内, 波输运的穿过垂直于波传播方向的面积 dS 的能量大小为 $EcdtS$, 因此, 单位时间穿过单位面积输送的能量为 cE. 它是能量密度和声速的乘积, 叫能流密度.

一个振动周期内能流密度的平均值为

$$I = c\overline{E}.$$

它叫声的强度或声强.

前面已得 $\overline{E} = \dfrac{1}{2}\rho_0 V^2$, 因此 I 可写为

$$I = \frac{1}{2}\rho_0 V^2.$$

显然, 波输运的能量是振动的活塞给出的. 因此, I 乘活塞截面面积 S, 得到活塞发送的声功率 W

$$W = \frac{1}{2}\rho_0 c V^2 S.$$

我们看到, 在确定的 V 下发送的功率与介质的声阻 $\rho_0 c$ 成正比. 水的声阻比空气的声阻大 3500 倍, 因此活塞在水中发送的功率也比在空气中大这么多倍.

声强也可用声压表示. 上节我们看到, 平面行波的声压 Δp 与流体动力学速度 v 的关系为

$$\Delta p = \rho_0 c v.$$

若介质中传播的是平面单色波, 则

$$v = V \sin\left[\omega\left(t - \frac{x}{c}\right) + \alpha\right],$$

声压按同样的规律变化

$$\Delta p = P \sin \left[\omega \left(t - \frac{x}{c} \right) + \alpha \right],$$

其中 P 是声压的振幅

$$P = \rho_0 c V.$$

用这个公式, 可将声强 $I = \frac{1}{2} \rho_0 c V^2$ 通过声压振幅表示为

$$I = \frac{1}{2} \frac{P^2}{\rho_0 c}.$$

已知 I, 可由此式求得 P:

$$P = \sqrt{2 \rho_0 c I}.$$

声压可以很大; 例如, 在水中, 当声强 $I = 10 \text{ W/cm}^2$ 时声压等于 6 个大气压.

超声传播中, 因为声压从 $-P$ 到 P 的差别发生在半个波长的距离上, 压强梯度能够达到很大的值; 例如, 当声强 $I = 10 \text{ W/cm}^2$、频率为 $5 \times 10^6 \text{ Hz}$ 时, 声压梯度为 630 atm/cm.

如果在液体中有足够强的超声波传播, 那么在液体变稀疏的瞬刻产生的巨大应力能导致产生真空, 即导致流体的爆裂. 这种现象叫空穴化. 船舶的涡轮机中螺旋桨的迅速旋转、或液体从喷嘴排出等许多场合, 都会产生空穴化现象. 液体中常有的气泡和微小固体微粒都会助长空穴化的发展. 排除空穴化产生的真空时, 在压缩的瞬刻产生巨大的压强脉冲, 大到几千个大气压, 能使机器损坏.

空穴化现象限制了液体中超声的强度. 开始发生空穴化的声压 P_k 对于蓖麻子油是 4 atm, 对于煤油是 2 atm. 知道这个声压的大小后, 可以求出超声的极限强度 $I_k = \frac{P_k^2}{2 \rho_0 c}$. 蓖麻子油的 I_k 是 5 W/cm^2, 水是 0.5 W/cm^2.

依靠超声波有可能在液体中获得很大的交变压强和使液体中粒子得到巨大加速度, 这在实际中有许多应用, 如: 生成无法混合的液体 (如水银和水)

的乳化液, 使得固体在液体中 (如硫磺或云母在水中) 弥散, 造成气溶胶和水溶胶凝结 (在气体的声学提纯方面得到应用), 在超声作用下分解高聚合物, 等等.

迄今我们只考虑了声波的平面行波, 例如, 活塞在管子中往复运动激发的声波平面行波 (如果活塞是刚性的并且其界面是平面). 平面波的振幅和强度在空间一切点相同.

但是声波远非仅有平面波. 比如, 可以有这样的声波, 它的流体动力学速度和声压决定于到某个中心点的距离. 这样的波叫球面波. 还可以存在这样的声波, 它的速度和声压由到某个轴的距离决定. 这样的波叫做柱面波.

我们来更详细地讨论球面波. 设想在 (无界) 气体或液体中有一个反复胀大缩小的脉动球, 球面上一切点在同一时刻有同样大小的速度. 显然, 这个球的脉动使周围的介质周期地被压缩和变稀疏, 这种变化以声波的形式传播出去. 这个波携带的能量的能源是球的脉动, 因此这个球称为声源. 我们还可求出这个脉动球发送的声辐射.

从对称性理由推出, 这时的声场 (即介质的交变密度) 以及速度和压强只由到脉动球球心的距离决定, 波面 (即等相面) 是以脉动球球心为中心的球面. 换句话说, 脉动球发射球面声波.

如果用任意半径 r 的球面包围声源, 那么显然, 单位时间穿过这个球面的能量大小 (声源辐射的声功率) 必定与 r 无关. 由此易得, 球面波中的声能通量密度应当与半径为 r 的球面面积成反比, 即与到声源的距离的平方成反比. 因为通量密度与波的振幅的平方成正比, 因此球面声波的振幅与到声源的距离成反比.

若球的脉动遵从简谐规律, 频率为 ω, 那么所有与波有关系的物理量, 比如声压, 都按照下面的规律变化:

$$\Delta p = \frac{A}{r} \sin\left[\omega\left(t - \frac{r}{c}\right) + \alpha\right],$$

其中 A 是某个常量. 这个式子是单色发散球面波的普遍表示式.

如果球的半径 a 与声波波长 λ 相比很小, 那么常量 A 的形式为

$$A = a^2 \rho_0 \omega V,$$

这里 ρ_0 是介质的密度, V 是球表面径向速度的振幅.

介质的速度 v 的公式与上面 Δp 的公式相似, 球面波中介质速度的方向是从球心出发的径矢方向.

在大距离处, 球面波波面的每一小块显然都可看成平面. 因此在远离波源的地方, 一块不大的波面上的球面波可以看成平面波. 由此可得, 在远离波源的地方, 速度 v 可以用下面这个熟知的平面波行波公式来求

$$v = \frac{\Delta p}{\rho_0 c}.$$

为了方便, 声强 I 通常用对数标度表示. 为此取某一强度 I_0 为基准声强, 然后按 $\lg \frac{I}{I_0}$ 定标度. 通常取 I_0 为

$$I_0 = 10^{-16} \frac{\text{W}}{\text{cm}^2} = 10^{-9} \frac{\text{erg}}{\text{cm}^2 \cdot \text{s}},$$

它接近声频为 1000 Hz 时人耳的听觉阈值. 按对数尺度测量声强的单位叫贝尔, 简称贝. 用它的十分之一作单位在实际应用中显得更方便, 这个单位叫分贝 (dB). 以分贝为单位的声强由下式给出:

$$\beta = 10 \lg \frac{I}{I_0}.$$

因为声强与声压 Δp 的平方成正比, 所以上式也可写为

$$\beta = 20 \lg \frac{\Delta p}{\Delta p_0},$$

其中 Δp_0 是基准压强, $\Delta p_0 = 2 \times 10^{-4} \frac{\text{dyn}}{\text{cm}^2}$.

图 16.2 画的是对应于不同的听觉感觉的声强级与声音频率的关系. 最下面那条曲线定义听觉阈, 即勉强能听见的声强. 听觉阈强烈地依赖于频率, 从频率 20 Hz 时的 10 dB (强度为 $1 \frac{\text{erg}}{\text{cm}^2 \cdot \text{s}}$) 到频率 2000 Hz 时的 0 dB (强度为 $10^{-9} \frac{\text{erg}}{\text{cm}^2 \cdot \text{s}}$). 最上面那条曲线给出痛阈, 从此处开始, 甚至全聋的人也感觉到

声音作为某种压强的存在. 超出此值, 正常的耳朵会感到疼痛. 中间那些曲线是等响度曲线.

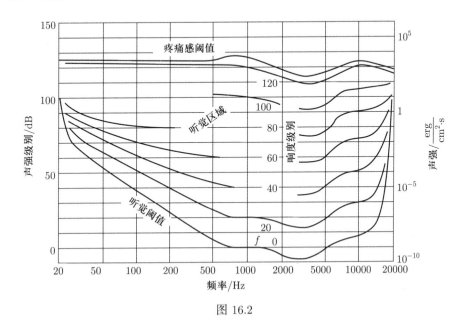

图 16.2

听觉阈与痛阈之间的区间, 在 2000 Hz 频率下达到 120 dB, 它对应于强度比 10^{13}. 这个巨大的数字表明, 人耳是一部多么了不起的物理仪器.

注意, 人用正常的嗓门说话的平均功率大约是 10^{-5} W 或 100 erg/s. 唱歌时, 改变声音音量, 功率可以从 10^3 erg/s 升到 3×10^5 erg/s. 还要指出, 管弦乐队的最大和最小功率之比可以超过 10^5.

§128 声波驻波

迄今我们讨论的是从声源 (比如图 16.1 中的活塞 P) 沿无穷长管向一个方向传播的平面单色行波. 但是, 容易作出安排使波不仅从波源传出, 也传向波源. 为此只需用一刚性隔板在离活塞任意距离 l 处将管子封闭. 这时从活塞 P 传出的波到达隔板后将从隔板返回, 反向行进. 换句话说, 在封闭的管子里, 应当有两个波传播: 一个从波源传向隔板 (称为入射波), 另一个从隔板传向

波源 (称为反射波).

这时, 不像上面那样从波源出发计量长度, 而是从隔板出发计量长度更方便. 这时入射波和反射波的速度可写为

$$v_{入射} = A \sin\left[\omega\left(t + \frac{x}{c}\right)\right], \quad v_{反射} = A' \sin\left[\omega\left(t - \frac{x}{c}\right) + \alpha\right],$$

其中 A 和 A' 是波的振幅, α 是两个波在隔板上的相位差. 若不考虑声的衰减, 应有 $A = A'$.

将以上两式相加, 这些波将给出介质总的流体动力学速度

$$v = v_{入射} + v_{反射} = A \sin\left[\omega\left(t + \frac{x}{c}\right)\right] + A \sin\left[\omega\left(t - \frac{x}{c}\right) + \alpha\right],$$

波相加有个专门说法, 叫波的叠加.

因为在管子终端即 $x = 0$ 处是不动的刚性隔板, 所以在那里速度必定变为零, 因此

$$A \sin\omega t + A \sin(\omega t + \alpha) = 0.$$

由此得相位差 $\alpha = \pi$. 因此

$$v_{入射} = A \sin\left[\omega\left(t + \frac{x}{c}\right)\right], \quad v_{反射} = -A \sin\left[\omega\left(t - \frac{x}{c}\right)\right],$$

流体动力学速度

$$v = v_{入射} + v_{反射} = 2A \sin\left(\frac{\omega x}{c}\right)\cos\omega t.$$

现在求管中的声压. 上面我们看到, 行波的声压与流体动力学速度成正比, $\Delta p = \rho_0 cv$. 同时存在入射波和反射波时, 这些波中的速度相减 (因为 $\alpha = \pi$), 压强则相加. 即,

$$\Delta p = (\Delta p)_{入射} + (\Delta p)_{反射} = \rho_0 cv_{入射} - \rho_0 cv_{反射},$$

这里 $(\Delta p)_{入射}$ 和 $(\Delta p)_{反射}$ 分别是入射波和反射波的声压. 将前面导出的 $v_{入射}$ 和 $v_{反射}$ 的表示式代入上式, 得

$$\Delta p = 2A\rho_0 c \cos\left(\frac{\omega x}{c}\right)\sin\omega t.$$

我们看到, 由于波从隔板上反射及入射波和反射波叠加的结果, 产生了一幅很特别的声振动图像, 与无界介质中的振动图像有很大的不同. 在无穷长管中传播的是振幅恒定的行波, 而在闭管中, 振动虽然仍是简谐振动, 但其振幅却逐点变化. 实际上, 流体动力学速度的振幅与 $\sin\left(\dfrac{\omega x}{c}\right)$ 成正比变化 (x 坐标从管子终端算起), 声压的振幅则与 $\cos\left(\dfrac{\omega x}{c}\right)$ 成正比变化. 在 $x = n\pi\dfrac{c}{\omega} = n\dfrac{\lambda}{2}(n = 0, 1, 2, \cdots)$ 这些点, 速度在任何时刻都等于零; 而在 $x = \left(n + \dfrac{1}{2}\right)\dfrac{\lambda}{2}$ 这些点, 声压永远为零. 在 $x = \left(n + \dfrac{1}{2}\right)\dfrac{\lambda}{2}$ 点上, 流体动力学速度的振幅取极大, 是入射波和反射波中速度振幅的 2 倍; 而在 $x = n\dfrac{\lambda}{2}$ 这些点, 声压振幅取极大, 是入射波和反射波中声压振幅的 2 倍.

振幅变成零的点叫做波节, 振幅取极大的点叫波腹. 波节和波腹的位置不随时间改变.

带有波节和波腹的振动叫驻波. 与行波中振动的相位逐点变化但振幅恒定的情况不同, 在驻波中, 振动的相位与位置无关, 但是振幅却逐点不同.

我们要强调, 驻波是由传播方向相反但是振幅相同的两个行波叠加生成的. 两个传播方向相同的同频率、但振幅和相位任意的波叠加时, 总是生成一个行波, 而不是驻波.

在速度和声压的表示式中代入 $x = l$ (l 是管长), 得到这些量在活塞面上之值

$$v_{活塞} = 2A\sin\left(\frac{\omega l}{c}\right)\cos\omega t,$$

$$\Delta p_{活塞} = 2A\rho_0 c\cos\left(\frac{\omega l}{c}\right)\sin\omega t.$$

我们看到, 活塞速度的振幅为

$$V_{活塞} = 2A\sin\left(\frac{\omega l}{c}\right),$$

作用于活塞上的交变压强的振幅为

$$P_{活塞} = 2A\rho_0 c\cos\left(\frac{\omega l}{c}\right).$$

它们通过下面的关系式联系:

$$\frac{V_{活塞}}{P_{活塞}} = \frac{1}{\rho_0 c} \tan \frac{\omega l}{c},$$

已知 $P_{活塞}$ 和介质的参量, 从上式可计算速度振幅.

若 $\sin \dfrac{\omega l}{c} = 0$, 则活塞速度为零. 这意味着活塞对激发振动并非必不可少, 它的作用与管子终端的反射隔板的作用并无区别. 因此可以将它撤除, 换成不动的刚性隔板, 保证管子始端为速度节点.

这样我们得出结论: 两端都封闭的管中没有外源持续作用也能存在声振动. 这种振动叫固有振动.

封闭管的固有振动频率由下述条件决定:

$$\sin \frac{\omega l}{c} = 0,$$

由此

$$\omega = \omega_n = n\frac{\pi c}{l},$$

其中 $n = 1, 2, \cdots$. 我们看到, 两端封闭管并不是只有一个, 而是有无数个固有频率 ω_n, 它们互成整数比.

容易求出与固有振动频率对应的波长

$$\lambda_n = \frac{2\pi}{\omega_n} c = \frac{2l}{n}, \quad n = 1, 2, 3, \cdots$$

此式表明, 在两倍管长的长度上有整数个固有波长. 最大波长等于 $2l$ (见图 16.3, 图上画的是固有振动).

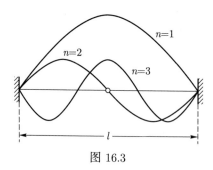

图 16.3

我们讨论的固有振动振幅不随时间改变, 换句话说, 这个振动是非阻尼振动. 当然, 没有声源不断作用的情况对应于完全没有声吸收的理想情形; 实际上, 由于声吸收, 固有振动永远是阻尼振动 (关于这点参看 §122).

闭管有无数个固有振动模式. 下面举一个仅有一个固有振动频率的声学系统的例子 —— 共鸣器. 它是一个与一根细管 l 连通的器皿 V (图 16.4). 可以将这根管体积内的空气看成活塞作为一个整体振动. 管中空气的质量 $m = \rho Sl$, 其中 ρ 是空气的密度, S 是管子的截面面积, l 是管长. 如果这团质量移动一个距离 Δx, 那么容器 V 中的空气体积改变 $\Delta V = S\Delta x$. 这时容器内压强也会发生变化. 这个变化是绝热变化, 等于

$$\Delta p = -\gamma p \frac{\Delta V}{V},$$

V 是容器的体积, $\gamma = \dfrac{c_p}{c_V}$. 因此在活塞上有一力作用:

$$F = \Delta pS = -\gamma p \frac{\Delta x S^2}{V}.$$

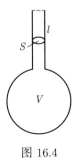

图 16.4

这个力是回复力 —— 它与位移 Δx 成正比, 指向位移减小的方向. 因此我们这个系统里产生振动, 其频率由普遍公式 $\omega = \sqrt{\dfrac{k}{m}}$ 决定, m 是质量, k 是刚度系数, 即发生位移时回复力公式中出现的系数. 将 $m = \rho Sl$ 和 $k = \gamma p \dfrac{S^2}{V}$ 代入, 得声共鸣器固有振动频率为

$$\omega = \sqrt{\gamma \frac{p}{\rho} \frac{S}{Vl}}.$$

注意 $\sqrt{\gamma\dfrac{p}{\rho}}$ 是声速 c, ω 可写为

$$\omega = c\sqrt{\frac{S}{Vl}}.$$

§129　声波的反射和折射

上节我们研究声波在均匀介质中的传播. 现在研究平面单色波在非均匀介质中的传播, 这种非均匀介质由一平面界面隔开的两种均匀介质组成 (图 16.5). 设第一种介质中声速为 c_1, 有一振幅为 $A_{入射}$ 的平面波沿方向 $\boldsymbol{n}_1$ 传播, $\boldsymbol{n}_1$ 为单位矢量. 于是处于径矢为 $\boldsymbol{r}$ 的任意点的粒子, 与这个波有关的位移为

$$\xi_{入射} = A_{入射}\sin\left[\omega\left(t - \frac{\boldsymbol{n}_1\cdot\boldsymbol{r}}{c_1}\right) + \alpha\right],$$

实际上, $\boldsymbol{n}_1\cdot\boldsymbol{r}$ 显然是沿传播方向的坐标, 我们上节用 x 表示它. 在与第二种介质交界的边界上, 入射波发生折射和反射. 这意味着, 在第二种介质中, 波不沿方向 $\boldsymbol{n}_1$ 传播, 而沿另一个方向 $\boldsymbol{n}_2$ 传播 (这个波称为折射波), 而在第一种介质中, 除入射波外, 还有另一个波——反射波沿某一方向 $\boldsymbol{n}_1'$ 传播. 反射波和折射波引起的粒子位移可写为

$$\xi_{反射} = A_{反射}\sin\left[\omega\left(t - \frac{\boldsymbol{n}_1'\cdot\boldsymbol{r}}{c_1}\right) + \alpha'\right],$$

$$\xi_{折射} = A_{折射}\sin\left[\omega\left(t - \frac{\boldsymbol{n}_2\cdot\boldsymbol{r}}{c_2}\right) + \beta\right],$$

其中 $A_{反射}$ 和 $A_{折射}$ 是相应的波的振幅, α' 和 β 是它们的初相, c_2 是第二种介质中的声速. 粒子在第一种介质里的总位移是

$$\xi_1 = \xi_{入射} + \xi_{反射}.$$

现在我们来确定反射波和折射波的传播方向与入射波传播方向的关系. 为此请注意, 在两种介质分界面两侧, 声压应当相同, 流体动力学速度垂直于分界面的分量也应相同. 由此推得, 对一切波, 决定 $\xi_{入射}$、$\xi_{反射}$ 和 $\xi_{折射}$ 与坐标和时间关系的正弦因子应当相同. 这意味着, 在两种介质的分界面上, 下面的

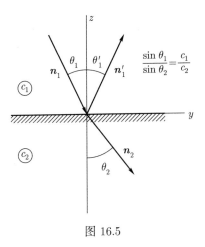

图 16.5

等式必定成立:

$$\frac{\boldsymbol{n}_1 \cdot \boldsymbol{r}}{c_1} = \frac{\boldsymbol{n}_1' \cdot \boldsymbol{r}}{c_1} = \frac{\boldsymbol{n}_2 \cdot \boldsymbol{r}}{c_2}.$$

要弄清楚这些等式带来的后果, 我们这样选坐标轴: 令 z 轴垂直于两种介质的分界面, 并认为矢量 $\boldsymbol{n}_1$ 在 zy 平面内 (见图 16.5). 于是 $\boldsymbol{n}_1 \cdot \boldsymbol{r} = y \sin \theta_1$, 其中 θ_1 是 $\boldsymbol{n}_1$ 与 z 轴的夹角. 因此量 $\boldsymbol{n}_1' \cdot \boldsymbol{r}$ 和 $\boldsymbol{n}_2 \cdot \boldsymbol{r}$ 必定也仅含 y 坐标, 即 $\boldsymbol{n}_1' \cdot \boldsymbol{r} = y \sin \theta_1'$, $\boldsymbol{n}_2 \cdot \boldsymbol{r} = y \sin \theta_2$, 其中 θ_1' 和 θ_2 是方向 $\boldsymbol{n}_1'$ 和 $\boldsymbol{n}_2$ 与 z 轴的夹角.

这意味着, 入射波、反射波和折射波的方向与介质界面法线在一个平面里, 并且下面的等式成立:

$$\frac{\sin \theta_1}{c_1} = \frac{\sin \theta_1'}{c_1} = \frac{\sin \theta_2}{c_2}.$$

我们看到, $\theta_1 = \theta_1'$, 即入射角等于反射角, 及

$$\frac{\sin \theta_1}{\sin \theta_2} = \frac{c_1}{c_2},$$

即入射角与折射角的正弦之比等于两种介质中声速之比. 这叫折射定律.

若 $c_2 > c_1$, 则 $\theta_2 > \theta_1$, 即声波传播 (或人们有时说的声射线) 的方向, 永远向声速小那边偏.

假设 $c_2 > c_1$, 并使入射角的正弦等于 $\dfrac{c_1}{c_2}$, 那么折射角等于 $\dfrac{\pi}{2}$,

$$\sin\theta_1 = \frac{c_1}{c_2}, \quad \theta_2 = \frac{\pi}{2}.$$

这样的入射角叫临界角. 若入射角超过临界角, 那么按折射定律, 这时折射角的正弦大于 1, 这是不可能的. 这意味着, 入射角超过临界角时, 只发生反射, 没有折射波. 这种现象叫做全内反射.

用界面两侧介质内压强和速度的法向分量相等的边界条件, 可以确定入射波、反射波和折射波振幅之间的关系. 我们不在这里讨论, 只给出正入射 ($\theta_1 = 0$) 情形下, 反射系数 R (反射波与入射波的强度之比) 的公式

$$R = \left(\frac{\rho_2 c_2 - \rho_1 c_1}{\rho_2 c_2 + \rho_1 c_1} \right)^2,$$

ρ_1 和 ρ_2 分别是两种介质的密度. 透射系数, 即折射波与入射波的强度之比, 等于

$$D = 1 - R.$$

我们看到, 若两种介质的声阻相同, 即 $\rho_1 c_1 = \rho_2 c_2$, 那么正入射时反射系数等于零.

§130 多普勒效应

考虑液体或气体中沿 x 方向传播的平面单色声波

$$\xi = A \sin \omega \left(t - \frac{x}{c} \right).$$

设想有一观察者, 沿此方向以速度 u 匀速运动. 他感知的声振动是怎样的? 为了回答这个问题, 必须在波的表示式中将 x 换成观察者在时间 t 内走的路程, 即 $x = ut + x_0$ (x_0 是 $t = 0$ 时刻的 x 值). 结果得到

$$\xi = A \sin \left[\omega \left(1 - \frac{u}{c} \right) t + \alpha \right],$$

其中 $\alpha = \dfrac{\omega x_0}{c}$. 此式表明, 对匀速运动的观察者, 声波和以前一样是简谐波, 但是他感知的声音频率与固定在介质里的参考系中的频率不同, 等于

$$\omega' = \left(1 - \frac{u}{c}\right)\omega.$$

这样, 离声源远去的观察者, 感知到的声音频率比声源的频率小. 当 $u = c$ 时频率 ω' 变为零, 而当 $u > c$ 时变成负的, 这意味着, 观察者听到的声实际上将以逆反顺序到达他的耳朵, 更晚时刻发的声比更早时刻发的声先到达观察者.

如果观察者不是离开声源运动, 而是朝向声源运动, 他感知的频率将是

$$\omega' = \left(1 + \frac{u}{c}\right)\omega,$$

其中 u 是观察者的速度. 这时感知的频率高于声源频率.

从一个参考系换到另一参考系时声频率的变化有一个共同名称, 叫多普勒效应.

下面我们看, 声源运动如何影响频率的变化. 假设观察者不动, 而声源以速度 u' 背向声传播的方向运动, 即离开观察者. 观察者测到的频率用 ω'' 表示. 为了决定它, 想象观察者开始以速度 u' 向声源运动. 这时他感到频率与 ω 并无不同. 另一方面, 它等于 $\omega''\left(1 + \dfrac{u'}{c}\right)$. 因而

$$\omega''\left(1 + \frac{u'}{c}\right) = \omega,$$

由此

$$\omega'' = \frac{\omega}{1 + \dfrac{u'}{c}}.$$

这样, 若声源离开观察者运动, 观察者感知的声的频率小于频率 ω. 如果声源向着观察者运动, 观察者感知的频率是

$$\omega'' = \frac{\omega}{1 - \dfrac{u'}{c}},$$

它比 ω 大.

从上面这些公式容易得出结论, 如果观察者和声源都运动, 那么观察者感知的声频率是

$$\omega''' = \omega \frac{1 + \dfrac{u}{c}}{1 + \dfrac{u'}{c}},$$

其中 u 和 u' 分别是观察者和声源的速度, ω 是不动的声源在不动的介质中发声的频率; u 和 u' 可以是正的, 也可以是负的; 正 u 对应于观察者向声源运动, 正 u' 对应于声源离开观察者运动.

§131　固体中的弹性波

前面我们说过, 固体中的振动 (气体、液体中也一样) 不会局限在某一处, 将以波的形式传播. 最简单的是各向同性弹性体中的纵波, 它与气体和液体中的声波相似. 下面讨论如何决定这种波的波速.

例如, 考虑一根杆, 一个疏密波沿杆传播. 这根杆的作用类似于 §126 中研究的充气管. 如果杆的起点上的粒子在 dt 时间内位移为 $d\xi$, 那么, 将它除以声波在 dt 时间里走过的距离 cdt (c 是声速), 就会和 §126 中一样, 得到杆的相对形变

$$\frac{d\xi}{dt} = \frac{v}{c},$$

其中 v 是杆的粒子 (在某一时刻) 的速度. 将 v/c 乘上杨氏模量 E, 得到杆中应力

$$p = E\frac{v}{c}.$$

p 与杆的横截面面积 S 之积给出产生形变的力 F, 它必定等于单位时间内杆的动量的变化. 后者等于 $\rho cdtSv$, 和 §126 中相同. 实际上, 在 dt 时间里, 杆的一块体积 $cdtS$ 内的粒子被纳入波动, 它们的质量等于 $\rho cdtS$ (ρ 是杆的密度), 动量为 $\rho cdtSv$. 因此我们得到

$$E\frac{v}{c}S = \rho cSv,$$

由此

$$c = \sqrt{\frac{E}{\varrho}}.$$

这个公式与决定气体中声速的公式 $c = \sqrt{\gamma \dfrac{p}{\varrho}}$ 有同样的结构, 只不过在气体情况下, 压强 p (乘以 $\gamma \sim 1$) 代替了杨氏模量.

固体中, 除了像气体和液体中那样能传播纵向振动之外, 还能传播各种弹性振动. 各式各样弹性振动的传播速度, 都由 $c = \sqrt{\dfrac{E}{\varrho}}$ 类型的公式决定, 只需将式中的 E 换为相应形变波的弹性模量 (或应力).

例如, 可弯曲的弦的横振动传播速度由下式决定:

$$c = \sqrt{\frac{p}{\varrho}},$$

p 是弦中的应力, ρ 是弦的密度.

各向同性固体中既能传播纵向弹性波, 也能传播横向弹性波. 纵波中粒子位移沿波的传播方向; 横波中粒子位移垂直于波传播方向.

我们在 §102 看到, 单向压缩模量等于 $\dfrac{E(1-\sigma)}{(1+\sigma)(1-2\sigma)}$, σ 是泊松系数. 因此各向同性固体中纵振动的传播速度由下式决定

$$c_{\text{纵}} = \sqrt{\frac{E(1-\sigma)}{\rho(1+\sigma)(1-2\sigma)}}.$$

按照 §103, 描写横向形变的剪切模量 $G = \dfrac{E}{2(1+\sigma)}$. 因此, 横向振动在各向同性固体中的传播速度由下式决定:

$$c_{\text{横}} = \sqrt{\frac{E}{2\rho(1+\sigma)}}.$$

我们注意到, 纵波速度永远大于横波速度.

下表列举某些物质中速度 $c_{\text{纵}}$ 和 $c_{\text{横}}$ 之值 (单位为 cm/s):

物质	$c_纵$	$c_横$
铝	6.4×10^5	3.16×10^5
钢	6.1×10^5	3.3×10^5
铜	4.6×10^5	2.26×10^5
铅	2.2×10^5	0.7×10^5

我们看到, 固体中声速大小为 0.5×10^6 cm/s 的数量级.

各向异性固体即晶体中, 弹性波的性质比各向同性物体中复杂得多, 因为在晶体中, 在每个方向可以传播三个不同速度的波, 一般而言, 这些波的波速并不相同, 而且还与传播方向 (相对于晶轴) 有关.

这些波中粒子的位移, 既有沿传播方向的分量, 也有垂直这个方向的分量. 因此晶体中的弹性波不能区分为纵波和横波. 但是, 在同一方向上传播的三个波的位移矢量永远互相正交.

除体积弹性波外, 在固体中还能传播一种不穿透到物质深部的特殊弹性波, 叫做表面波或瑞利波. 在各向同性固体中, 这种波的波速比横波的波速小一些.

注意我们得到的声速表示式与声的频率无关. 这时波的传播速度与波形无关. 实际上, 一切波都可以表示为单色波的叠加, 如果叠加的每个分量都以同一速度传播, 那么叠加波整体也将以这个速度传播.

但是应当注意, 实际的弹性波速度仅在频率足够低或波长足够长时才不随频率变化. 为此固体中必须有波长 λ 比晶格常量 a 大很多. 只有满足条件 $\lambda \gg a$, 声速才与频率无关. 如果波长与晶格常量可比, 那么传播速度将强烈地依赖频率 (或波长). 这种现象叫声的色散.

§132　声的吸收

在前面几节中, 我们没有考虑声的衰减. 但实际上总是发生声能的不可逆转化, 粒子有规则振动的机械能转化为热. 由此引起声的吸收, 即声波强度在传播中逐步减弱.

　　声波传播一段路径 $\mathrm{d}x$ 后强度的减弱与声强自身成正比, 还与路径长度 $\mathrm{d}x$ 成正比, 即

$$\mathrm{d}I = -2\gamma I \mathrm{d}x,$$

其中 γ 是一个常量, 叫声衰减系数. 由此得到

$$I = I_0 \mathrm{e}^{-2\gamma x},$$

其中 I_0 是 $x = 0$ 点的声强. 我们看到, 声强随与声源距离的增大按指数律减小.

　　因为声强与声波振幅的平方成正比, 所以平面声波的振幅按下面的规律衰减:

$$A = A_0 \mathrm{e}^{-\gamma x},$$

A_0 是波在 $x = 0$ 点的振幅.

　　下面说明如何决定衰减系数 γ. 首先研究声在气体和液体中的传播.

　　前面说过, 声传播是一个绝热过程. 但是绝热的疏密变化伴随有温度的振荡, 因此介质不同区间有不同温度. 换句话说, 声在介质内会产生温度梯度. 此外, 声波传播时, 介质的不同基元以不同的速度运动, 还产生速度梯度.

　　但是我们知道, 产生温度梯度总是伴随不可逆的热传导过程, 产生速度梯度总是伴随不可逆的内摩擦或黏性过程. 这些过程必定使声能转化为热, 或者说, 使声能耗散.

　　我们首先研究内摩擦引起的声吸收. 用 $\gamma_{黏性}$ 表示这个过程产生的衰减系数. 这个量必定与黏度 η (见 §119) 成正比. γ 的量纲为 cm^{-1}, 由此已可决定 $\gamma_{黏性}$ 对其他物理量的依赖关系. 实际上, 我们的讨论中只有四个量可能影响 $\gamma_{黏性}$, 即黏度 η, 声频 ω, 声速 c 和介质密度 ρ. 因为 η 的量纲为 $\mathrm{g/(cm \cdot s)}$, 此外量纲 g 仅出现在 ρ 的量纲中, 因此 $\gamma_{黏性}$ 应当正比于 $\dfrac{\eta}{\rho}$, 即可写成下面的形式

$$\gamma_{黏性} \sim \omega^a c^b \frac{\eta}{\rho},$$

其中常数 a, b 暂时还不知道. 考虑到 $[\gamma_{黏性}] = \mathrm{cm}^{-1}$, 得

$$s^{-a} \left[\frac{\mathrm{cm}}{\mathrm{s}}\right]^b \mathrm{cm}^2 \cdot \mathrm{s}^{-1} = \mathrm{cm}^{-1}.$$

由此求得 $a = 2, b = -3$.

于是

$$\gamma_{黏性} \sim \frac{\omega^2}{\rho c^3} \eta.$$

我们看到, 声的衰减系数 $\gamma_{黏性}$ 正比于声频率的平方.

但是, 这个公式只对单原子气体成立. 其原因在于多原子气体和液体中内摩擦力不是由一个黏度而是由两个黏度决定. 我们在 §119 中默认介质不可压缩, 引进了黏度 η. 同时, 体积的变化, 即压缩和稀疏, 也与内摩擦力的存在有关, 描写它需要一个特别的系数. 摩擦力与体积相对变化之间的比例系数叫第二黏度, 用 ζ 表示. 这个系数和黏度 η 量纲相同, 通常和 η 大小数量级也相同. 单原子气体的第二黏度等于零.

如果既考虑通常的黏性, 也考虑第二黏性 (即与体积相对变化有关的黏性), 那么在黏性引起的声衰减系数的公式中, 量 η 应换成 η 和 ζ 的某个线性组合.

现在来说明, 热传导引起的声衰减系数对不同物理量的依赖关系. 用 $\gamma_{热}$ 表示这个系数, 它应当正比于热导率 κ 或温度传导率 $\chi = \dfrac{\kappa}{\varrho c_p}$. 将 $\gamma_{热}$ 写成形式

$$\gamma_{热} \sim \omega^a c^b \chi,$$

并考虑到 $[\chi] = \mathrm{cm}^2 \cdot \mathrm{s}^{-1}$, 得

$$s^{-a} \left(\frac{\mathrm{cm}}{\mathrm{s}}\right)^b \mathrm{cm}^2 \cdot \mathrm{s}^{-1} = \mathrm{cm}^{-1},$$

由此得到 $a = 2, b = -3$.

于是

$$\gamma_{热} \sim \frac{\omega^2}{c^3} \chi.$$

我们看到, 热传导引起的衰减系数, 和黏性引起的衰减系数一样, 也与声频率平方成正比.

$\gamma_{黏性}$ 与 $\gamma_{热}$ 相加, 得到气体和液体中由黏性过程和热传导过程引起的总的声衰减系数

$$\gamma = \gamma_{黏性} + \gamma_{热} \sim \frac{\omega^2}{\varrho c^3}\left(\eta + \frac{\kappa}{c_p}\right).$$

我们就气体估计这个量的值. 还记得

$$\eta \sim \rho \overline{v} l,$$

其中 $\overline{v}$ 是分子的热运动速度, l 是平均自由程, 于是得

$$\gamma_{黏性} \sim \frac{\omega^2 \overline{v} l}{c^3}.$$

但是平均热速度与声速大小数量级相同, 因此上式可改写为下面的形式

$$\gamma_{黏性} \sim \frac{l}{\lambda^2},$$

其中 λ 是声波波长. 系数 $\gamma_{热}$ 有同样的大小数量级. 因此气体中总衰减系数的大小数量级为

$$\gamma \sim \frac{l}{\lambda^2}.$$

由此推得, 在一个波长距离上, 声波振幅由于声吸收减小到原来的 $\sim \mathrm{e}^{-l/\lambda}$ 分之一. 因为 $l \ll \lambda$, 所以 $\mathrm{e}^{-l/\lambda} \approx 1 - \frac{l}{\lambda}$, 减小得很少.

下面研究气体和液体中由黏性过程和热传导过程引起的声吸收. 我们在前面看到, 这些吸收机制起作用是因为声传播破坏了物体中的热平衡——产生了温度梯度和速度梯度. 但这还不是声传播对热平衡造成的唯一破坏.

例如, 声传播时, 多原子气体分子内能量按不同自由度的平衡分布也受到破坏. 我们更详细地讨论一下这个现象.

前面我们看到, 气体中的声速除与压强和密度有关外, 还决定于气体的热容. 如所周知, 这个热容是由分子的平动、转动和振动自由度决定的. 推导声速公式时, 我们假定了声通过时将同等程度地激发这些自由度. 然而将能量从分

子的平动和转动自由度转移到振动自由度的概率很小. 所以当声通过气体时伴随的具有温度快速变化的绝热压缩和稀疏化来不及激发分子振动. 由于这个原因, 声传播时气体的有效振动热容小于对应于气体缓慢加热的振动热容. 换句话说, 声传播时气体分子不同自由度之间的能量平衡分布被破坏.

另一方面, 物体内热平衡受到破坏总是会导致能恢复这种平衡的内部过程的发展. 这些建立平衡的过程 (所谓弛豫过程) 是不可逆过程. 这些在声传播中发展起来的过程导致声能耗散, 使声能变成热.

特别是, 多原子气体中发生力图恢复被声传播破坏的能量在分子不同自由度之间的平衡分布的弛豫过程. 弛豫过程导致声的吸收, 此外还导致声的色散, 即声速依赖于频率.

类似的声吸收 (和声色散) 的弛豫机制在液体中也起作用.

我们还要讨论固体中的声吸收. 固体中, 与气体和液体中一样, 发生由热传导引起的声吸收. 对各向同性物体和单晶体, 热传导引起的衰减系数像气体中和液体中一样与声频率的平方成正比. 这条定律对微晶尺寸比声波波长大很多的多晶体也成立.(如果微晶的尺寸比波长小, 那么在单颗微晶的边界上产生很大的温度梯度, 衰减系数对频率依赖关系的特性可能有重大变化).

单晶中, 除热传导外, 还有特殊的声吸收机制起作用. 这可归结如下. 声在晶体中传播对晶体的晶格产生调制. 这意味着, 原子的振动频率随声波同步变化. (金属中, 除此之外, 随声波同步变化的还有每个电子的能量.) 这种调制破坏晶体的热平衡, 平衡被破坏会激发使物体返回平衡状态的过程. 这些过程是不可逆的, 导致声能耗散. 在低温下, 这种机制是单晶中声吸收的主要机制. 不过, 这个温度区间里声吸收很小.

§133 激波

在 §126 我们研究了气体 (或液体) 中小振幅声波的传播并指出, 这种波相对于气体传播的速度

$$c = \sqrt{\left(\frac{\mathrm{d}p}{\mathrm{d}\rho}\right)_{绝热}},$$

c 与波的振幅无关.

若气体中产生的扰动的振幅不小, 比如, 若波传播引起的气体密度变化 $\Delta\rho$ 与扰动前的密度 ρ_0 可比, 那么扰动的传播速度开始强烈依赖密度变化的振幅. 其特点是, 在压缩区域内扰动的传播比在稀疏区域内快.

为了说明扰动传播速度对扰动振幅的这种依赖关系的原因, 想象一根充气半无穷管, 一活塞 P 在其中运动 (图 16.6a). 显然, 活塞的运动来不及影响远离活塞的区域内气体的状态; 在这个 "尚未受到扰动的" 区域 (图上用数字 1 标注) 里, 气体没有流动 ($v = 0$), 压强和密度分别等于活塞不动时对应的压强 p_0 和密度 ρ_0.

首先研究活塞退出圆筒的情形 (向左运动). 如果这时活塞速度不是非常大, 那么显然, 紧贴着活塞的气体层将和活塞一起向左运动. 这个运动从靠近活塞的粒子传给更远的粒子; 换句话说, 活塞产生的扰动开始以波的形式, 在未受扰动的区域 1 那边沿圆筒向右运动. 这个波显然是个稀疏波: 波中气体的压强和密度都比未受扰动区域内的值小. 图 16.6b 是稀疏波的剖面图, 即气体密度 ρ 与离活塞距离 x 的关系.

我们要指出, 稀疏波相对于管壁的传播速度, 即相对于不动的观察者的传播速度, 小于未受扰动的气体中的声速.

为了简单起见, 我们假设波的振幅足够小; 于是在一级近似下, 可以认为它相对于气体的传播速度等于所研究的区间里气体中的声速. 稀疏波的波速小于未受扰动的气体中的声速与下面两个情况有关.

首先, 相对于不动观察者的波速是由相对于气体的波速和气体相对于管壁的速度相加而得; 在稀疏波的情形这两个速度方向相反.

其次, 在稀疏波中气体发生膨胀, 接近于绝热膨胀 (在波振幅小的情形下). §59 中曾指出这种膨胀伴随有气体的冷却. 因此与 $\sqrt{kT}$ 成正比的声速在稀疏区域比在未受扰动的区域小.

于是, 扰动在稀疏区域里的传播速度小于未受扰动的气体中的声速 c_0.

类似的讨论表明, 扰动在压缩区域里的传播速度反过来大于 c_0. 实际上, 让图 16.6 中活塞向右运动 (进入圆筒). 活塞运动引起的扰动尚未到达的区域

1 里气体静止, 我们看到, 气体中激发的波的剖面图如图 16.6c 所示, 是一个压缩波. 这个波相对于气体的传播速度 (在波的振幅小的情形下) 接近所研究的气体区域里的声速 c. 因为小振幅压缩波的传播发生在接近绝热条件下, 伴随有气体的加热, 因此在压缩区域里 $c > c_0$. 而且波相对于不动的观察者的传播速度等于 $v + c$, 其中 v 是所研究的气体区域的速度, 气体的速度和波的速度在同一方向 (向右). 这两种情况都导致压缩波的传播速度大于 c_0.

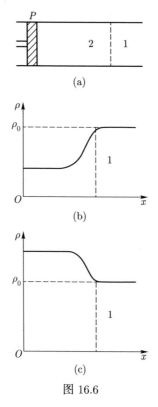

图 16.6

于是, 有限振幅的波在气体 (或液体) 中传播时, 在压缩区域运动更快, 在稀疏区域运动更慢. 结果气体中传播的波的剖面随时间变化, 在压缩区域变得更陡峭, 在稀疏区域变得更平缓 (图 16.7). 最终, 表示 ρ 与 x 关系的曲线, 在某一点 x_0 变得垂直于 x 轴 (见图 16.7c). 这意味着, 在 x_0 点产生了断裂: x_0 左边的气体密度与 x_0 右边的气体密度差一个有限大小 $\Delta\rho$, 称为间断点的密度跃变.

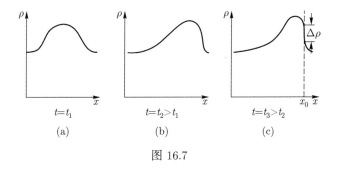

图 16.7

类似地, 间断处还发生压强、气体速度、温度和其他描述气体状态的物理量 (例如声速) 的跃变. 这时产生穿越间断面的气体流: 气体不断从位于间断波阵面前方的密度小的区域转移到位于间断面后方的密度大的区域. 这样的间断的特征是物质穿越间断面[①], 叫激波.

我们看到, 激波的产生, 是由于气体密度越大, 扰动的传播速度就越大. 因此在波阵面的前方, 激波相对于气体的速度大于声速; 在波阵面后方, 小于气体中的声速. 因为激波的传播比未扰动的气体区域里的声波快, 激波冲在一切声信号之前. 因此, 若间断时产生了激波, 那么没有任何噪声向我们预告它的临近. 如果我们没有看到伴随间断的闪光, 那么只有激波冲击到我们时, 我们才知道波阵面发生了间断.

我们要强调, 激波永远是压缩波: 波阵面后方的气体密度, 永远比波阵面前方的气体密度大. 激波里气体的压强和温度与密度一道增大.

当然, 气体 (或液体) 中不是任何压缩波都导致激波产生. 实际上, 与气体的黏性和热传导有关系的耗散过程使扰动振幅减小, 一个不太强的扰动在产生出激波之前早已衰减. 气体中的平面扰动是这样, 三维 (如柱面或球面) 扰动也是这样. 而且, 柱面扰动的情形下, 扰动振幅按 $1/R$ 减小; 球面扰动的情形下, 扰动振幅按 $1/R^2$ 减小, R 是到扰动源的距离. 这些情形下扰动的消散比平面波情形快得多.

耗散的存在还使激波波前不是绝对陡峭的表面, 而是一个很薄的过渡层, 穿过这个薄层, 从气体的密度、压强、速度等取某个值的区域过渡到这些量取

[①] 以区别于所谓切向间断, 那只是具有不同密度、温度和平行于界面的速度分量的气体区域的分界面.

别的值的另一区域. 在激波不是很强的情形下, 过渡层的厚度由气体的黏度和
热导率决定. 如果激波很强, 那么波前厚度的数量级等于气体分子的自由程;
这时波前的结构可以用分子动理论研究 (而不能在流体动力学框架内得出, 即
使已考虑了气体的黏性和热传导).

物体在气体中的超声速运动总伴随有激波. 这时在物体前方有激波, 在激
波之前则是未受扰动的区域 (图 16.8 和图 16.9 中的区域 1). 如果物体有尖锐
的、"流线形" 的形状, 那么可以认为, 气体中的扰动基本上从物体的前端尖点
上产生, 那是物体 "切开" 气体的 "刀刃". 这个扰动相对于气体以球面波形式
传播, 速度接近声速 c, 落后于以速度 v 运动的物体. 因此只有那些位于母线
与轴的夹角为

$$\alpha = \arcsin \frac{c}{v}$$

的圆锥内 (图 16.8 中区域 2) 的气体粒子, 才能 "察觉" 物体的运动. 于是伴随
尖锐物体超声速运动的激波形成类似一个顶角为 2α 的圆锥面的形状.

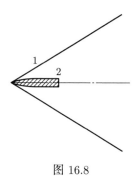

图 16.8

如果在气体中运动的物体的形状是 "钝圆" 的, 那么发生的情况处于尖锐
物体运动与本节开头研究的平面物体 (活塞) 运动之间. 即, 此时激波 "脱离"
运动物体, 在运动物体的前方传播 (图 16.9).

物体以超声速运动时, 其动能很大一部分消耗于激发伴随物体运动的声
波和激波. 物体在气体中以超声速运动时产生的、并且与在气体中激发激波有
关系的阻力称为波阻抗. 我们记得, 气体对其中运动的物体的阻力, 当物体运
动速度低于声速时, 主要由气体的黏性引起. 在超声速下, 与气体黏性有关的

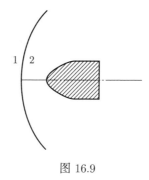

图 16.9

阻力起的作用远比波阻抗小.

我们在本节开头看到, 激波可以由气体中激发的任何压缩波发展出来, 只要这个波振幅足够大. 因此, 物体在气体中以亚声速运动时也能产生激波; 当然, 在这种情况下激波自身以超声速传播.

如果物体运动时产生稀疏波 (比如活塞从圆筒中抽出时), 那么在物体速度很快时, 紧挨物体的气体层来不及跟随物体运动, 结果在物体和气体之间生成真空. 当活塞从圆筒抽出时, 若活塞的速度超过 $\dfrac{2c_0}{\gamma - 1}$, 其中 c_0 是未受扰动的气体中的声速, $\gamma = \dfrac{c_p}{c_V}$, 就发生这种气体脱开活塞的情况.

§134 激波绝热线

已知激波波阵面前方 (我们将称这个区域为未扰动区) 气体的状态, 那么波阵面后方的气体状态就不完全任意: 知道了描述气体的某个物理量比如密度在波阵面两边的跃变, 可以决定一切其他量 (特别是气体的压强、温度和速度) 在激波中的跃变.

要确定激波中描述气体的各物理量的跃变之间的关系, 我们研究波阵面的某一面元 ΔS, 取这个面元足够小, 使得可以认为激波的波阵面在这个面元上是平面, 并且使用与面元 ΔS 一起运动的坐标系, 取 x 轴垂直此面元.

显然, 穿越面元 ΔS 的气体流必定连续. 单位时间从未扰动区 (波阵面前方的区域) 穿过面元 ΔS 的气体体积为 $v_{1x}\Delta S$ (图 16.10), 因此其质量为

$\rho_1 v_{1x} \Delta S$ (我们用下标 1 表示波阵面前方气体区域内的量). 另一方面, 单位时间穿过面元 ΔS 进入波阵面的气体的质量显然为 $\rho_2 v_{2x} \Delta S$ (下标 2 表示描述波阵面后面的气体状态的量). 令二者相等, 消去 ΔS, 得

$$\rho_1 v_{1x} = \rho_2 v_{2x}.$$

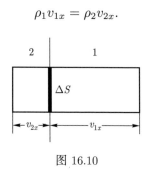

图 16.10

量 ρv_x 是单位时间内穿过垂直于 x 轴的单位面积的物质流, 用字母 j 表示. 于是关系 $\rho_1 v_{1x} = \rho_2 v_{2x}$ 可写为

$$j_1 = j_2 = j.$$

进一步, 按照牛顿第二定律, 单位时间气体动量的变化等于作用在气体上的力. 显然, 单位时间从区域 1 穿过面积 ΔS 流出气体的动量等于 $j \boldsymbol{v}_1 \Delta S$; 穿过同一面积流入区域 2 的气体动量为 $j \boldsymbol{v}_2 \Delta S$. 气体动量的变化等于 $j(\boldsymbol{v}_2 - \boldsymbol{v}_1) \Delta S$, 它由在压力作用下被 "驱赶" 穿过面积 ΔS 的气体质量引起, 压力的大小等于 $(p_2 - p_1) \Delta S$, 方向沿面积 ΔS 的法线方向. 令气体元的动量变化等于作用于它的力, 得

$$p_1 + \frac{j^2}{\rho_1} = p_2 + \frac{j^2}{\rho_2},$$
$$j(v_{1y} - v_{2y}) = 0, \quad j(v_{1z} - v_{2z}) = 0.$$

在激波的情形, 我们前已注意到, 穿过间断面的物质通量不为零, $j \neq 0$. 因此, 可以将后两个等式除以 j, 改写为

$$v_{1y} = v_{2y}, \quad v_{1z} = v_{2z}.$$

换句话说, 激波中气体速度的平行于波阵面的分量不发生跃变.

最后, 气体穿过间断面运动时必须满足能量守恒定律, 穿过截面 ΔS 的气体的能量变化必定等于把这团气体从区域 1 "推" 入区域 2 的压力做的功. 显然, 单位时间经过截面 ΔS 从区域 1 流入的气体的动能为 $\frac{v_1^2}{2} j \Delta S$, 同一时间穿过这个截面从区域 2 流出的气体的动能为 $\frac{v_2^2}{2} j \Delta S$. 流入气体的内能为 $\varepsilon_1 j \Delta S$, 流出气体的内能为 $\varepsilon_2 j \Delta S$, ε 是单位质量气体的内能. 最后, 压力压缩单位质量气体做的功为 $\frac{p_2}{\rho_2} - \frac{p_1}{\rho_1}$. 引进单位质量的焓

$$w = \varepsilon + \frac{p}{\rho}$$

并考虑物质通量 j 的连续性, 我们可以根据能量守恒定律写出激波中跃变量之间的关系

$$\frac{v_{1x}^2}{2} + w_1 = \frac{v_{2x}^2}{2} + w_2,$$

于是, 激波波阵面前方与后方的气体的物理量之值, 通过以下的关系式相联系:

$$\rho_1 v_{1x} - \rho_2 v_{2x} = 0,$$
$$p_1 - p_2 + j^2 \left(\frac{1}{\rho_1} - \frac{1}{\rho_2} \right) = 0,$$
$$v_{1y} - v_{2y} = 0, \quad v_{1z} - v_{2z} = 0,$$
$$w_1 - w_2 + \frac{1}{2}(v_{1x}^2 - v_{2x}^2) = 0,$$

其中 $j = \rho_1 v_{1x} = \rho_2 v_{2x}$. 通常称这些关系式为激波波阵面前后物理量跃变之间的关系. 这些关系式加上把 w 和气体的密度和压强联系起来的气体状态方程, 可以从描述气体的物理量在波阵面前方之值定出它们在波阵面后方之值, 及激波中任何一个物理量之值的跃变. 例如, 在理想气体情形下, 跃变之间的关系应当补充一个方程

$$w = \frac{\gamma}{\gamma - 1} \frac{p}{\rho}.$$

用跃变之间的关系和气体状态方程, 可以决定激波通过时气体的熵的变化. 这时我们看到, 气体的熵不是保持不变而是增大. 激波中气体的熵增加,

与气体分子的定向运动的部分能量转变为无序运动的能量这个不可逆过程有关, 这个转变发生在厚度极薄的激波波阵面中.

激波里各种跃变之间的关系式, 既含有描述气体状态的热力学量 (w, ρ, p), 又有气体的速度 v. 从这些式子里消掉气体速度, 可以得到间断面两侧热力学量值之间的有用关系 —— 所谓激波绝热线方程. 为此, 在跃变量间关系中引进气体密度 ρ 的倒数 —— 比容 $V = 1/\rho$ 代替 ρ 并引入 j, 从它们当中消掉 v_x, 得

$$j^2 = \frac{p_2 - p_1}{V_2 - V_1},$$
$$w_1 - w_2 + \frac{1}{2}j^2(V_1^2 - V_2^2) = 0.$$

将前一式代入后一式, 得到激波绝热线方程

$$w_1 - w_2 + \frac{1}{2}(V_1 + V_2)(p_2 - p_1) = 0.$$

引入单位质量的内能 $\varepsilon = w - pV$ 代替焓 w, 可将激波绝热线方程表示为另一形式:

$$\varepsilon_1 - \varepsilon_2 + \frac{1}{2}(V_1 - V_2)(p_1 + p_2) = 0.$$

对理想气体

$$w = \frac{\gamma}{\gamma - 1}pV$$

得到激波绝热线方程为

$$\frac{V_2}{V_1} = \frac{(\gamma+1)p_1 + (\gamma-1)p_2}{(\gamma-1)p_1 + (\gamma+1)p_2}.$$

我们记得, 激波中压强总是增大; 因此只有对应 $p_2 > p_1$ 的那段绝热线有物理意义. 激波绝热线画在图 16.11 中 (有物理意义的那一段图中用实线表示).

若 $\frac{p_2}{p_1} \to \infty$, 激波绝热线趋于自己的渐近线, 其方程为 $\frac{V_2}{V_1} = \frac{\gamma-1}{\gamma+1}$. 于是

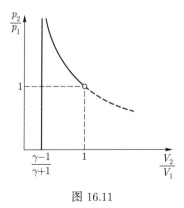

图 16.11

借助激波能达到的最大密度为

$$\rho_{2极大} = \rho_1 \frac{\gamma+1}{\gamma-1}.$$

换句话说, 不论激波中压强的跃变多大, 其中的气体密度不会增大到超过波阵面之前密度的 $\dfrac{\gamma+1}{\gamma-1}$ 倍.

附录　1969 年版 §30

§30　陀螺仪

我们在 §27 求出了一个物体的角动量在转轴上的投影 L_z. 对于绕固定轴旋转的物体, 重要的仅是矢量 L 的这个投影. 它与旋转角速度之间的简单关系 ($L_z = I\Omega$) 使我们得知, 整个运动具有简单的特性.

若转轴不固定, 那么就必须研究整个矢量 L 与角速度矢量 Ω 的关系. 然而这一关系有更复杂的特性: 矢量 L 的分量是 Ω 的各个分量的线性函数, 而这两个矢量的方向一般而言并不相同. 故在一般情形下, 这使得物体运动的特性变得极其复杂.

这里我们只研究一个具有自由取向转轴的物体运动的例子. 这个物体就是所谓的陀螺仪, 即一个围绕物体自身几何轴迅速转动的轴对称物体.

在物体作这种转动时, 角动量 L 和角速度 Ω 的方向一样, 都沿物体的轴. 这无需计算就很明显, 从对称性概念就可简单地推出: 由于运动的轴对称性, 除对称轴之外没有任何别的方向可以选为矢量 L 的方向.

当没有任何外力作用在陀螺仪上时, 它的轴在空间保持自己的方向不变: 由于角动量守恒, 矢量 L 的方向 (和大小) 也保持不变. 若是在陀螺仪上施加一外力, 它的轴就开始偏转. 我们感兴趣的正是陀螺仪的轴的这种运动, 它叫进动.

陀螺仪轴方向的改变是它相对于另外某个轴的转动, 这使总的角速度矢量方向已不再沿物体几何轴. 随同这一改变, 角动量矢量 L 也不再与此轴 (以及 Ω 的方向) 重合. 但是, 若陀螺仪的基本旋转足够快, 而外力又不太大, 陀螺仪轴的偏转速度将相对小, 而 Ω 矢量及 L 将始终接近陀螺仪轴的方向. 因此, 知道了 L 矢量怎样变, 我们也就大致上知道了陀螺仪的轴如何运动. 角动

量的变化由下式决定:

$$\frac{\mathrm{d}\boldsymbol{L}}{\mathrm{d}t} = \boldsymbol{K},$$

其中 $\boldsymbol{K}$ 是施加到物体上的外力矩.

例如, 在陀螺仪轴 (附录图 1 中的 z 轴) 的两个端点上施加一对力 F 构成的力偶, 作用在平面 yz 内. 于是力偶矩 $\boldsymbol{K}$ 的方向沿 x 轴, 导数 $\mathrm{d}\boldsymbol{L}/\mathrm{d}t$ 也在这个方向. 换句话说, 角动量 $\boldsymbol{L}$ 及陀螺仪的轴均向 x 轴方向偏转.

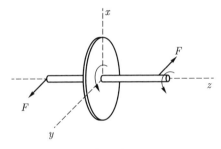

附录图 1

于是, 对陀螺仪施加一个力时将使陀螺仪的轴向与这个力垂直的方向偏转.

陀螺仪的一个例子是在其最低点上被支撑的陀螺. (下面的讨论中我们忽略陀螺与其支撑点之间的摩擦.) 陀螺处于重力的作用下, 重力的方向不变——铅直向下. 重力大小等于陀螺的重量 $P = Mg$ (M 是物体的质量), 力的作用点在陀螺的重心 (附录图 2 中的 C 点) 上. 这个力相对于支点 O 的力矩的大小等于 $K = Pl\sin\theta$ (l 是距离 OC 的长度; θ 是陀螺轴与铅直线的夹角), 方向永远垂直于穿过陀螺轴与铅直方向的平面. 在这个力矩的作用下, $\boldsymbol{L}$ 矢量 (以及陀螺的轴) 将会发生回转, 回转时 $\boldsymbol{L}$ 矢量的大小不变, 并维持与铅直方向的夹角 θ 不变, 即, 环绕铅直方向描绘一个圆锥面.

陀螺进动的角速度容易确定. 令此角速度为 ω, 以与陀螺绕自身轴作固有旋转的角速度 Ω_0 相区别.

在无穷小的时间间隔 $\mathrm{d}t$ 内, $\boldsymbol{L}$ 矢量得到一个垂直于自身的增量 $\mathrm{d}\boldsymbol{L} = \boldsymbol{K}\mathrm{d}t$, 此增量位于一水平平面内. 把它除以 $\boldsymbol{L}$ 矢量在此平面上投影的大小, 我

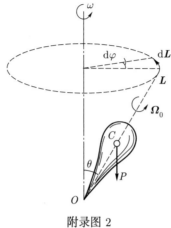

附录图 2

们就得到这个投影在 $\mathrm{d}t$ 时间内的进动角 $\mathrm{d}\varphi$:

$$\mathrm{d}\varphi = \frac{K}{L\sin\theta}\mathrm{d}t$$

显然, 导数 $\mathrm{d}\varphi/\mathrm{d}t$ 就是待求的进动角速度. 于是

$$\omega = \frac{K}{L\sin\theta}.$$

将 $K = Mgl\sin\theta$ 和 $L = I\Omega_0$ (这里 I 是陀螺相对于自身轴的转动惯量) 代入, 最终得到

$$\omega = \frac{Mgl}{I\Omega_0}.$$

大家记得, 前面我们曾假设陀螺旋转足够快. 现在我们可以把这个条件精确化为必须有 $\Omega_0 \gg \omega$. 因为

$$\frac{\omega}{\Omega_0} = \frac{Mgl}{I\Omega_0^2},$$

我们看到, 上述条件意味着陀螺在重力场中的势能 $(Mgl\cos\theta)$ 必须比它的动能 $\left(\frac{1}{2}I\Omega^2\right)$ 小得多.

索引

译后记

　　1953 年秋, 我考入北京大学物理系。中学六年, 学的外语是英语。当时强调学习苏联, 入校后头两年的必修课中有俄语。教材是本校俄语系自编的, 不同系用的俄语教材不同, 结合该系专业内容, 教授基本的俄语词汇和语法。进入二年级后, 每课的范文选自当时已有中译本的俄文专业教材。当时最流行的大学普通物理教科书是梁宝洪先生译的福里斯－季莫列娃《普通物理学》, 三大卷, 它是俄罗斯联邦教育部审定的综合大学物理系和应用物理系的教学用书。我的俄语就是这两年学的: 只能读俄语的物理专业书籍, 口语完全不行。

　　当时, 苏联出版的书, 在中国很容易买到。首先, 莫斯科有个 "外文书籍出版局", 其汉语部由陈昌浩主持。它出的中文社科和文学书籍, 在国际书店成立前, 可以在我们的新华书店买到。例如, 我在湖南衡山县城新华书店买到了西蒙诺夫的《日日夜夜》。后来, 在大中城市里普遍建立了国际书店, 专卖苏联出版的俄文书, 而且俄语书的价格相当便宜。当时外贸的卢布和人民币比价是 1:1.3, 书价却只按它的十分之一, 即 1 卢布折人民币 1 角 3 分。这个价格, 穷学生也买得起。我来到北京以后, 得知王府井北口有国际书店, 专卖俄文书。我是个喜欢书的人, 手里省下几块钱后, 时不时也去看看。

　　本书的俄文原版出版于 1965 年, 应当是国际书店改外文书店前后卖的最后一批俄文书。苏联的教科书本来就便宜, 原价才 80 戈比, 折合人民币 1.04元。这时正值国际书店改外文书店, 对俄文书打三折处理, 我因此只花了人民币区区叁角壹分, 就买到了著名物理学家写的教材, 心里非常高兴。

　　20 世纪 70 年代末开始, 为了追赶世界各国的发展, 我国翻译出版了不少国外有价值的科技著作。比如, 高教出版社陆续推出朗道－栗弗席兹的《理论物理学教程》十卷中的若干卷。这使我想到, 朗道和栗弗席兹写的物理教材, 除了那套享誉全球的《理论物理学教程》外, 还有这本普通物理, 是不是也应当翻译出版? 我开始比较仔细地读这本书。我觉得, 这本书有它独特的优点和价值, 应当译成中文出版。

真正开始动手翻译应当是在 2003 年以后, 具体时间记不清了。那时我已退休, 开始有时间看一些非物理专业的文史杂书, 做一些以前想要做、但是没有时间做的事, 其中之一便是翻译此书。由于没有同出版社签署合同, 没有任何压力, 所以进度很慢, 今天高兴就译一点, 明天也许去读唐诗宋词。不过终归还是译完了。

译完后, 将译稿发给高教出版社, 感谢王超编辑, 他很重视这本书, 除了严格审理译稿外, 还转寄给南京大学鞠国兴教授, 请他提意见。鞠国兴教授依据英文版仔细校订了译文, 并对原书优点做了深刻的分析。他的分析比我对这本书的看法更深刻, 因此我请求出版社将他的文章收录在书的卷首, 作为书评兼导读。在翻译过程中, 有些俄文难点请教过中科院理论物理所刘寄星研究员, 得到他的热忱帮助。后来从高教出版社得知, 刘寄星研究员还依据 1965 年俄文版逐句校订了译文, 并建议我将 1969 年版的 §30 也翻译出来作为本书的附录。这样就使得本书的内容比 1965 年版和 1969 年版的俄文版都更充实。在此, 谨向他们三位致诚挚的谢意。

限于译者的俄文和专业水平, 译文可能还有瑕疵和错误, 这些毛病当然得由译者负责。请读者发现后不吝指出 (邮箱: wangchao1@hep.com.cn)。

秦克诚

2022 年 9 月于山东日照

《汉译物理学世界名著 (暨诺贝尔物理学奖获得者著作选译系列)》
已 出 书 目

朗道–理论物理学教程–第一卷–力学 (第五版) Л. Д. 朗道, Е. М. 栗弗席兹 著, 李俊峰, 鞠国兴 译校	2007.4	ISBN 978-7-04-020849-8
朗道–理论物理学教程–第二卷–场论 (第八版) Л. Д. 朗道, Е. М. 栗弗席兹 著, 鲁欣, 任朗, 袁炳南 译, 邹振隆 校	2012.8	ISBN 978-7-04-035173-6
朗道–理论物理学教程–第三卷–量子力学 (非相对论理论) (第六版) Л. Д. 朗道, Е. М. 栗弗席兹 著, 严肃 译, 喀兴林 校	2008.10	ISBN 978-7-04-024306-2
朗道–理论物理学教程–第四卷–量子电动力学 (第四版) В. Б. 别列斯捷茨基, Е. М. 栗弗席兹, Л. П. 皮塔耶夫斯基 著, 朱允伦 译, 庆承瑞 校	2015.3	ISBN 978-7-04-041597-1
朗道–理论物理学教程–第五卷–统计物理学 I (第五版) Л. Д. 朗道, Е. М. 栗弗席兹 著, 束仁贵, 束莼 译, 郑伟谋 校	2011.4	ISBN 978-7-04-030572-2
朗道–理论物理学教程–第六卷–流体动力学 (第五版) Л. Д. 朗道, Е. М. 栗弗席兹 著, 李植 译, 陈国谦 审	2013.1	ISBN 978-7-04-034659-6
朗道–理论物理学教程–第七卷–弹性理论 (第五版) Л. Д. 朗道, Е. М. 栗弗席兹 著, 武际可, 刘寄星 译	2011.5	ISBN 978-7-04-031953-8
朗道–理论物理学教程–第八卷–连续介质电动力学 (第四版) Л. Д. 朗道, Е. М. 栗弗席兹 著, 刘寄星, 周奇 译	2020.2	ISBN 978-7-04-052701-8
朗道–理论物理学教程–第九卷–统计物理学 II (凝聚态理论) (第四版) Е. М. 栗弗席兹, Л. П. 皮塔耶夫斯基 著, 王锡绂 译	2008.7	ISBN 978-7-04-024160-0
朗道–理论物理学教程–第十卷–物理动理学 (第二版) Е. М. 栗弗席兹, Л. П. 皮塔耶夫斯基 著, 徐锡申, 徐春华, 黄京民 译	2008.1	ISBN 978-7-04-023069-7
量子电动力学讲义 R. P. 费曼 著, 张邦固 译, 朱重远 校	2013.5	ISBN 978-7-04-036960-1
量子力学与路径积分 R. P. 费曼 著, 张邦固 译	2015.5	ISBN 978-7-04-042411-9

费曼统计力学讲义 R. P. 费曼 著, 戴越 译	2021.7	ISBN 978-7-04-055873-9
金属与合金的超导电性 P. G. 德热纳 著, 邵惠民 译	2013.3	ISBN 978-7-04-036886-4
高分子物理学中的标度概念 P. G. 德热纳 著, 吴大诚, 刘杰, 朱谱新 等译	2013.11	ISBN 978-7-04-038291-4
高分子动力学导引 P. G. 德热纳 著, 吴大诚, 文婉元 译	2014.1	ISBN 978-7-04-038562-5
软界面——1994 年狄拉克纪念讲演录 P. G. 德热纳 著, 吴大诚, 陈谊 译	2014.1	ISBN 978-7-04-038693-6
液晶物理学 (第二版) P. G. de Gennes, J. Prost 著, 孙政民 译	2017.6	ISBN 978-7-04-047622-4
统计热力学 E. 薛定谔 著, 徐锡申 译, 陈成琳 校	2014.2	ISBN 978-7-04-039141-1
量子力学 (第一卷) C. Cohen-Tannoudji, B. Diu, F. Laloë 著, 刘家谟, 陈星奎 译	2014.7	ISBN 978-7-04-039670-6
量子力学 (第二卷) C. Cohen-Tannoudji, B. Diu, F. Laloë 著, 陈星奎, 刘家谟 译	2016.1	ISBN 978-7-04-043991-5
泡利物理学讲义 (第一、二、三卷) W. 泡利 著, 洪铭熙, 苑之方 译	2014.8	ISBN 978-7-04-040409-8
泡利物理学讲义 (第四、五、六卷) W. 泡利 著, 洪铭熙, 苑之方 等译	2020.8	ISBN 978-7-04-054105-2
相对论 W. 泡利 著, 凌德洪, 周万生 译	2020.7	ISBN 978-7-04-053909-7
量子论的物理原理 W. 海森伯 著, 王正行, 李绍光, 张虞 译	2017.9	ISBN 978-7-04-048107-5
引力和宇宙学: 广义相对论的原理和应用 S. 温伯格 著, 邹振隆, 张历宁 等译	2018.2	ISBN 978-7-04-048718-3
量子场论: 第一卷 基础 S. 温伯格 著, 张驰 译, 戴伍圣 校	2021.6	ISBN 978-7-04-054601-9

黑洞的数学理论 S. 钱德拉塞卡 著, 卢炬甫 译	2018.4	ISBN 978-7-04-049097-8
理论物理学和理论天体物理学 (第三版) B. Л. 金兹堡 著, 刘寄星, 秦克诚 译	2021.6	ISBN 978-7-04-055491-5
物理世界 列昂·库珀 著, 杨基方, 汲长松 译	2023.1	ISBN 978-7-04-058456-1
费米量子力学 E. 费米 著, 罗吉庭 译, 赵富鑫 校	2023.6	ISBN 978-7-04-060025-4
朗道普通物理学: 力学和分子物理学 Л. Д. 朗道, Л. Д. 阿希泽尔, E. M. 栗弗席兹 著, 秦克诚 译	2023.6	ISBN 978-7-04-060023-0
弹性理论 (第三版) S. P. 铁摩辛柯, J. N. 古地尔 著, 徐芝纶 译	2013.5	ISBN 978-7-04-037077-5
统计力学 (第三版) R. K. Pathria, Paul D. Beale 著, 方锦清, 戴越 译	2017.9	ISBN 978-7-04-047913-3

1945年诺贝尔物理学奖获得者
WOLFGANG PAULI 著作选译
PAULI LECTURES ON PHYSICS
VOLUME 1, 2, 3
泡利
泡利物理学讲义
（第一、二、三卷）
W. 泡利 著　洪之方 译　梁民权 校

ISBN: 978-7-04-040409-8

1945年诺贝尔物理学奖获得者
WOLFGANG PAULI 著作选译
PAULI LECTURES ON PHYSICS
VOLUME 4, 5, 6
泡利
泡利物理学讲义
（第四、五、六卷）
W. 泡利 著　洪晓鸿 吴之方 等译

ISBN: 978-7-04-054105-2

1945年诺贝尔物理学奖获得者
WOLFGANG PAULI 著作选译
RELATIVITÄTSTHEORIE
泡利
相 对 论
W. 泡利 著　凌锡贤 周万生 译

ISBN: 978-7-04-053909-7

1991年诺贝尔物理学奖获得者
P. G. DE GENNES 著作选译 第一辑
SUPERCONDUCTIVITY
OF METALS AND ALLOYS
德热纳
金属与合金的超导电性
P. G. 德热纳 著　邵惠民 译

ISBN: 978-7-04-036886-4

1991年诺贝尔物理学奖获得者
P. G. DE GENNES 著作选译 第二辑
THE PHYSICS
OF LIQUID CRYSTALS
德热纳
液晶物理学
（第二版）
P. G. de Gennes 著，J. Prost 著　孙政民 译

ISBN: 978-7-04-047622-4

1991年诺贝尔物理学奖获得者
P. G. DE GENNES 著作选译 第三辑
SCALING CONCEPTS
IN POLYMER PHYSICS
德热纳
高分子物理学中的
标度概念
P. G. 德热纳 著　吴大诚 刘杰 朱谦泽 等译

ISBN: 978-7-04-038291-4

1991年诺贝尔物理学奖获得者
P. G. DE GENNES 著作选译 第四辑
CAPILLARITY AND
WETTING PHENOMENA
DROPS, BUBBLES, PEARLS, WAVES
德热纳
毛细和润湿现象
——液滴、气泡、液珠和表面波
P. G. 德热纳 著

1991年诺贝尔物理学奖获得者
P. G. DE GENNES 著作选译 第五辑
SOFT INTERFACES
THE 1994 DIRAC MEMORIAL LECTURE
德热纳
软界面
——1994年秋拉克纪念讲演录
P. G. 德热纳 著　吴大诚 陈廷 译

ISBN: 978-7-04-038693-6

1991年诺贝尔物理学奖获得者
P. G. DE GENNES 著作选译 第六辑
INTRODUCTION TO
POLYMER DYNAMICS
德热纳
高分子动力学导引
P. G. 德热纳 著　吴大诚 译

ISBN: 978-7-04-038562-5

1932年诺贝尔物理学奖获得者
WERNER HEISENBERG 著作选译
DIE PHYSIKALISCHEN PRINZIPIEN
DER QUANTENTHEORIE
海森伯
量子论的物理原理
W. 海森伯 著　王正行 李绍光 张虞 译

ISBN: 978-7-04-048107-5

1933年诺贝尔物理学奖获得者
ERWIN SCHRÖDINGER 著作选译
STATISTICAL
THERMODYNAMICS
薛定谔
统计热力学
E. 薛定谔 著　徐锡申 译　钱尚武 校

ISBN: 978-7-04-039141-1

1938年诺贝尔物理学奖获得者
ENRICO FERMI 著作选译
QUANTUM MECHANICS
费米
费米量子力学
E. 费米 著　罗长海 译　赵实富 校

ISBN: 978-7-04-060025-4

有ISBN号的截至本书出版时已出版